U0223203

国家出版基金资助项目／"十三五"国家重点出版物

绿色再制造工程著作

总主编　徐滨士

再制造零件与产品的疲劳寿命评估技术

FATIGUE LIFE ASSESSMENT TECHNIQUE FOR REMANUFACTURED PARTS AND PRODUCT

王海斗　邢志国　董丽虹　著

哈爾濱工業大學出版社
HARBIN INSTITUTE OF TECHNOLOGY PRESS

内容简介

再制造工程是新兴产业,再制造产品质量直接影响再制造企业的效益,决定着再制造企业的发展状况,更关系到再制造产业能否健康发展。本书内容主要包括再制造工程及疲劳寿命评估研究、再制造涂层接触疲劳寿命评估研究、再制造涂层接触疲劳/磨损竞争性寿命评估研究、再制造涂层弯曲疲劳寿命评估研究、再制造熔覆层疲劳寿命评估研究、再制造薄膜疲劳寿命评估研究及再制造零件及其产品寿命演变的无损检测技术。

本书可供再制造领域的科研人员、技术人员、企业管理人员尤其是大型结构件疲劳寿命测试技术人员参考使用,也可供高等院校及科研院所相关教学及研究设计人员阅读和参考。

图书在版编目(CIP)数据

再制造零件与产品的疲劳寿命评估技术/王海斗,邢志国,董丽虹著. —哈尔滨:哈尔滨工业大学出版社,2019.6

绿色再制造工程著作

ISBN 978 - 7 - 5603 - 8150 - 3

Ⅰ.①再… Ⅱ.①王… ②邢… ③董… Ⅲ.①工业产品—疲劳寿命估算 Ⅳ.①TB302.3

中国版本图书馆 CIP 数据核字(2019)第 073428 号

材料科学与工程
图书工作室

策划编辑	许雅莹 张秀华 杨 桦
责任编辑	刘 瑶 王 玲 那兰兰 王晓丹
封面设计	卞秉利
出版发行	哈尔滨工业大学出版社
社 址	哈尔滨市南岗区复华四道街 10 号 邮编 150006
传 真	0451 - 86414749
网 址	http://hitpress.hit.edu.cn
印 刷	哈尔滨市石桥印务有限公司
开 本	660mm×980mm 1/16 印张 25.25 字数 450 千字
版 次	2019 年 6 月第 1 版 2019 年 6 月第 1 次印刷
书 号	ISBN 978 - 7 - 5603 - 8150 - 3
定 价	128.00 元

(如因印装质量问题影响阅读,我社负责调换)

《绿色再制造工程著作》

编　委　会

主　任　徐滨士

副主任　刘世参　董世运

委　员　（按姓氏音序排列）

陈　茜　　董丽虹　　郭　伟　　胡振峰

李福泉　　梁　义　　刘渤海　　刘玉欣

卢松涛　　吕耀辉　　秦　伟　　史佩京

王海斗　　王玉江　　魏世丞　　吴晓宏

邢志国　　闫世兴　　姚巨坤　　于鹤龙

张　伟　　郑汉东　　朱　胜

《绿色再制造工程著作》

丛 书 书 目

序　言

推进绿色发展，保护生态环境，事关经济社会的可持续发展，事关国家的长治久安。习近平总书记提出"创新、协调、绿色、开放、共享"五大发展理念，党的十八大报告也明确了中国特色社会主义事业的"五位一体"的总体布局，强调"把生态文明建设放在突出地位，融入经济建设、政治建设、文化建设、社会建设各方面和全过程，努力建设美丽中国，实现中华民族永续发展"，并将绿色发展阐述为关系我国发展全局的重要理念。党的十九大报告继续强调推进绿色发展、牢固树立社会主义生态文明观。建设生态文明是关系人民福祉、关乎民族未来的大计，生态环境保护是功在当代、利在千秋的事业。推进生态文明建设是解决新时代我国社会主要矛盾的重要战略突破，是把我国建设成社会主义现代化强国的需要。发展再制造产业正是促进制造业绿色发展、建设生态文明的有效途径，而《绿色再制造工程著作》丛书正是树立和践行绿色发展理念、切实推进绿色发展的思想自觉和行动自觉。

再制造是制造产业链的延伸，也是先进制造和绿色制造的重要组成部分。国家标准《再制造　术语》(GB/T 28619—2012)对"再制造"的定义为："对再制造毛坯进行专业化修复或升级改造，使其质量特性(包括产品功能、技术性能、绿色性、经济性等)不低于原型新品水平的过程。"并且再制造产品的成本仅是新品的50%左右，可实现节能60%、节材70%、污染物排放量降低80%，经济效益、社会效益和生态效益显著。

我国的再制造工程是在维修工程、表面工程基础上发展起来的，采取了不同于欧美的以"尺寸恢复和性能提升"为主要特征的再制造模式，大量应用了零件寿命评估、表面工程、增材制造等先进技术，使旧件尺寸精度恢复到原设计要求，并提升其质量和性能，同时还可以大幅度提高旧件的再制造率。

我国的再制造产业经过将近20年的发展，历经了产业萌生、科学论证和政府推进三个阶段，取得了一系列成绩。其持续稳定的发展，离不开国家政策的支撑与法律法规的有效规范。我国再制造政策、法律法规经历了一个从无到有、不断完善、不断优化的过程。《循环经济促进法》《中共中央关于制定国民经济和社会发展第十三个五年规划的建议》《战略性新兴产业重点产品和服务指导目录（2016 版）》《关于加快推进生态文明建设的意见》和《高端智能再制造行动计划（2018—2020 年）》等明确提出支持再制造产业的发展，再制造被列入国家"十三五"战略性新兴产业，《中国制造2025》也提出："大力发展再制造产业，实施高端再制造、智能再制造、在役再制造，推进产品认定，促进再制造产业持续健康发展。"

再制造作为战略性新兴产业，已成为国家发展循环经济、建设生态文明社会的最有活力的技术途径，从事再制造工程与理论研究的科技人员队伍不断壮大，再制造企业数量不断增多，再制造理念和技术成果已推广应用到国民经济和国防建设各个领域。同时，再制造工程已成为重要的学科方向，国内一些高校已开始招收再制造工程专业的本科生和研究生，培养的年轻人才和从业人员数量增长迅速。但是，再制造工程作为新兴学科和产业领域，国内外均缺乏系统的关于再制造工程的著作丛书。

我们清楚编撰再制造工程著作丛书的重大意义，也感到应为国家再制造产业发展和人才培养承担一份责任，适逢哈尔滨工业大学出版社的邀请，我们组织科研团队成员及国内一些年轻学者共同撰写了《绿色再制造工程著作》丛书。丛书的撰写，一方面可以系统梳理和总结团队多年来在绿色再制造工程领域的研究成果，同时进一步深入学习和吸纳相关领域的知识与新成果，为我们的进一步发展夯实基础；另一方面，希望能够吸引更多的人更系统地了解再制造，为学科人才培养和领域从业人员业务水平的提高做出贡献。

本丛书由 12 部著作组成，综合考虑了再制造工程学科体系构成、再制造生产流程和再制造产业发展的需要。各著作内容主要是基于作者及其团队多年来取得的科研与教学成果。在丛书构架等方面，力求体现丛书内容的系统性、基础性、创新性、前沿性和实用性，涵盖了绿色再制造生产流程中的绿色清洗、无损检测评价、再制造工程设计、再制造成形技术、再制造零件与产品的寿命评估、再制造工程管理以及再制造经济效益分析等方面。

在丛书撰写过程中，我们注意突出以下几方面的特色：

1. 紧密结合国家循环经济、生态文明和制造强国等国家战略和发展规划，系统归纳、总结和提炼绿色再制造工程的理论、技术、工程实践等方面的研究成果，同时突出重点，体现丛书整体内容的体系完整性及各著作的相对独立性。

2.注重内容的先进性和新颖性。丛书内容主要基于作者完成的国家、部委、企业等的科研项目，且其成果已获得多项国家级科技成果奖和部委级科技成果奖，所以著作内容先进，其中多部著作填补领域空白，例如《纳米颗粒复合电刷镀技术及应用》《再制造零件与产品的疲劳寿命评估技术》和《再制造工程管理与实践》等。同时，各著作兼顾了再制造工程领域国内外的最新研究进展和成果。

3.体现以下几方面的"融合"：(1)再制造与环境保护、生态文明建设相融合，力求突出再制造工艺流程和关键技术的"绿色"特性；(2)再制造与先进制造相融合，力求从再制造基础理论、关键技术和应用实现等多方面系统阐述再制造技术及其产品性能和效益的优越性；(3)再制造与现代服务相融合，力求体现再制造物流、再制造标准、再制造效益等现代装备服务业及装备后市场特色。

在此，感谢国家发展改革委、科技部、工信部等国家部委和中国工程院、国家自然科学基金委员会及国内多家企业在科研项目方面的大力支持，这些科研项目的成果构成了丛书的主体内容，也正是基于这些项目成果，我们才能够撰写本丛书。同时，感谢国家出版基金管理委员会对本丛书出版的大力支持。

本丛书适于再制造领域的科研人员、技术人员、企业管理人员参考，也可供政府相关部门领导参阅；同时，本丛书可以作为材料科学与工程、机械工程、装备维修等相关专业的研究生和高年级本科生的教材。

中国工程院院士

2019 年 5 月 18 日

前　言

　　再制造是对废旧装备进行修复与提升的先进逆向制造过程。它是制造产业链的延伸,也是先进制造和绿色制造的重要组成部分。

　　再制造需要回答的重要问题之一就是"再制造后怎样",即已完成再制造的产品(称为再制造产品)是否可以在新一轮服役周期中安全服役。疲劳寿命评估技术是评判"再制造后怎样"的核心手段,特别是疲劳寿命演变属于非线性变化,其规律尚未被掌握,因此突破再制造产品疲劳寿命评估就成为回答"再制造后怎样"的最关键因素。

　　再制造产品疲劳寿命评估难就难在不仅要评估涂覆层的疲劳寿命变化,还要评估基体的疲劳寿命变化。一方面,废旧件(即再制造毛坯)是具有过往服役历史且无法量化追寻的已成型零件,存在着较多的隐性损伤及微裂纹,增材再制造后并不能消除它们,新一轮服役中的交变载荷就可能在这些缺陷处诱发疲劳失效;另一方面,完成了再制造零件的局部逆向增材形成的涂覆层,存在大量宏/微观交界面和修复成形过程引入的原生性缺陷,这些缺陷同样会成为新一轮服役中的裂纹源。上述极端问题,导致再制造产品的疲劳寿命评估成为当前国际学术界尚未解决的重大难题。

　　本书深入阐释了对再制造零件与产品寿命评估理论与技术的认识与理解,系统地梳理了作者十余年来所承担的相关科研项目的研究成果,包括再制造毛坯(曲轴)隐性损伤评估技术、再制造涂层的接触疲劳寿命评估技术、接触疲劳/磨损竞争性寿命评估技术、弯曲疲劳寿命评估技术、再制造熔覆层/薄膜的高周疲劳及超高周疲劳寿命评估技术以及再制造零件与产品寿命演变的无损检测技术等系列评估技术。希望通过本书向广大读者全面介绍再制造零件与产品的疲劳寿命评估技术,帮助本领域的专家、学者与工程技术人员了解相关技术,并在维修与再制造及机械加工制造中合理地进行选择和运用,更好地从事再制造生产实践,助力再制造产业的健康快速发展。

本书内容属于应用基础研究,作者在撰写过程中参考了大量的国内外文献,在此谨向相关作者表示深切的谢意。

作者研究团队成员有底月兰、马国政、刘明、郭伟玲、王鑫、周新远、黄艳斐、何东昱、郭伟、米庆博、张玉波、宋亚南、王志远、李彩云、周仁泽、王雷、周雳、张洁、李琳、王霞、邵泉、李继明、周进驰、何鹏飞、丁述宇等,他们为本书的撰写提供了很大帮助,在此一并表示感谢。

我们得到了中国地质大学康嘉杰教授和朱丽娜教授、哈尔滨工程大学金国教授、浙江工业大学朴钟宇副教授、中国航发北京航空材料研究院田浩亮研究员、哈尔滨工程大学刘金娜博士等的大力支持和帮助,对此,我们全体编写人员向他们表示诚挚的感谢。

本书介绍的研究得到了国家自然科学基金重点项目"再制造产品性能调控中的基础科学问题"(51535011)、国家自然科学基金面上项目"重载齿轮损伤原位监测涂层协同变形机制及使役机理"(51775554)等的支持,在此表示衷心的感谢。

再制造产品寿命评估的研究工作任重道远,作者仍在不断提升对这一难题的认识高度与深度。由衷地希望广大专家和读者对本书提出宝贵意见和建议。

作　者

2019 年 3 月

目　录

第1章 再制造工程与疲劳寿命评估研究

1.1 再制造工程概述

1.1.1 再制造工程

20 世纪,人口、资源、环境的协调发展日益重要,如何在有限资源的基础之上实现效益最大化成为全人类的共同课题。废旧机电产品的处理是亟待解决的问题之一,简单的报废处理将造成极大的原材料浪费,同时也增加了环境的负担,消费了未来。在此背景之下,再制造应运而生,再制造利用机电产品各零部件寿命不同等特性,充分挖掘废旧机电产品中蕴含的附加值,起到节省资金、能源、材料和保护环境的作用。

国际上,再制造产业已有 50 多年的发展史,创造的经济效益和社会效益毋庸置疑。我国历来十分重视修旧利废,已提出在经济结构调整的同时,要从过去单纯追求规模、效益的模式转向 4R[Reduce(减量化)、Reuse(再利用)、Recycle(再循环)、Remanufacture(再制造)]的循环经济发展模式。在政府的大力推动和科研工作者的倾心投入下,具有中国特色的再制造产业已初具规模,并成功应用于汽车、工程机械、军用装备、海洋工程等诸多领域。再制造形成产品的寿命周期如图 1.1 所示。

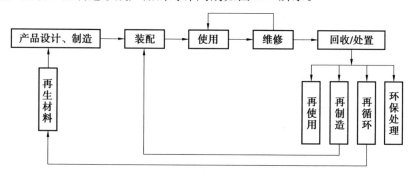

图 1.1　再制造形成产品的寿命周期

中国特色的再制造工程是以机电产品全寿命周期设计和管理为指导,

1

以废旧机电产品实现性能跨越式提升为目的,以优质、高效、节能、节材、环保为准则,以先进技术和产业化生产为手段,对废旧机电产品进行修复和改造的一系列技术措施或工程活动的总称。简单来说,再制造就是废旧机电产品高技术维修的产业化。再制造的重要特征是再制造产品的质量和性能不低于新品,成本仅是新品的50%,节能60%,节材70%,对环境的不良影响显著降低,可有力促进资源节约型、环境友好型社会的建设。

近年来,蓬勃发展的再制造工程就是充分挖掘废旧机电产品中所蕴含的"剩余价值",以先进的再制造工程技术为支撑,通过科学的方案设计、严格的质量控制,恢复关键失效零部件的性能,达到废旧机电产品高效循环利用的目的。再制造的对象是广义的,既可以是设备、系统、设施,也可以是其关键零部件。再制造的过程就是采用一些较为成熟的表面工程技术,在报废零件的表面制备出性能优良的薄层以修复零件的表面损伤,使再制造产品的性能达到甚至超过新品。再制造工程具有极大的社会效益、经济效益、环境效益和军事效益。

1.1.2　再制造工程技术

再制造工程是新兴产业,再制造产品质量直接影响再制造企业的效益,决定再制造企业的生存,关系到再制造产业能否健康发展。自再制造工程创立以来,再制造产品的质量问题一直受到行业内外的高度关注。再制造工程的研究内容就是围绕如何实现再制造产品质量不低于新品这一核心命题展开的。根据决定再制造产品质量的关键因素,再制造工程的研究内容分为再制造质量评价技术和再制造成形加工关键技术。

目前,国外再制造以相对简单的尺寸修理法和换件修理法为主要手段,其弊端是旧件再制造率低、节能节材效果差、难以提升再制造产品的性能、加工量大、环保效果不佳等。相比之下,我国再制造的最大特点是将先进的表面工程技术引入了废旧产品的再制造,在最大限度保存旧件、降低能耗的基础上,通过合理的材料和功能设计实现了性能恢复乃至提升。可见,先进表面工程技术的引入赋予了再制造重要特征,那就是再制造产品的质量和性能不低于新品。

再制造质量评价技术包括再制造毛坯质量评价和再制造涂层质量评价两方面。在理论方面,再制造毛坯质量评价,需要研究零部件服役过程中性能的退化和破坏的失效规律,预测毛坯的剩余寿命,明确其是否具有再制造价值,确定再制造后的零部件能否支持下一个服役周期;再制造涂层质量评价,要求评估表面涂层以及涂层与基体的结合质量,预测再制造后的服役寿命,保证再制造产品的性能不低于新品。在技术方面,再制造质量评价综合多种先进无损检测技术,建立以超声、涡流、金属磁记忆、声发射等先进无损检测技术为重要支撑,传统质量检测手段为辅助的再制造质量控制体系,检测废旧件的损伤程度以及裂纹类关键缺陷的真实状态和变化趋势,为预测再制造毛坯的剩余寿命和再制造涂层的服役寿命提供可靠依据。

再制造成形加工关键技术包括纳米电刷镀技术、高速电弧喷涂技术、激光熔覆技术、微束等离子快速成形技术、自修复技术等,其技术研究涉及再制造涂层材料、技术工艺及设备等。在废旧零部件材质和形状基本不变的前提下,采用上述关键技术能恢复原产品的标准尺寸,使原产品的功能升级,保证再制造产品质量不低于新品。

随着再制造概念深入人心、再制造产业蓬勃发展,再制造产品的质量控制和评价备受关注。经表面工程技术处理过的再制造产品表面的服役寿命演变规律等基础理论成为再制造研究领域的热点问题。简言之,就是再制造表面涂层的寿命研究和评价问题,该问题的研究是对再制造工程基础理论体系的有机补充和完善,具有深邃的科学意义;同时也是再制造工程实践得以进一步推广、再制造产品得以广泛应用的前提和技术保障。

1.1.3 再制造工程与表面工程

再制造工程的重要技术支撑是表面工程技术。表面工程技术的优势是能够以多种方法制备出优于基体材料性能的表面涂层,从而提升装备的服役性能。对于机械零件,表面工程技术主要用于提高零件表面的耐磨性、耐蚀性、耐热性、抗疲劳强度等力学性能。统计结果表明,机电产品失效原因中约70%属于表面磨损和腐蚀,机电产品制造和使用中约1/3的能源直接消耗于摩擦磨损。可见,先进表面工程的技术特点与再制造工程需求珠联璧合,大有可为。近年来,随着表面工程技术的不断创新,各种更先进、更高效、更实用的技术应用到再制造工程领域,大大提升了再制造流程的效率,提高了再制造产品的质量。

表面工程是改善机械零件、电子电器元件等基质材料表面性能的一门专业学科。表面工程的概念提出于20世纪80年代,1988年以《表面工程》(1998年更名为《中国表面工程》)期刊的出版为标志,表面工程迅速在我国发展起来,成为以表面为研究核心,材料学、摩擦学、物理学、界面力学、表面力学及材料失效与防护、金属热处理、焊接等多个学科交叉、综合发展的新兴学科。

表面工程是表面预处理后,通过表面涂覆、表面改性或多种表面技术复合处理,改变固体金属或非金属表面的形态、化学成分、组织结构及应力状况等,来获得所需表面性能的系统工程。表面工程可用于提高机械零部件表面的耐磨、耐腐蚀、耐热及抗疲劳强度等力学性能,保证零部件在高温、高速、重载及腐蚀等工况条件下可安全持续运行;也可应用在电子电器元件表面的电、磁、声、光等方面,实现现代电子产品容量大、传输快、高可靠性与高转换率等性能。对于工艺品及产品包装表面的耐蚀性能及美观性,表面工程将实现产品外表美观与提高产品性能完美结合;对于生物医学材料,表面工程在提高人体植入物的耐磨、耐蚀及生物相容性方面贡献巨大。

随着表面工程的发展,表面改性技术、表面处理技术及表面涂覆技术相继出现。其中,表面改性技术是通过改变材料表面的化学成分达到改变表面结构和性能的一种表面技术。这一类的表面技术包括离子注入、化学热处理、转化膜等。表面处理技术是在不改变基质化学成分的基础上,通过改变表面组织结构从而改变材料表面性能的一种技术,如喷丸、淬火、纳米化加工等。而表面涂覆技术是在基质表面上形成一种膜层,包括物理气相沉积、化学气相沉积、电镀、电刷镀、化学镀、喷涂、熔覆、堆焊、涂装等。其与前两类技术比较,由于束缚条件少、技术类型和材料选择方面空间较大,应用较为广泛。在工程应用中,表面改性技术和表面处理技术均为无膜类型,只有表面涂覆技术存在薄膜与厚膜之分。

随着现代工业的发展,对机械产品零部件表面性能的要求逐渐提高,可在高速、高温、高压、重载及腐蚀介质等恶劣工况下可靠而持续地工作的零部件成为人们关注的重点,这对制造技术提出了挑战。这一挑战推动了表面工程学科的发展,并使得先进的表面工程技术(复合表面工程技术、纳米表面工程技术等)在制造业中应运而生。虽然表面工程形成一门独立的学科仅有 30 多年的历史,但其发展迅速、涉及范围广泛,对人们生产生活产生了巨大影响。

1.1.4 再制造与疲劳寿命评估

在再制造产业蓬勃发展的同时,再制造产品的质量控制作为一个重要的基础理论问题备受关注。其中,如何从再制造零部件的随机损伤特征中提取出其寿命演变规律,对再制造产品进行寿命预测,成为再制造研究领域的热点和难点。

再制造过程中,废旧件作为"基体",通过多种高新技术在废旧零部件的失效表面生成涂覆层,恢复失效零件的尺寸并提升其性能,从而获得再制造产品。再制造产品的质量由废旧件(即再制造毛坯)原始质量和再制造恢复涂层质量两部分共同决定。其中,废旧件原始质量是制造质量和服役工况共同作用的结果,尤其是服役工况中含有很多不可控的因素,一些危险缺陷常常在服役条件下生成并扩展,这将导致废旧件的再制造质量急剧下降;而再制造恢复涂层质量取决于再制造技术,即再制造材料、技术工艺和工艺设备等。在再制造零件使用过程中,依靠废旧件和修复涂层共同承担服役工况的载荷要求,控制再制造毛坯的原始质量和修复涂层的质量,就能够控制再制造产品的质量。

再制造前,质量不合格的废旧件将被剔除,不会进入再制造工艺流程。如果废旧件基体中存在超标的质量和性能缺陷,那么无论采用的再制造技术多么先进,再制造后零件形状和尺寸恢复得多么精确,其服役寿命和服役可靠性都难以保证。只有原始制造质量好,并且在服役过程中没有产生关键缺陷的废旧零部件才能够进行再制造,依靠高新技术在失效表面形成修复性强化涂层,使废旧件恢复尺寸、提升性能、延长寿命。

废旧件经过一个寿命周期的使用过程,具有制造成形的零件的基本尺寸,在服役过程中可能产生不同程度的早期损伤及缺陷。为保证再制造产品的质量,在准确评估废旧件剩余寿命的基础上,根据废旧件损伤状态,确定相应的再制造成形方案,选择适宜的再制造关键技术进行加工。再制造成形后,还要检测涂层质量及涂层与基体的结合质量,评价再制造产品的服役寿命,合格件才能够装配使用。

实现再制造产品的质量控制,就是通过严格把关,形成再制造产品的3个重要环节,即再制造前毛坯的质量控制、再制造成形过程的质量控制及再制造后涂层的质量控制,从而确保再制造产品性能不低于新品。疲劳寿命评估技术是再制造前毛坯的质量控制和再制造后涂层的质量控制的核心研究内容。再制造成形过程的质量控制是对再制造成形工艺的控制。再制造毛坯剩余疲劳寿命评估、再制造成形加工过程的质量检验、再制造涂层服役疲劳寿命评估等内容是上述3个重要环节中所采用的关键技术。

疲劳寿命是指试件或结构由开始加载至发生疲劳失效时的载荷循环数。零件剩余疲劳寿命是否足够维持下一个生命周期,是再制造产业化和规模化发展所面临的重大技术难题。再制造产品的安全疲劳寿命评估问题更是影响其社会接纳度的关键问题。因此进行废旧件和再制造产品的疲劳寿命评估技术研究对再制造高速发展极为重要。

疲劳寿命评估方法主要包括基于概率-应力-寿命($P-S-N$)曲线

的疲劳寿命评估方法、基于断裂力学的疲劳寿命评估方法和基于过程数据的疲劳寿命评估方法。根据疲劳裂纹实时状态,疲劳全寿命周期可以分为潜伏期、裂纹稳定扩展阶段和失稳扩展阶段。潜伏期涵盖疲劳试件完好阶段和裂纹萌生过程;裂纹稳定扩展阶段主要是指裂纹呈较明显规律扩展的阶段;失稳扩展阶段是指裂纹呈较弱规律扩展甚至没有任何规律可循的阶段。对于适用范围,$P-S-N$ 曲线适用于全寿命周期的疲劳寿命估计。疲劳寿命评估方法的适用范围如图 1.2 所示。断裂力学方法主要适用于全寿命周期中裂纹萌生后期与裂纹稳定扩展阶段。过程数据方法主要用于出现可检测异常信号后的剩余疲劳寿命的预测。

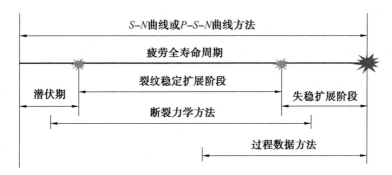

图 1.2　疲劳寿命评估方法的适用范围

对于研究对象,$P-S-N$ 曲线方法是针对总体试件的疲劳寿命估计,而断裂力学方法和过程数据方法则是针对单个试件的疲劳寿命进行预测。对于方法原理,$P-S-N$ 曲线方法是通过大样本的疲劳试验数据获取统计结果。断裂力学方法是从微观层面,基于失效模型分析疲劳失效演化过程,预测裂纹达到失效判定阈值的时间,并据此预测疲劳寿命的方法。过程数据方法是基于信号处理和性能退化特征量提取技术建立起来的一种基于模型的疲劳寿命预测方法。

这 3 类方法也存在一定的联系,$P-S-N$ 曲线方法与断裂力学方法及过程数据方法存在总体与个体的关系,在总体样本较少的情况下,这种联系变得更加紧密。断裂力学方法从微观上描述疲劳失效过程,裂纹扩展到一定程度后在疲劳试件状态数据中体现出来。过程数据方法通过信号处理和性能退化特征量提取技术,建立疲劳寿命预测模型来评估疲劳寿命。

综上所述,在进行疲劳寿命预测时,以 $P-S-N$ 曲线方法为先验知识,以断裂力学方法为预测手段,通过过程数据方法提取性能退化特征量序列,并将不同类型的预测方法结合起来,有效利用各种方法的优势进行疲劳寿命评估。这种联合疲劳寿命技术会在很大程度上提高预测的准确性。

1.2 再制造先进技术

1.2.1 电刷镀技术

电刷镀技术是表面工程技术的一个重要组成部分,也是电镀技术的发展方向之一。刷镀工艺简单,镀液体系多,镀层种类多,镀覆质量好并且沉积速度快,一经产生便以其独特的优越性显示出了强大的生命力。复合刷镀作为复合电镀的一种,其基本原理也是利用电化学沉积在工件的表面获得复合材料。与普通电刷镀不同的是:镀液中加入了一定量的不溶性固体颗粒,这些颗粒均匀地悬浮于镀液中,并有选择地吸附镀液中的某些正离子,一起参与阴极反应,进而与镀层金属一起沉积在工件表面上获得复合镀层;部分没有吸附在正离子上的颗粒,虽未能参与阴极反应,却随着阴极的反应嵌杂在了涂层之中,同样起到了弥散强化的效果。

图 1.3 为电刷镀工作示意图。该技术采用专门的直流电源设施,电源的负极接工件,正极接镀笔。镀笔上的阳极材料通常采用高纯石墨块,外面包裹有棉花和涤棉套。在适当的压力作用下,镀笔浸满镀液以一定的速度在工件表面移动。镀液中金属阳离子在镀笔与工件接触的部位得到电子并还原成金属原子,这些金属原子结晶后便形成镀层,镀层厚度与电刷镀的时间、电流密度等有关。

电刷镀的工艺参数对刷镀层的质量也起到决定性作用。在电刷镀工艺中,主要的工艺参数包括施镀电压、温度以及镀笔和待镀工件之间的相对运动速度。通常,不同的刷镀溶液,以及刷镀后需要涂层具备的性能不同,对刷镀工艺参数的要求也不尽相同,这些参数往往通过经验来选择,然后由镀层的性能检测结果来确定,目前并没有统一的标准和判据对电刷镀工艺进行筛选。

镀笔与工件之间存在相对运动,这给电刷镀工艺带来了一系列的优点。首先,提供了散热条件,使得进行大电流密度施镀时,避免了工件过热;其次,镀层的形成变成一个不连续的过程,镀液中的金属离子只能在镀笔与工件接触的部位放电进而还原结晶,限制了晶粒的长大和排列,形成大量的超细晶粒以及高密度位错,进一步使得镀层强化;再次,镀笔与工件

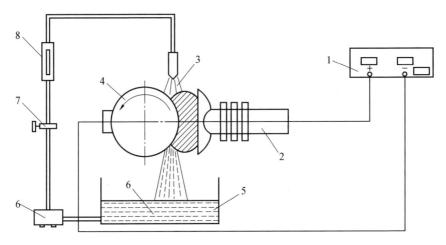

图 1.3 电刷镀工作示意图

1—电源；2—阳极镀笔；3—电刷镀镀液；4—阴极工件；5—集液槽；6—循环泵；7—阀门；8—流量计

的相对运动使大电流施镀成为可能，加快了镀层沉积速度；最后，电刷镀的设备简单，操作灵活，适用于大型及复杂的设备不解体现场修理。综合上述优点，电刷镀必将获得更广泛的应用。

电刷镀技术作为表面工程技术的重要组成部分，已被广泛应用于机械零件表面修复与强化。近年来，纳米颗粒材料应用于电刷镀技术中，产生了纳米颗粒复合电刷镀技术，促进了复合电刷镀技术在高温耐磨及抗接触疲劳等更广阔领域中的应用。

在电刷镀镀液中添加纳米颗粒，对所制备的复合镀层的摩擦学性能有较大改善。在快速镍镀层中分别添加 Al_2O_3、SiC、金刚石纳米颗粒，并对纳米颗粒表面改性处理，有效提高了纳米颗粒在镍基复合镀层中的共沉积量和均匀分布程度。在不同温度下，纳米复合电刷镀镀层均比传统快速镍镀层具有更高的显微硬度和更好的抗微动磨损性能。纳米复合电刷镀技术可用于贵重零部件及苛刻服役条件下零部件的高性能修复与再制造。

常用的纳米复合电刷镀溶液的基质镀液主要包括镍系、铜系、铁系、钴系等单金属电刷镀溶液以及镍钴、镍钨、镍铁、镍磷、镍铁钴、镍铁钨、镍钴磷等二元或三元合金电刷镀溶液。所加入的不溶性固体纳米颗粒可以是金属或非金属单质，如纳米铜、石墨、碳纳米管、纳米金刚石等，也可以是无机化合物，如金属的氧化物（$n-SiO_2$、$n-Al_2O_3$、$n-TiO_2$、$n-ZrO_2$）、碳化物（$n-TiC$、$n-SiC$、$n-WC$）、氮化物（$n-BN$、$n-TiN$）、硼化物（$n-$

TiB_2)、硫化物($n-FeS$)等,还可以是有机化合物,如聚氯乙烯、聚四氟乙烯、尼龙粉末等。

纳米复合电刷镀镀层中由于存在大量的硬质纳米颗粒,且组织细小、致密,因此其硬度、耐磨性、抗疲劳性能、耐高温性能等均优于相应的金属电刷镀镀层。电刷镀镀层的抗接触疲劳性能是指其在循环载荷作用下抵抗破坏的能力。它是衡量涂层服役性能优劣的一项综合指标。它与电刷镀镀层的硬度、结合强度、内聚强度、应力状态均有密切关系。纳米复合电刷镀镀层的抗接触疲劳强度直接受电刷镀工艺参数(电压、电流、温度、相对运动速度等)、基质镀液种类、纳米颗粒种类及浓度等因素的影响。一般地,普通电刷镀镀层难以满足接触疲劳失效零件的服役性能要求。研究表明,纳米复合电刷镀镀层具有较优异的抗接触疲劳性能,可以应用于再制造接触疲劳失效的金属零部件。

1.2.2 喷涂技术

1.热喷涂技术发展概况

热喷涂技术是一种已经发展了 100 多年、应用十分广泛的表面工程技术。它属于表面涂覆技术范畴。热喷涂技术是以一定形式的热源将粉状、丝状或棒状喷涂材料加热至熔融或半熔融状态,同时用高速气流使其雾化,喷射在经过预处理的零件表面,形成喷涂层,用于改善或改变工件表面性能的一种表面加工技术。热喷涂涂层的形成原理如图 1.4 所示。

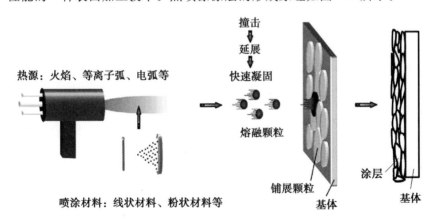

图 1.4 热喷涂涂层的形成原理

热喷涂技术起源于 1908 年,瑞士的 Schoop 进行了最初的金属熔液雾化喷涂试验,并于 1913 年研制出了能实际应用的丝材喷涂装置。通过燃烧烃类获得能量使喷涂材料熔化的热喷涂技术称为燃烧法热喷涂技术。采用等离子弧或电弧将喷涂材料熔化的热喷涂技术称为热源法热喷涂技术。热源法热喷涂技术是由日本、德国和美国学者在 Schoop 研制电弧喷涂枪的基础上进行完善发展而来的。德国学者研制的直流电源电弧喷涂技术克服了前期日本学者发明的交流电源电弧喷涂技术存在的不稳定、效率低、涂层质量差的缺点,从而得到推广应用。20 世纪中叶美国学者研发的爆炸喷涂和等离子喷涂大大拓宽了可进行喷涂材料的种类,成功制备出高熔点、高强度涂层。超音速等离子喷涂和超音速火焰喷涂等技术的研发成功,显著提高了热喷涂射流和颗粒的速度,使得涂层的孔隙率、结合强度均得到明显改善,进一步推动了热喷涂技术的革新进步,拓宽了热喷涂技术的应用范围。热喷涂技术的发展历程如图 1.5 所示。

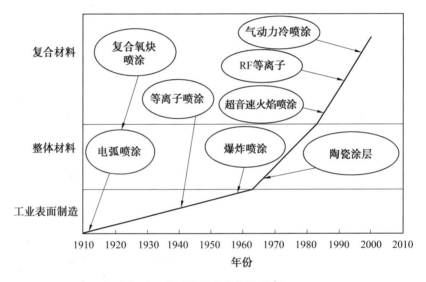

图 1.5　热喷涂技术的发展历程

热喷涂按热源形式的不同可以简单地分为火焰喷涂、电弧喷涂、等离子喷涂和特种喷涂(爆炸喷涂等)。各种喷涂方法对应的颗粒温度与颗粒速度分布图如图 1.6 所示,不同的喷涂方法有各自的适用领域。等离子喷涂是一种成熟先进的热喷涂技术,它以高能密束等离子弧为热源,可将喷涂颗粒加热至 10 000~15 000 ℃,因此几乎不受喷涂材料的限制,能够制备耐磨、耐高温、热障、绝缘等多种性能的涂层。另外,由于等离子喷涂熔融颗粒飞行速度较快,喷涂时碰撞基体后铺展充分,涂层致密,有利于提高涂层的结合强度和质量。

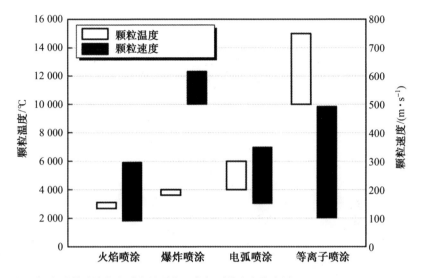

图 1.6 各种热喷涂方法对应的颗粒温度与颗粒速度分布图(Scott, 1991; Clare, 1994)

2. 超音速等离子喷涂

装备再制造技术国防科技重点实验室自主研发了我国第一套具有自主知识产权的高效能超音速等离子喷涂系统(High Efficiency Plasma Jet, HEPJet),并于 2003 年获得国家科技进步二等奖。高效能超音速等离子喷涂系统射流速度高(可达 1 000～1 360 m/s),喷涂颗粒飞行速度可达 700 m/s,涂层质量高,能量利用率高,材料沉积效率高,气体消耗少(最大为 6 m³/h),能制备出性能优异的耐磨、耐蚀、热障等涂层。该系统主要包括超音速等离子喷枪、控制柜、电源、热交换机等(图 1.7)。高效能超音速等离子喷枪是系统的核心部件,打破了传统的通过二级喷嘴对扩展弧进行加速获得超音速射流的设计思想,解决了拉伐尔喷嘴直接做等离子阳极易烧损、内送粉易粘嘴等诸多技术难题。高效能超音速等离子喷枪的结构如图 1.8 所示。

高效能超音速等离子喷涂系统具有如下特点:

①突破传统的依靠大功率、大气体流量来获得超音速射流的思想,科学应用单阳极拉伐尔喷管技术,采用独具特色的低功率、小气体流量的结构设计,在较低能耗下得到了高能量密度、高稳定性的超音速等离子射流。

②采用以机械压缩为主、气动力压缩为辅的射流加速方案,气体流量仅为传统等离子喷涂的 1/3。

③采用内送粉结构,可直接将喷涂粉末送到等离子焰流的高温区,解决了目前国内外通用的外送粉方式所存在的粉末加热不均、沉积效率低等

图 1.7　高效能超音速等离子喷涂系统

(a) 喷枪外观

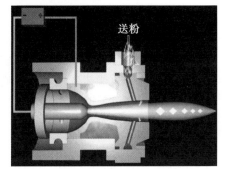

(b) 喷枪内部结构示意图

图 1.8　高效能超音速等离子喷枪的结构

问题,有效提高了等离子弧热能利用率,改善了粉末的熔化状况,提高了涂层沉积率。

④喷枪工作电压适用范围宽(为 60~220 V),可使用不同的工作气体(Ar,N₂,Ar 和 H₂,N₂ 和 H₂)。通过对电参数和气体流量的合理匹配,可实现等离子射流热熔和速度的大范围调节,满足喷涂不同性能材料的需要。

⑤可多次修复使用的阴极头设计和阴阳极间隙调节功能,是现有的超音速等离子喷枪和普通等离子喷枪所不具备的特点与功能。

⑥枪体结构合理,体积小,质量轻,可维护性和可操作性强,能够方便地实现手持和机装作业两种功能。

1.2.3 熔覆技术

1. 堆焊

作为表面工程技术的一个重要分支,堆焊技术的主要工艺有 CO_2 气体保护焊、电弧焊、埋弧自动堆焊、宽带极堆焊和爆炸覆合。

三维焊接熔覆快速成形技术是堆焊技术的发展成果,本质上是采用各种弧焊热源使金属熔化与过渡沉积的焊接工艺,利用 CAD 所提供的实体三维数据控制焊接设备,采用分层扫描和分层堆焊的方法来制作零件。根据快速成形系统所使用的焊接熔覆工艺的不同,该技术可分为激光焊(Laster Welding,LW)、等离子焊(Plasma Arc Welding,PAW)、熔化极气体保护焊(Gas Metal Arc Welding,GMAW)、非熔化极气体保护焊(Gas Tungsten Arc Welding,GTAW)和电子束焊(Electron Beam Welding, EBW)等。

熔焊快速成形技术起源于 20 世纪 60 年代末,当时被称为成形焊接(Shape Welding)。在德国,这种技术被用来制造大型(500 t)形状简单的压力容器。1985～1991 年,美国 Babcack & Wilcox 公司共投入上千万美元用于开发熔化成形技术,生产出材料为奥氏体不锈钢或 Ni 的大型零部件。此后,随着快速成形技术的出现,将焊接工艺与快速成形的基本原理相结合用于产品零部件的原型制造或者直接制造,成为新的研究热点。20 世纪 90 年代初期,美国 Rools－Rorce 航空集团致力于三维焊接(3D Welding)技术的研究。使用该技术制造昂贵的高性能合金零部件可以避免材料浪费,该公司利用三维焊接熔覆快速成形技术成功地制造了各种镍基或钛基材料的飞行器零部件。

目前,在三维焊接熔覆快速成形技术的研究中,选用的材料按形状可分为丝材和粉末两大类。丝材一般采用低碳钢合金焊丝、不锈钢焊丝等,粉末材料则大多选用铁基或镍基等自熔剂合金粉末。这些材料基本都是针对金属零件表面焊接修复而开发的,并不适合于焊接熔覆快速成形技术。以合金粉末材料为例,在绝大多数的金属零件表面熔焊修复过程中,均需熔覆层具有较高的强度和耐磨性。因此在成分设计时,采用固溶强化、弥散强化等多种手段来提高熔覆层的硬度和耐磨性等。例如,在成分设计时将碳的质量分数提高,使熔覆层中形成金属碳化物强化相;或者加入一定量的 WC 和 TiC 等金属陶瓷颗粒等。这些合金粉末在快速成形多层熔覆的情况下,熔覆层具有较大的开裂倾向,会产生较大的应力积累和变形,不利于保证快速成形件的成形精度和成形质量,因此迫切需要研制快速成形的专用材料体系。

焊接成形采用逐层熔覆堆积的方法来制造零件,会不可避免地产生残余应力、内应力,使零件发生翘曲变形。焊接应力可能引起热裂纹、冷裂纹、脆性断裂等工艺缺陷,其产生的变形累积会严重影响成形件的几何精度,这种累积误差到了一定程度甚至会使快速成形过程无法进行下去。由于三维焊接熔覆快速成形工艺发展还不完善,特别是对快速成形制作工艺和软件技术等方面的研究还不成熟,目前快速成形件的精度及表面质量还不能很好地满足工程需要,不能作为功能性零件,为提高成形件的精度和表面质量,必须改进成形工艺和成形软件。

三维焊接熔覆快速成形制造过程的热循环比一般焊接过程的热循环复杂得多,组织转变过程也更复杂,增加了零件性能控制的难度。采用不同的焊接工艺方法、不同的焊接工艺参数,零件几何尺寸的改变都将影响零件成形的热循环过程及零件的性能。系统研究焊接熔覆技术成形规律和多种因素对零件成形过程的影响,是焊接快速成形技术必须解决的问题。

2. 等离子熔覆

等离子熔覆是指在合金基体上以相应的方式添加与基体成分相同或不同的涂层材料(即熔覆材料),用等离子束作为热源使添加材料和基体表面的极薄层同时熔化,经快速凝固后形成稀释率较低且与基体成冶金结合的表面涂层,以显著改善基体表面耐磨、耐蚀、耐热、抗氧化等的工艺方法。

等离子熔覆示意图如图 1.9 所示。等离子熔覆的引弧方式为高频高压引弧,工件(试样)作为阳极,等离子炬作为阴极。利用高频高压击穿阴阳极之间的保护气体,形成等离子体态的离子流。等离子熔覆的保护气体

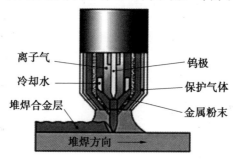

图 1.9　等离子熔覆示意图

通常为 Ar 或 N_2，涂层材料通常为合金粉末。氩或氮等离子流经过机械压缩、电磁压缩和热压缩效应，弧柱温度可达 10^4 ℃，足以熔化一切难熔材料。用高能等离子束流加热熔覆粉末，粉末因吸收大量的热能而快速熔化、分解、电离，并把部分热量传递给基体，使基体表面一薄层同时被加热到熔融状态。熔化的涂层粉末与基体表面薄层形成共同的熔池，熔池迅速凝固形成熔覆层。

等离子熔覆属于非平衡结晶过程，其熔化和结晶速度较快，在等离子体处理过程中影响因素过多，所以有关涂层质量控制和缺陷防止等方面的研究是该领域的热点。等离子熔覆技术以钨极与喷嘴之间的电弧为热源，在工件表面按预定的路线同时送粉，粉末在弧柱中被预先加热，呈熔化或者半熔化状态，喷射到工件表面的熔池中，在熔池里充分熔化，进行冶金反应，并排出气体和浮出熔渣，随着喷枪在工件表面的移动获得合金熔覆层。等离子熔覆是一种快速凝固过程，同时具有过饱和固溶强化、组织细化、弥散强化和沉淀强化等不可或缺的作用。

由于局部表面受热密度大，弧柱直径小，受热时间短，因此工件表面上的熔化区很小，传到工件内部的热量少，熔化区内存在很大的温度梯度，冷却速度可达 $10^2 \sim 10^4$ K/s。由于凝固速度非常快速，因此赋予了合金不同于正常凝固的特点。

熔覆材料的添加方式有外送粉法、内送粉法等。常用的熔覆材料若为金属粉末，则采用内送粉法，即利用送粉器把金属粉末送入熔池中，使粉末的加入与熔覆同步进行。此方法送粉量可以调节，由于同步送粉可以连续工作，故其效率高，适用于实际生产中大批零件的表面等离子熔覆。对同步送粉的基本要求是：连续、均匀和可控地将粉末送入熔区；送粉的范围要大，并能精密连续可调，具有良好的重复性和可靠性。

常用的等离子熔覆合金粉末主要有自溶性合金粉末和复合粉末。自熔性合金粉末主要有镍基、钴基、铁基和铜基。复合粉末由两种或两种以上具有不同性能的固相所组成，组成复合粉末的成分可以是金属与金属、金属（合金）与陶瓷、陶瓷与陶瓷、金属（合金）与塑料及金属（合金）与石墨等。等离子熔覆合金体系主要有铁基合金、镍基合金、钴基合金及复合合金等。铁基合金适于要求局部耐磨且容易变形的零件；镍基合金适于要求局部耐磨、耐热腐蚀及抗热疲劳的构件，所需的等离子功率密度要比熔覆铁基合金的略高；钴基合金熔覆层适于要求耐磨、耐蚀和抗热疲劳的零件；陶瓷熔覆层在高温下有较高的强度，且热稳定性好，化学稳定性高，适用于耐磨、耐蚀、耐高温和抗氧化性的零件。等离子熔覆层的性能取决于组织和相的组成,而其化学成分和工艺参数又决定了等离子熔池的组织结构。不同的合金成分及工艺条件下的实际组织形态及性能具有一定的差别。

等离子熔覆技术是一种经济效益很高的新技术,它可以在廉价的金属基材上制备出高性能的合金表面层来改善基体的性质,降低成本,节约贵重稀有金属材料。与传统的表面改性(热喷涂、等离子喷涂等)技术相比,它主要有以下优点:界面为冶金结合,组织极细,熔覆层成分均匀及稀释度低,覆层厚度可控,热畸变小。在表面改性技术中,等离子熔覆已成为比较活跃的研究课题。

3. 激光熔覆

激光熔覆是指利用激光表面处理、激光烧结成形、激光焊接、激光切割、激光打孔等各种激光加工与处理技术对零部件进行再制造的技术。激光熔覆兴起于 20 世纪 70 年代,是利用高能激光束在金属基体上熔化被覆材料而形成一层厚度很小的金属熔覆层,该熔覆层具有较低的稀释率、较少的气孔和裂纹缺陷,并与基体形成优异的冶金结合,可显著改善基体材料表面的耐磨、耐蚀、耐热、抗氧化等性能。激光熔覆成形试验装置示意图如图 1.10 所示,它是一种经济效益较高的表面改性技术和废旧零部件维修与再制造技术,可以在低性能廉价钢材上制备出高性能的合金表面,以降低材料成本、节约贵重稀有金属材料。

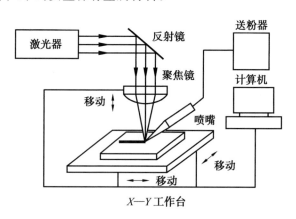

图 1.10　激光熔覆成形试验装置示意图

与其他表面强化技术相比,激光熔覆技术具有以下特点:

①冷却速度高达 $10^5 \sim 10^6$ K/s,从而使熔覆层的组织具有快速凝固的典型特征,即凝固组织极其细小、致密,甚至产生新性能的组织结构,如亚稳相、超弥散相、非晶相等。

②熔覆层具有较高的硬度，因而具备优异的耐磨、耐腐蚀性能。

③局部表层区域的快速熔化使基体或被涂覆工件的热影响区小、热变形小，易于实现选区熔覆。

④通过多道搭接可以实现大面积零件的修复，且获得的熔覆层质量稳定，工艺过程易于实现自动化。

激光熔覆材料按形状分为粉末材料、丝状材料、片状材料等，其中粉末材料应用最为广泛。激光熔覆粉末材料主要包括自熔性合金粉末、陶瓷粉末和复合粉末等。自熔性合金粉末是指粉末成分中含有 Si、B 等元素，具有强烈的脱氧和自熔作用。目前，自熔性材料主要有铁基合金、镍基合金、钴基合金及铜基合金等。陶瓷粉末主要以氧化物陶瓷粉末为主，包括 Al_2O_3 和 ZrO_2 陶瓷粉末。陶瓷粉末具有优异的抗高温氧化和隔热、耐磨、耐蚀性能，常被用于制备高温、耐磨、耐蚀涂层和热障涂层。复合粉末主要以碳化物复合材料为主，由碳化物硬质陶瓷材料与金属或合金作为黏结相所组成的粉末体系，可以分为（Co、Ni）/WC 和（NiCr、NiCrAl）/Cr_3C_2 等系列。复合粉末将金属的强韧性、良好的工艺性与陶瓷材料优异的耐磨、耐蚀、耐高温和抗氧化特性有机结合起来，从而能够获得高性能的熔覆层。

激光熔覆的急热和急冷特点，使得熔覆层中易于产生过大的残余应力而增大其开裂敏感性。为了减小熔覆层的裂纹敏感性，在选择熔覆材料时首先要考虑：

①熔覆材料和基体材料的热膨胀系数应尽可能地接近，其差别越小，熔覆层对开裂越不敏感。

②合金粉末与基体材料的熔点应尽量接近，相差较大会大大降低熔覆层的质量，难以形成与基体具有良好冶金结合的熔覆层。

此外，还应考虑熔覆材料在激光快速加热下的流动性、化学稳定性、熔覆材料和基体金属匹配性，以及熔覆材料中的高熔点硬质相与基体金属的润湿性、高温快冷时的相变特性等。

1.2.4 薄膜技术

薄膜材料包括表面工程意义上的薄膜、纳米超薄薄膜和原子尺度薄膜。薄膜是一种二维结构，相比于基体厚度，当薄膜的厚度很小时（一般大于 50 倍），这就是力学意义上的薄膜。此时，薄膜材料要么没有本征结构长度尺度，要么厚度远大于所有的特征微结构长度尺度，如晶粒尺寸、位错等。这类薄膜可以通过等离子喷涂、焊接、爆炸复合等技术制备。而薄膜中的应力、基底曲率等需要使用连续介质力学方法求得。当材料结构尺寸与特征微观结构尺寸相当接近时,这类薄膜被称为微观结构薄膜。微观结构薄膜大多被用在微电子器件和磁存储介质中。

由于薄膜材料的厚度较小,厚度方向上表面和界面的存在,物质连续性发生中断,因此薄膜材料具有与块状材料不同的独特性能。薄膜技术涉及的研究范围很广,包括化学气相沉积、物理气相沉积等成膜技术,离子束刻蚀等微细加工技术,以及在成膜、刻蚀过程中的监控技术,薄膜分析、评价与检测技术等。

薄膜的制备方法多采用化学气相沉积(Chemical Vapor Deposition,CVD)和物理气相沉积(Physical Vapor Deposition,PVD)两种技术。其中,化学气相沉积的优势在于可以较为准确地控制薄膜的组成,使薄膜具有理想的化学配比。化学气相沉积技术的沉积速率快,制备出的薄膜与衬底结合较好,制备成本较低,适合工业化生产。但由化学气相沉积技术所制备出的薄膜是通过化学反应实现的,基片材质必须为高熔点材料,使得在沉积材料和基片材料的选取方面也存在一定的局限性。

1. 化学气相沉积

化学气相沉积是一种多样性的沉积技术,能够生成单质和化合物半导体、金属合金和不同化学计量的非晶或晶体化合物薄膜。该方法的基本原理是:制备薄膜材料的易挥发化合物与其他保护气体之间发生化学反应,生成不易挥发的固体薄膜(图 1.11)。化学气相沉积过程的化学反应包括热解和还原。

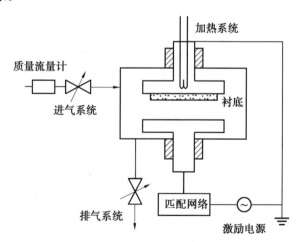

图 1.11 化学气相沉积基本原理图

2. 物理气相沉积

物理气相沉积是一种凭借物理过程(蒸发、升华或离子撞击靶材)促使原子从固体或熔融的原材料转移到基体上的技术。蒸发和溅射是两种常用的沉积薄膜的物理气相沉积方法。

根据沉积过程物理机制的不同,物理气相沉积通常被分为真空蒸发镀膜、离子镀膜、真空溅射镀膜和分子束外延等。薄膜材料应用范围的扩展,促进了薄膜材料制备技术的进步,在原有技术的基础上,陆续出现了以离子束增强沉积技术(Ion-Beam-Enhanced Deposition)、电火花沉积技术(Electron Spark Deposition)、电子束物理气相沉积技术(Electron Beam-PVD)等为代表的高效、先进的薄膜沉积技术。

磁控溅射在溅射的基础上,运用靶材料自身的电场与磁场的相互作用,使得二次电子电离出更多的 Ar^+,提高溅射效率。在二极溅射中增加一个平行于靶表面的封闭磁场,借助于靶表面的特定区域来提高电离效率,增加离子密度和能量。

磁控溅射沉积的原理如图 1.12 所示(以直流溅射为例),在溅射沉积过程中,溅射的气体离子(一般为 Ar^+)在所加电场的作用下被加至高速轰击靶材,并且气体离子轰击阴极和撞击中性气体原子时释放二次电子,随着系统中直流电压的增加,电荷载体的初始浓度迅速增加。通过这种雪崩效应产生了临界数目的电子和离子,气体开始发光、放电变成自持续。轰击制备薄膜的靶或原材料的气体离子,把表面原子轰出,在真空室中形成蒸气。靶材指的是阴极,因为它和直流电源的负极相连接。当真空室被抽真空后,为了维持可见的辉光放电,引入压力约为 13.3 Pa 的 Ar。Ar^+ 轰

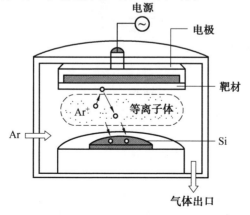

图 1.12 磁控溅射沉积的原理

击靶材或阴极,随后的动量转移使靶源的中性原子被轰出,这些原子通过放电进行运输,在基体上凝聚,形成薄膜。

1.3　再制造零件与产品疲劳失效分析中的无损检测技术

1.3.1　声发射技术

声发射(Acoustic Emission,AE)技术起源于 20 世纪 50 年代,现已是一种成熟的无损检测技术,在石化、电力、航空航天等领域广泛应用,并逐步用于大型压力容器等构件的完整性评价。声发射是指材料局部因能量的快速释放而发出瞬态弹性波的现象,是一种常见的物理现象。大多数材料变形和断裂时都会有声发射发生,通过探测、记录、分析声发射信号以及利用声发射信号推断声发射源的技术称为声发射技术,它具有缺陷损伤定性分析及缺陷位置定点判断的技术优势。声发射技术检测的基本原理为:声发射源发出弹性波;基于传感器的声电转换;信号采集和处理;显示和分析;解释现象;评定声发射源,有害度评估,如图 1.13 所示。可见,声发射技术具有对材料内部微小动态缺陷极为敏感的特点,非常适用于零部件和大型结构件的服役状态监测。

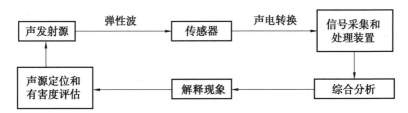

图 1.13　声发射技术检测的基本原理

声发射技术已成功应用于轴承、齿轮类转动机械零件的缺陷检测,Ghamd 等对声发射信号与振动信号对轴承内缺陷的表征进行了比较,得到了声发射信号更为灵敏准确的结论;Sun 等、Toutountzakis 等和 Bruzelius 等分别在轴承、齿轮及铁轨的缺陷诊断中对声发射信号进行了分析,证明了声发射技术检测零部件接触疲劳失效的可行性;Al−Dossary 等通过信号分析和处理对滚动轴承各种缺陷的声发射信号波形进行了分析和归类,证明了声发射信号对不同性质接触疲劳缺陷的敏感性。研究表明,声发射技术可成功地应用于转动机械的故障诊断中。

声发射技术还被用于整体材料内部裂纹状态及力学性能的研究。Unnthorsson 等采用声发射技术对碳纤维增强材料的疲劳过程进行了监测,证明了声发射对累积损伤过程检测的准确性;Singh 等对拉应力下金属板内部不同位置缺陷的声发射信号差异进行了分析,证明了声发射信号可以对不同缺陷进行表征;Chang 等采用声发射信号对铝合金中的疲劳长裂纹和短裂纹进行了研究,证明了声发射技术适于表征铝合金中的疲劳裂纹状态,尤其是短裂纹的状态;Roques 等、Ennaceur 等分别利用声发射技术研究了陶瓷材料和压力容器钢中裂纹的扩展;Roy 等利用声发射技术研究了金属材料的断裂韧性等力学性能。

近年来,声发射技术逐步被应用于相对复杂的材料损伤过程的状态监测,利用声发射技术检测块体材料的表面接触疲劳行为研究也取得了一定的进展。Guo、Warren、Schwach 等将声发射监测技术引入精加工试样表面接触疲劳试验,对精加工试样的浅表层疲劳裂纹的萌生和扩展进行深入的研究。结果表明,声发射信号特性参数中幅值和能量对于材料的疲劳断裂有着很敏感的反馈,通过表面和截面的微观分析表明声发射信号对断裂反馈具有很高的可靠性,如图 1.14 所示。Rahman 等也用声发射技术对线接触试样内部接触疲劳裂纹的萌生和扩展进行了研究。

目前对热喷涂层这类不均质的材料体系的声发射研究还很少,主要集中在使用声发射技术对涂层力学性能的表征,如 Miguel 等、王俊英等、杨班权等采用声发射技术对涂层的韧性、结合强度等力学指标进行了评价。尚未见将声发射技术应用于涂层接触疲劳过程研究的报道,虽然涂层的微观质地不均匀以及微缺陷较多的层状结构为信号准确反馈带来了困难,但是从原理上讲,只要通过选择合适频段的传感器并设定合理的滤波门槛值,并最大限度地减少涂层微断裂产生的声波在传播过程中的散射和衰减,就有可能使用声发射技术对涂层内部的疲劳断裂进行准确监测,即通过声发射技术实现对涂层疲劳裂纹萌生和扩展的动态捕捉,并在宏观失效之前给出明确可靠的提示信号。因此,如果能够成功地将声发射技术引入涂层失效研究,必将大大丰富对涂层接触疲劳过程的研究手段,这对深刻揭示涂层接触疲劳失效机理、建立涂层接触疲劳失效预警机制等具有重要的作用。

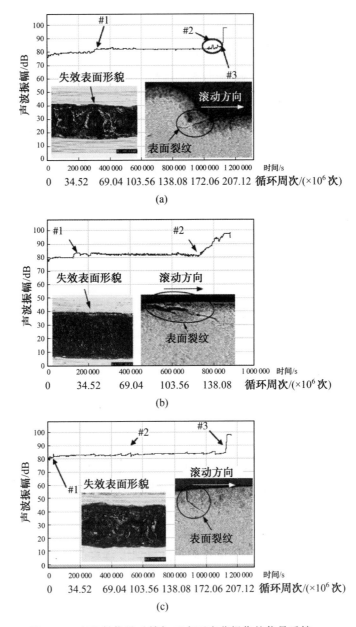

图 1.14 声发射信号对精加工表面疲劳损伤的信号反馈

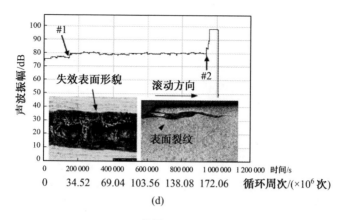

(d)

续图 1.14

1.3.2 红外检测技术

温度在绝对零度以上的任何物体,都会因自身分子运动辐射出红外线。当被检测的零件存在损伤或残余应力等不均匀结构时,损伤部位辐射出的红外线就会有所不同,导致零件表面温度场不均匀。利用红外热像仪记录零件的热像图,根据热像图的特征,对零件表面温度场进行分析,就可以识别零件损伤的位置、大小、形状等。

红外检测技术的特点在于能将试验过程的全程或某一瞬间,以红外视频或红外热像图(图 1.15)的形式记录下来。红外视频和红外热像图反映的是被测对象的温度,根据颜色的不同,可区分不同部位的温度情况。当该技术被用于损伤监测时,可通过被测部位的颜色变化,确定其是否失效;当进行寿命预测时,可通过红外热像仪配套软件提取任意位置的温度数据。通过红外检测技术,既可以对红外视频和红外热像图进行分析,也可以提取温度数据进行分析。

红外检测技术根据信息处理方式和显示方式的不同,可以分为实时温度显示法、脉冲幅值显示法和脉冲相位显示法;根据探测方式不同,可以分为透射式和反射式,其中反射式更便于使用;根据零件表面温差的来源,可以分为主动式和被动式,主动式温差主要来源于激励源,被动式温差则依靠自身散发的热量;最常用的分类方法,即根据激励源不同,分为脉冲红外检测技术、超声红外检测技术和锁相红外检测技术等。

1. 脉冲红外检测技术

脉冲红外检测技术是 20 世纪 80 年代初由英国哈韦尔国家无损检测

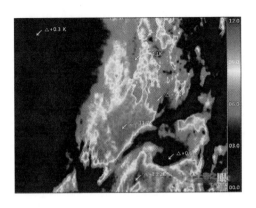

图 1.15　红外热像图

中心的研究人员 Milne 和 Reynolds 首先提出的。它以脉冲加热为热源，在被测零件中形成热流传播，由于物体中存在损伤区域的热导率必然与无损伤区域的不同，所以对应的表面温度也不同。脉冲红外检测技术集光、机、电于一体，可广泛应用于航空航天、机械、石化等领域，具有非接触、快速实时、无须耦合等优点，能直观地得到检测结果，可以一次探测较大的面积，是零件损伤检测中一种前沿的检测技术。脉冲红外检测技术也有一些不足，如检测厚度有限、不适合检测结构复杂的零件等。因此，需要根据被测零件的特性来确定是否可以采用脉冲红外检测技术。

2. 超声红外检测技术

超声红外检测技术是将超声技术和红外技术结合起来，得到混合型超声红外检测系统。超声红外检测技术原理图如图 1.16 所示。超声红外检测技术与脉冲红外检测技术在热成像方面差别不大，主要的差别来自激励源。超声红外检测技术是将超声波脉冲发射到样品中，声能在样品中衰减，转化成热能。零件的疲劳损伤等会使其部位与邻近区域的弹性性质不同，导致声衰减及其产生的热比正常区域多，零件损伤部位的温度便会升高；另外，损伤区域比无损伤区域热流量小，使得其热扩散比相邻区域少。两方面综合作用，使得零件损伤部位在热像图上表现出异常。通过观察红外热像仪记录下的温差，再经过计算机分析、对比等处理方式，获得零件损伤的种类、位置、形状等信息，即可达到无损检测的目的。

超声红外检测技术相对于采用其他电光源对被测零件表面加热的检测方法而言，灵敏度得到显著提高。与传统的超声检测方法相比，超声红外检测技术可以对样品的亚表面区域进行灵敏的检测，能够有效地检测出不同类型材料的表面和近表面裂纹、浅层分层或脱黏等缺陷。除此之

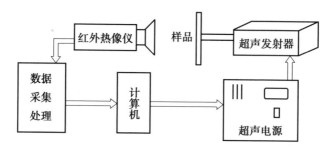

图 1.16　超声红外检测技术原理图

外,红外热像仪的检测面积比超声换能器的面积大得多,能够显示较大范围内物体瞬态的图像,因此超声红外热像技术非常适合应用于工业无损检测方面,同时还适用于大型物体及复杂形状结构的检测。总而言之,超声红外检测技术具有较高的检测灵敏度和较大的检测范围,可快速可靠地完成大面积检测工作;不足之处则在于需要较长的扫描时间。

3. 锁相红外检测技术

锁相红外检测硬件系统主要由热成像系统和锁相设备构成,如图1.17所示。热成像系统中的计算机自控程序获得调制信号,同时控制红外热像仪和闪光灯。锁相红外检测技术是由锁相设备控制激励源发射出周期性信号,对零件进行加热,红外热像仪进行记录,从而得到零件表面的温度信息,再由计算机对信息处理,从接收到的缺陷区域和非缺陷区域的信号中提取特定频率的信号。由于缺陷的存在,这两个信号存在相位差和幅值差,对其进行分析,从而得到缺陷信息。

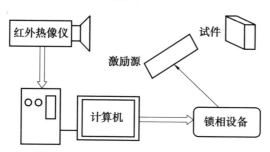

图 1.17　锁相红外检测原理硬件系统

第二炮兵工程学院的张炜、刘涛等,取热源输出的调制信号为 $Q\sin(2\pi ft)$(Q 为信号强度,f 为信号频率),在该信号激励下,试件表面的温度也呈正弦周期性变化,设其周期为 T。试件表面各点温度值经过公式(1.1)和公式(1.2)处理后,得到表面温度的振幅图和相位图。缺陷区域温度的振幅和相位与非缺陷区域的不同,这样就可以探测到缺陷的位置,通过对振幅和相位的分析可以得到缺陷的深度与尺寸。

$$A = \sqrt{(S_1 - S_2)^2 + (S_2 - S_4)^2} \tag{1.1}$$

$$\varphi = \arctan\frac{S_1 - S_3}{S_2 - S_4} \tag{1.2}$$

式中　A—— 振幅;

　　　S_i—— 某点在四个时刻(四个时刻点等间距且为周期的 1/4)的温度值,$i = 1,2,3,4$;

　　　φ—— 相位。

在锁相红外检测的基础上,通过改进激励源使锁相红外检测技术的精确度得到进一步提高。1992 年,德国斯图加特大学的 Busse 等在定量红外无损检测大会上首次提出超声锁相红外检测技术;1996 年,他们利用超声锁相红外检测技术对复合材料存在的各种类型缺陷进行检测试验,探究了该方法对复合材料的分层、冲击损伤及夹杂等缺陷的检测能力;1999 年,通过研究,证明该方法适用于检测垂直裂纹、陶瓷和 C/SiC 板上裂纹、金属腐蚀区域和层压板材的冲击损伤。2000 年,华威大学先进技术中心的 Bates 等将该方法应用到了航天构件的检测中,取得了不错的效果;2003 年,他又在汽车测试门的冲击损伤检测中引入了该方法,证明了此方法在汽车行业中具有较好的应用前景。2008 年,日本大阪标准与科学研究院安全测量组织对超声红外锁相热成像技术进行了研究,研制了适于木板检测的激励换能器。2010 年,哈尔滨工业大学的刘慧等,证明了超声锁相红外检测技术可在数秒内完成对接触界面类型缺陷的准确检测;2011 年,刘慧等又采用时频分析方法提取瞬态热图序列的相位和幅值,提高了该方法对缺陷的检测效率和探测能力。2011 年,Tang 等也利用该方法,对 Q235 板材的缺陷进行了检测,并将其应用于检测缺陷深度。2012 年,哈尔滨工业大学的刘俊岩等利用 STF 算法和 DWT 算法对所得信号进行处理,优化信噪比,使超声锁相红外检测技术的准确度得到了进一步提升。

超声锁相红外检测技术将超声波红外检测技术和锁相红外检测技术结合起来,保留了两种方法各自的优点,采用超声波作为激励源,同时也应用了锁相技术处理超声波。采用经方波调制幅值的超声波作为激励源,使得在缺陷处产生的热流呈周期性变化,热流的传导使表面温度也呈周期性变化,通过分析温度变化的相位图和幅值图,得到零件的损伤信息。该技术在对零件损伤进行检测时,将调幅超声波注入零件,受机械损耗效应或摩擦作用,零件缺陷处的超声波使其产生热量,在零件表面形成变化的温度场,与此同时,红外热像仪对零件表面的温度场进行记录,提取表面温度变化的幅值和相位信息,通过比较损伤区域和无损伤区域的温度变化相位图与幅值图,对零件的损伤进行判断。超声锁相红外检测技术原理图如图1.18所示。

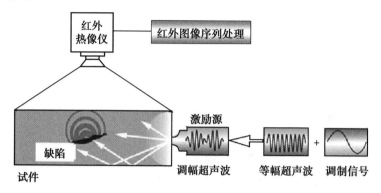

图 1.18 超声锁相红外检测技术原理图

综合对比常用的红外检测技术可以发现,超声锁相红外检测技术无论是在精确度方面,还是在检测范围方面,都具有明显的优势。超声锁相红外检测技术采用调幅超声波作为激励源,与光锁相红外检测技术相比,对缺陷部位的激励更充分,有效地提高了灵敏度;同时,利用超声红外检测技术检测范围大的优点,可快速可靠地完成大面积工作,而且激励能量低,图像信噪比高,探测深度深。但该方法存在不足,对于声阻较小的缺陷,如孔洞等,产生的热量较小,不适合采用该方法。除此之外,该方法也不适合检测太深的缺陷,且在定量方面不够准确。

南京大学的洪毅、缪鹏程等将一块铝板样品锯一条凹槽,经过往复扭力作用,在凹槽的下面形成了一条宽疲劳裂纹。通过超声红外检测技术得到样品的一系列视频图像,根据得到的图像可快速简便地检测到疲劳裂纹。同时,通过实验,验证了红外检测技术可应用于冲击疲劳的检测。

红外检测技术还可以应用到涂层损伤的检测中,利用脉冲红外检测技术,对涂层的裂纹、分层的缺陷进行检测,通过区分缺陷部位和正常部位产生的热量不同,可快速地识别涂层缺陷,证明脉冲红外检测技术对于缺陷的识别和定位是可靠的。

在复合材料的疲劳损伤检测领域,红外检测技术可以配合声发射技术,应用到实时同步监测 2D C/SiC 复合材料带孔板的拉—拉疲劳损伤过程,利用疲劳过程中模量、声发射信号和试样表面温度的变化,探讨带孔板疲劳损伤的演变情况。

Mian和Han等采用超声红外检测技术对复合材料的疲劳裂纹进行了检测,通过与超声红外检测结果和脉冲红外检测结果的对比,证实两种方法检测结果一致,且对于复合材料的疲劳裂纹,超声红外检测技术具有更好的分辨能力。

1.3.3 微电阻检测技术

采用唯象的连续介质损伤理论可以对材料疲劳损伤累积和寿命预测进行有效、可靠的研究,其关键是正确选择对损伤累积比较敏感且易于检测的参量,如弹性模量、能量耗散、硬度、微电阻等。金属构件的微电阻对其微观组织的变化具有敏感性和精确性。构件早期疲劳产生的微孔洞、位错、滑移等缺陷,以及蠕变过程中的晶粒长大、晶界碳化物的析出等都会有宏观上相应的微电阻变化。因此,选择微电阻作为检测参量表征金属构件的损伤是可行的。基于微电阻法的金属构件无损检测和寿命评估的可靠性依赖于微电阻阻值的精确测量。金属构件损伤引起的电阻变化数值很小,同时微电阻的测量结果还受到接触电阻、导线电阻、截面收缩、轴向伸长、温度变化等非损伤因素,以及损伤分布的不均匀性和局部性等因素的影响,所测阻值变化并非单纯地由损伤引起,要精确表征金属构件损伤程度就必须降低上述因素对电阻测量结果的影响。采用四端接法的双臂电桥微电阻测量仪可以有效消除接触电阻和导线电阻的干扰。构件在高周机械疲劳和蠕变疲劳时塑性变形不明显,截面收缩和轴向伸长对阻值的影响可以忽略。韧性损伤时通过引入损伤修正系数来降低其影响。绝大多数金属材料的电阻率温度系数很小,常温下间歇测阻时其影响通常可以忽略。高周疲劳试验由于试件产热较多,可通过停机冷却消除温度的影响。通过计算平均电阻率可降低构件损伤分布不均匀性和局部性的影响。随着微电阻测量精度的不断提高,近年来,针对不同损伤形式的微电阻法损伤表征研究显著增多。

1. 电阻法表征金属材料拉伸韧性损伤

一些学者认为弹性模量下降法是测量金属材料韧性损伤最简单、最精确的方法之一,但在损伤变得较大时,应变片很难定位,这就使弹性模量下降法的应用受到了限制。考虑添加损伤修正系数去除试样长度和横截面尺寸等非损伤因素对阻值的影响后,应用微电阻法表征产生较大塑性变形的金属材料的损伤是可行的。

孙斌祥等对不同韧性损伤程度的A3低碳钢拉伸试样进行了阻值测

量,验证了考虑塑性变形的基于微电阻法的金属材料韧性损伤测量公式,发现了基于微电阻法的韧性损伤测量值与弹性模量下降法测得的损伤值具有很好的一致性;程海正等导出了用电阻率 ρ 表示的金属塑性损伤 D 的数学模型,也通过 A3 低碳钢的试验测试对模型进行了验证,发现模型具有良好的几何因素相依性,用弹性模量 E 表示的塑性损伤 D,考虑几何条件的变化时,D 可能为负数,表明用微电阻法测试金属塑性损伤得到的结果相对更准确。

根据损伤力学的基本原理,应用微电阻法研究铁素体球墨铸铁在拉伸受力状态下的损伤力学特性,发现球状石墨存在能够引起损伤的最低应力阈值,损伤产生后,损伤随着应力的增加而迅速增大。当施加一定的应力时,不同球化率的球墨铸铁,其损伤变量值也不同,球化率越低,损伤变量值越大,即球化率越低的球墨铸铁一旦发生损伤,在相同应力作用下,其损伤的发展速度越快。Seok 等通过试验证明了 $1Cr-1Mo-0.25V$ 低合金铁素体钢试样的标准电阻率与标准拉伸强度和标准断裂韧性之间存在一定的线性关系,如图 1.19 和图 1.20 所示。测得的该材料的电阻值可预测其拉伸强度和断裂韧性。

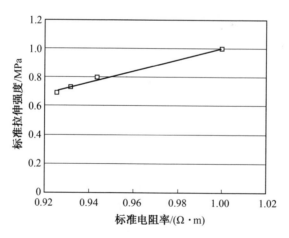

图 1.19 $1Cr-1Mo-0.25V$ 低合金铁素体钢试样的标准电阻率与标准拉伸强度的关系

该试样在弹性范围内拉伸时,拉伸应力作用下试样的原子间距的增大引起了电阻的增大,随着应力的增大,细微孔洞在材料内部萌生,细微孔洞通过颗粒与基体界面分离和颗粒开裂的方式形核并随材料的变形而增大,基体失稳,引起孔洞汇合,材料的损伤越来越大,电阻的变化也变得越来越大,直至试样发生损伤断裂。有研究认为,试样颈缩时电阻的变化主要是

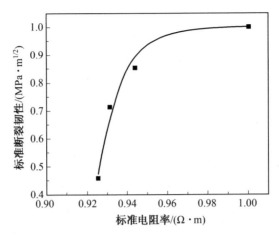

图 1.20　1Cr－1Mo－0.25V 低合金铁素体钢试样的标准电阻率与标准断裂韧性的关系

由金属内原子间结合键发生重大变化,晶格滑移和原子之间相互摩擦导致温度上升而引起的。

目前应用电阻法表征金属材料拉伸韧性损伤所开展的研究,主要集中在微电阻法可行性的验证和微电阻参量与断裂韧性、拉伸强度等拉伸韧性损伤参量映射关系的提取上。此外,微观机理的研究也取得了初步成果。

2. 电阻法表征金属材料高温时效损伤

高温时效损伤是金属构件的常见损伤形式之一,它是一种长时间高温作用下造成的"冶金学损伤",这种损伤与应力无关。材料的时效包括晶内时效和晶界时效,晶内时效引起材料软化,晶界时效引起蠕变寿命的消耗和材料的脆化。

应用微电阻法对 1Cr－1Mo－0.25V 低合金铁素体钢在 630 ℃的高温下进行时效试验。结果表明,该材料标准电阻率随时效时间的增加迅速下降到原材料电阻率的 92%,当时效时间超过 10 000 h 后,材料标准电阻率基本趋于恒定,如图 1.21 所示。在 50 000 h 以内随着时效时间的增加,韧脆转变温度(Ductile to－Brittle Transition Temperature,DBTT)迅速升高,试样的标准电阻率和韧脆转变温度之间存在一定的线性关系,如图 1.22 所示,通过此线性关系应用电阻值可较准确地评估 50 000 h 内该材料的断裂韧性。

Seok 等也以 1Cr－1Mo－0.25V 低合金铁素体钢为研究对象在 630 ℃的高温下进行了时效试验。研究发现,抗拉强度、屈服强度和硬度随时效时间的增加都有不断降低的趋势,前两者变化曲线在 50 000 h 后趋

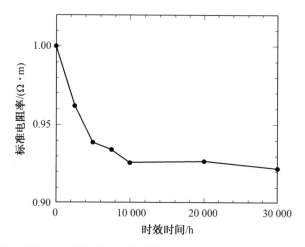

图 1.21 1Cr－1Mo－0.25V 低合金铁素体钢的标准电阻率随时效时间的变化趋势

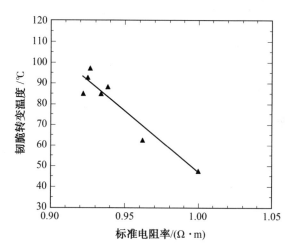

图 1.22 1Cr－1Mo－0.25V 低合金铁素体钢的标准电阻率与韧脆转变温度的关系

于稳定,电阻的变化曲线与之类似;韧脆转变温度随时效时间的增加呈线性下降趋势;电阻率和标准电阻率相比,电阻率更易受试样形状和试验环境的影响,标准电阻率与抗拉强度、屈服强度、硬度有良好的对应关系,利用时效过程标准电阻率的变化可预测上述 3 个物理参量的变化趋势。HK40 钢的时效试验结果也表明电阻率与断裂韧性和硬度等性能参数之间存在映射关系。

当 30Cr－1Mo－1V 转子钢长时间暴露于高温环境时,碳化物沿晶界析出、聚集和粗化,杂质元素 P、Sn、Sb 等在晶界富集,晶界合金元素贫化等,这些材料微观组织的变化可能会引起材料电阻率、硬度和韧脆转变温度的变化。随着时效时间的延长,30Cr-1Mo-1V 转子钢的电阻率总体呈下降趋势,在时效的前期,电阻率的速度下降比较快,在 800 h 左右电阻率的速度下降趋于平缓。材料的维氏硬度都与标准电阻率的变化呈良好的线性关系(图 1.23),可以利用材料电阻率的变化来评价维氏硬度的变化。

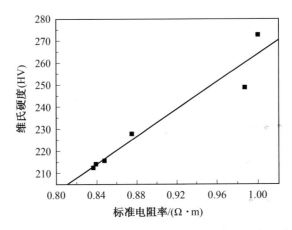

图 1.23　30Cr-1Mo-1V 转子钢标准电阻率与硬度的关系

目前,国内外主要开展了以 1Cr-1Mo-0.25V 低合金铁素体钢和 30Cr-1Mo-1V 转子钢为研究对象的电阻法表征高温时效损伤应用基础的研究,试验证明电阻参量与时效时间、韧脆转变温度和硬度等具有良好的映射关系。但对电阻法的微观机理研究甚少,只是做出了大胆初步推测,理论的正确性有待进一步考证,基础研究成果的实际应用仍任重道远。

3. 电阻法表征金属材料高周疲劳损伤

高周疲劳是循环周次高于 10^5 次时仍无明显塑性变形的问题。当试件承受高周疲劳荷载时,细观塑性应变很小,通常可以忽略不计,但在微观水平某些点处的塑性变形可能很高,在这些点处平面方向上会产生穿晶微开裂,最常见的是试件表面上的挤入、挤出带。高周疲劳损伤是机械零部件典型的疲劳失效过程,因此是微电阻法损伤表征的重点研究对象。研究高周疲劳损伤规律在工程实际中具有十分重要的意义。

材料高周疲劳损伤的影响因素很多,且相互耦合,要精确描述构件在疲劳时的应力、应变变化过程,并与疲劳破坏机理定量地联系起来显得比较困难。应用唯象学方法建立相关唯象理论模型来研究疲劳损伤,是目前疲劳失效分析中采用较多的方法。黄丹等研究了基于非线性连续疲劳损伤的理论,考虑应力幅带来的非线性累积效应,以电阻值定义金属构件损伤参量,提出基于电阻变化的金属高周疲劳损伤累积模型及疲劳载荷应力幅对损伤参量的影响函数,并给出了高周疲劳剩余寿命预测理论公式。基于热力学的疲劳损伤理论能够从本质上说明金属构件的损伤程度与其疲劳循环周次有必然的联系,可以利用金属材料电阻值变化量来分析材料的损伤变量。例如,45钢在不同应力水平下的纯弯旋转疲劳试验测得的试样电阻值与理论公式计算出的值具有很好的一致性,所以应用微电阻法预测金属疲劳寿命是可行的。

不同损伤机理对应的基于电阻变化的损伤定义存在差异,因此,应根据不同的损伤机理对损伤测量公式进行修正。分析表明,在传导-承载等价性假设条件下基于电阻变化的损伤定义与有效截面的损伤定义等价;纯弯旋转高周疲劳试验的标准试样,在考虑其损伤分布不均匀及标准电阻率变化的情况下,基于电阻变化损伤测量公式为超几何函数形式。

45钢、16Mn钢和20Mn钢3种金属材料在疲劳试验过程中,电阻随疲劳周次的增加而增大直至断裂。姜菊生等认为曲线的缓慢上升阶段对应着微裂纹的萌生、聚合和扩展阶段,曲线的快速上升段对应着宏观裂纹形成及扩展阶段;从微观角度分析,材料一旦产生微裂纹,裂纹面处原子与原子间就会产生间隙,电流不能垂直通过裂纹面,裂纹尖端存在应力集中,使其产生晶格畸变,原子间距随之发生变化,从而导致材料的电阻发生变化。研究表明,金属材料疲劳过程中电阻的变化主要与损伤过程形成的点缺陷有关,位错对电阻的影响很小。珠光体球墨铸铁疲劳损伤过程中电阻的变化规律曲线可分为先上升、后下降、再急剧上升3个阶段;第一阶段的电阻值增大是由于金属中空位等点缺陷的出现;第二阶段电阻值的减小是由于空位聚集崩塌形成位错,位错产生的畸变对空位具有吸附作用,空位等点缺陷密度相对减小;第三阶段的电阻值急剧增大是由于大量位错聚集发生位错反应,产生微裂纹导致试样有效截面积减小和对电子散射能力的增强。

研究48MnV材料标准杆件在弯曲疲劳损伤过程中微电阻的变化规律,发现当载荷应力小于对称循环应力 σ^{-1} 时,试样的电阻值几乎没有变化;当载荷应力大于对称循环应力 σ^{-1} 时,试样电阻值随循环周次的增加而增大,且载荷应力越大,试件疲劳寿命越短,电阻增大速度越快。疲劳试验过程中测得的阻值变化曲线与由金属疲劳损伤电阻模型得到的理论曲线有较好的一致性,证明金属疲劳损伤电阻模型经过适当的简化能够用于定量表征试样损伤的程度。此外,袁立方还开展了48MnV曲轴单拐实际零部件的疲劳损伤微电阻表征研究,得到了典型载荷下曲轴单拐疲劳损伤的微电阻变化规律,建立了曲轴疲劳损伤的微电阻表征模型,并从微观角度分析了疲劳损伤的机制,为曲轴剩余疲劳寿命预测提供了理论依据。

Starke 等应用在线动态测量微电阻的方法研究了 SAE4140 钢同等条件下微电阻、温度和应变参量的变化规律,发现 $\varepsilon_{a,p}-N$、$\Delta T-N$ 和 $\Delta R-N$ 曲线的变化趋势具有良好的一致性(图 1.24)。利用所得的疲劳试验数据,在传统的疲劳寿命预测 Basquin 公式的基础上,发展了 PHYBAL 疲劳寿命计算方法,试验证明由此方法得到的 $S-N$ 曲线,与传统方法得到的 $S-N$ 曲线较好吻合。将经高周恒应力拉-拉疲劳试验一定循环周次后的 40Cr 调质钢试样采用间隙回火或中温热等静压进行热处理,用微电阻法研究试样损伤后的热处理修复效果。在以组织损伤为主的电阻缓慢上升阶段,采用输入热能的方式,如间隙回火,可获得较好的修复效果;在几

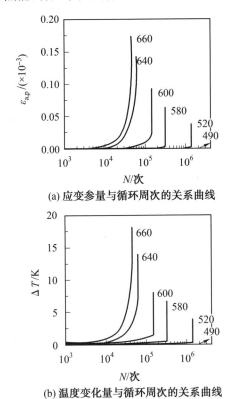

(a) 应变参量与循环周次的关系曲线

(b) 温度变化量与循环周次的关系曲线

图 1.24　SAE4140 钢等幅疲劳试验中应变、温度和微电阻的变化规律曲线

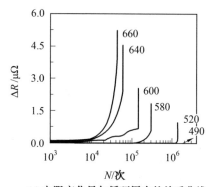

(c) 电阻变化量与循环周次的关系曲线

续图 1.24

何损伤为主的电阻急剧上升阶段,采用热能和机械能同时输入的方式,如中温热等静压,可获得较好的修复效果。因此,可以采用电阻法评价损伤程度,从而合理选择修复延寿工艺。

目前,国内外对电阻法的高周疲劳损伤表征进行了较为系统的研究,并取得了一定成果。学者提出众多基于电阻变化的金属高周疲劳损伤累积模型,并针对不同的损伤形式、电阻率变化和损伤分布不均匀性等对模型的影响进行了讨论,在此基础上给出了一些高周疲劳剩余寿命预测理论公式,经多种金属材料标准试样试验验证发现,这些寿命预测理论公式预测的结果与实测结果具有良好的一致性。此外,在电阻法表征高周疲劳损伤微观机理有了相对较多研究的同时,第一次成功引入了动态电阻信号监测和以实际零部件为直接试验对象的研究方法,更接近了生产实际。

4. 电阻法表征金属材料的蠕变损伤

蠕变的实质是应力导致的塑性变形(硬化)与温度引起的回复(软化)的相互作用过程。一般来说,当构件的工作温度超过材料的熔点的 25% 时,就必须考虑蠕变的影响,蠕变损伤是金属构件损伤的重要形式之一。

对 12Cr1MoV 钢和 10CrMo 910 钢进行高温蠕变试验,发现材料电阻率的变化与高温时效时的变化规律不同,在蠕变初期随着时间的延长,电阻率逐渐降低,当达到一个最低值后又开始缓慢上升,并且上升速度比下降速度慢。比较硬度变化趋势和电阻率变化趋势可以发现,硬度陡降过渡到平缓下降的过渡点,正好是电阻率变化的最低点,而这个最低点所对应的时间正好是蠕变孔洞形成的开始点。金相试验和电子显微分析都证明了这一点。随着蠕变孔洞的萌生、发展和连接,进而形成孔洞链,最后形成微裂纹,导致材料断裂失效,电阻率上升达到一个极值,硬度下降达到一个极值。

综上所述,试样在拉伸、高温时效、高周疲劳和蠕变等损伤形式的试验过程中,微电阻的变化规律表明微电阻法用于表征材料的损伤是可行的,但微电阻法表征损伤的微观机理仍不是非常明确,理论缺乏足够的基础研究做支撑。上述文献中所提出的众多基于微电阻的损伤理论模型和疲劳寿命预测公式,参与论证的试验论据还不够充分,其实用性有待进一步考证。此外,目前鲜有以复杂服役环境实际零部件为研究对象的微电阻法损伤表征研究,以及试样损伤过程微电阻法在线动态监测的研究,真正能够应用于生产一线解决实际问题的研究成果还很少见。

微电阻法所具有的精确性和敏感性必将使其成为无损检测领域的热点研究技术,它未来的研究方向将主要集中在以下几个方面:微电阻法表征损伤的系统微观机理基础研究;以复杂服役环境实际零部件为研究对象的微电阻法应用基础研究,揭示微电阻参量与其他多物理表征参量之间的映射关系,建立损伤量化表征机制;研究试样损伤过程中的微电阻动态变化规律,为微电阻法动态在线监测构件损伤程度奠定理论基础。

1.3.4　金属磁记忆检测技术

金属磁记忆检测技术是一种弱磁性无损检测技术。该技术是 1997 年在美国旧金山举行的第 50 届国际焊接学术会议上,由俄罗斯学者 Doubov 正式提出。金属磁记忆检测技术认为铁磁材料在地磁场环境中受到工况载荷的作用,在应力集中区域,磁畴结构发生不可逆变化,在应力集中部位生成自有漏磁场,即使卸除载荷,自有漏磁场依然存在,"记忆"应力集中部位,即产生金属磁记忆现象。

金属磁记忆现象的发现可以追溯到第二次世界大战期间,苏联海军舰艇的壳体受到海浪反复拍打,在交变载荷作用下产生疲劳损伤,损伤部位生成自有漏磁场,吸引德国磁性水雷而发生损毁事故。金属磁记忆现象的实质是铁磁材料受载荷作用产生的自发磁化,金属磁记忆检测技术就是利用铁磁材料自身产生的磁信息进行应力集中的检测评估。由于应力集中状态常常和隐性损伤相关联,这意味着金属磁记忆检测技术有可能用于宏观缺陷发现之前阶段的早期损伤诊断。金属磁记忆检测技术这一潜在的应用前景受到工程界和学术界的密切关注,被誉为 21 世纪的绿色诊断技术。

1. 金属磁记忆检测技术的基本原理

铁磁材料是一种强磁性物质,具有良好的强度、硬度、塑性、韧性,已被广泛应用于工业生产的各个领域。机械装备中许多重要结构都是由铁磁材料制成,如车辆、舰船、飞机、航天设备等的关键部件。在服役过程中,随着服役时间的延长,铁磁材料的宏观性能将逐渐劣化,材料内部出现损伤,产生微观缺陷,当微观缺陷逐渐长大、合并,达到临界尺寸时,便会导致构件发生突然的快速断裂,引发重大事故。

在损伤产生及累积过程中,铁磁材料的物理、化学、力学等性能也随之变化,产生声、光、电、热、磁等物理参量的改变。利用这些参量的变化可以测量铁磁材料的损伤,所以出现各种类型的无损检测技术。磁性无损检测技术是铁磁材料应用最广泛的一种检测技术。它利用磁性材料受激励磁化场作用而产生电磁等信号的变化,通过对信号进行分析,实现缺陷、应力、硬度、晶粒度等状态参数的测量。目前常用的磁性检测技术包括磁粉法、漏磁法、磁巴克豪森法、磁声发射法等。这些方法都需要外加磁化装置、产生激励磁场、磁化被检构件、分析损伤部位磁化性能的变化来进行。由于存在励磁装置,检测设备体积相对较大,便携灵活性不足,并且构件受激励磁化后存在剩余磁性,因此还需增加退磁处理工艺。

金属磁记忆检测技术是利用被忽略的铁磁材料自身所具有的微弱磁性而形成的新方法。金属磁记忆检测技术检测时,地磁场是唯一的外磁场,铁磁构件在加工及使用过程中,由于工作载荷和地磁场的共同作用,磁畴结构和分布发生改变,出现残余磁场和自磁化的增长,形成磁畴的固定节点,并以漏磁场的形式出现在铁磁材料的表面。同时,在应力和变形集中区域发生磁畴组织定向和不可逆的重新取向,在工作载荷消除后仍然保留。这一增强的磁场能够"记忆"部件表面缺陷和应力集中的位置,即为磁记忆效应。

在缺陷及应力集中部位出现的漏磁场 H_p,其法向分量 $H_p(y)$ 具有过零点及较大梯度值,水平分量 $H_p(x)$ 则具有最大值,如图 1.25 所示。因此,通过检测磁场强度分量 H_p 的布情况,就可以对缺陷及应力集中程度进行推断和评价。

2. 金属磁记忆检测技术的特点

金属磁记忆检测技术在工程领域得到广泛应用。与其他无损检测方法相比,它具有如下优点:检测前不需要清理被测构件表面铁锈油污,表面油漆及镀层也无须去除,可以保持构件原貌进行检测;检测时不需采用专门的磁化设备,仅利用地球磁场作为激励磁化场;对被检构件可实现静态离线或动态在线检测;检测传感器与被检构件表面可直接接触,也可具有一定的提离值;仪器设备体积小,操作简便灵活,确定应力集中区域的精度

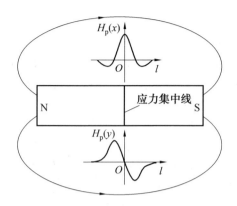

图 1.25　金属磁记忆检测技术检测原理示意图

可达 1 mm。

　　然而,截至目前,金属磁记忆检测技术仍然是一项处于成长期的新兴无损检测方法。由于磁记忆技术的基础理论发展仍然相对滞后,磁记忆信号还不能有效判别材料宏观或微观不连续以及由应力不均匀引起的应力集中现象,材料参数、载荷条件、检测环境等各种影响因素的影响机制也未澄清,将该技术应用于早期损伤评估领域的方式、途径尚不够清楚,建立特定结构的评估模型非常困难,这使得人们对金属磁记忆检测技术在工程领域应用存在异议。目前该方法只作为铁磁构件潜在危险位置的初步排查手段,还无法提供定量化评估结果。

　　3. 金属磁记忆检测技术的研究现状

　　目前国内外的研究工作集中在以下 3 个领域。

　　(1) 金属磁记忆机理研究。

　　地磁场和应力是磁记忆现象产生的主要影响因素。磁记忆技术的原创者俄罗斯的 Doubov 在 2004 年出版的专著《金属磁记忆方法的物理基础》中,提出磁记忆现象的产生是由于受工况载荷激励,高密度位错积聚的地方出现磁畴固定节点,从而形成自发漏磁场。在国内,清华大学的李路明及其研究小组进行零磁试验,研究地磁场对磁记忆现象的影响机制,并采用磁力显微镜观察螺纹孔尖端裂纹的磁畴结构,解释地磁场下的磁记忆现象;装甲兵工程学院在针对 4 种铁磁材料的试验研究的基础上,基于磁荷概念,初步探讨了地磁场和拉应力对磁记忆信号的影响机制。此外,北京理工大学、南昌航空工程学院、哈尔滨工业大学等多家科研单位都在进行磁记忆机理的研究。然而,由于磁记忆信号影响因素很多,磁畴与位错、磁畴与变形及缺陷的微观作用机制缺乏深入的理论支撑和直接的试验依据,磁记忆机理依然模糊,磁记忆信号适宜的表征对象不够明确,这给该技术的工程应用带来困扰。

（2）力磁耦合关系的研究。

应力是导致磁记忆现象产生的主要因素,研究应力和磁记忆信号的相关性,可以推动金属磁记忆检测技术在应力检测领域的应用。这方面的研究以磁致伸缩理论为基础,通过探索不同加载条件下磁记忆信号的变化规律,寻求磁记忆信号表征应力的有效方式和途径。例如,英国的 Wilson 等利用金属磁记忆检测技术进行应力测量,认为磁记忆信号可以区分残余应力、工作应力及裂纹类缺陷;装甲兵工程学院研究了静载拉伸试件在拉应力作用下弹性变形和塑性变形阶段内磁记忆信号的变化规律,认为磁记忆信号可以表征工作应力导致的弹塑性变形;秦飞等基于磁弹性理论,结合分离变量及傅里叶变换等方法对光滑、带圆孔及中心裂纹的无限大平板的扰动磁场进行了数值分析研究,指出扰动磁场强度与外加应力之间呈正比关系。虽然以上研究对力磁耦合关系进行了有益的探索,但由于铁磁构件加工制造及服役条件的巨大差异,不同零部件的应力状态异常复杂,目前学术界对金属磁记忆检测技术适宜表征工作应力亦或残余应力尚存在争议,金属磁记忆检测技术如何表征应力仍有待探索。

（3）磁记忆信号表征损伤的应用研究。

金属磁记忆方法创立之初,仅定位于该技术能够发现铁磁材料应力集中部位。有学者提出,自有漏磁场在应力集中位置形成,应力集中位置的法向分量 $H_p(y)$ 过零点,水平分量 $H_p(x)$ 具有最大值。由于应力集中和损伤程度（如应力应变状态、缺陷萌生、扩展等）密切关联,这为金属磁记忆检测技术在寿命预测领域应用指明了方向。

为促进金属磁记忆检测技术与寿命预测方法的融合,国内外学者不断探索磁记忆信号与应力集中、损伤程度的映射关系。俄罗斯学者 Doubov 最早提出表示铁磁材料应力集中程度的经验公式为 $K = \Delta H_p(y) / l$,其中 $\Delta H_p(y)$ 为铁磁材料表面漏磁场法向分量的变化量,l 为对应的检测长度,K 值大小代表构件损伤程度。波兰西里西亚大学的 Maciej Roskosz 应用金属磁记忆检测技术评价齿轮的蠕变损伤,认为齿轮磁记忆信号幅值和载荷水平、分布及加载次数有关,并提出了一个判别是否存在损伤的诊断标准;我国北方交通大学的王正道提出利用金属磁记忆检测技术表征铁磁材料局部塑性变形和作用范围的 4 个基本特征参数:切向漏磁梯度峰—峰值 $S(x)$ 及其作用宽度 $W(x)$,法向漏磁梯度幅值 $S(y)$ 及其作用宽度 $W(y)$,认为 $S(x)$ 和 $S(y)$ 反映塑性变形程度,$W(x)$ 和 $W(y)$ 反映局部塑性区作用范围；清华大学申报了 2008 年自然基金项目"基于磁记忆原理的应力集中无损评价方法研究"，致力于建立金属磁记忆信号评价应力集中的量化模型；装甲兵工程学院在实验室条件下，提出了评价铁磁材料疲劳损伤程度的新的磁记忆检测参量，如检测线磁曲线斜率 K_s、异变磁信号峰值 $\Delta H_p(y)$ 等，为金属磁记忆检测技术预测疲劳寿命进行了初步的探索。

1.4　再制造零件与产品疲劳寿命评估的研究现状

1.4.1　再制造涂层接触疲劳行为研究现状

为了弄清产品的寿命分布、评估产品的各项可靠性指标、研究产品的失效机理都要进行寿命试验。寿命试验是指从一批产品中随机抽取 n 个产品组成一个样本，其中每个产品又称样品，样品的个数 n 称为样本量。然后把此样本放在相同的正常应力水平下进行试验，观察每个样品的第一次失效（或故障）发生的时间（即寿命），最后用统计方法对这些失效时间进行处理，从而获得这批产品（总体）的各项可靠性指标。

寿命试验的类型很多，以试验场所划分，寿命试验可分为如下两类。

（1）现场寿命试验。

现场寿命试验是把产品放在实际使用条件下来获得失效数据，如飞机的操纵杆、汽车的行驶里程等都是在现场寿命试验中进行的。如此得到的寿命数据是珍贵的，是最有说服力的，但此种试验的组织管理工作繁重、投资大、时间长。此外，由于现场环境变化多，不同现场差别也大，这对探索产品内在的失效规律常有干扰，有时此种干扰还是不小的，所以现场寿命试验只在不得已场合下才采用，如对大型机电设备（如发电设备）只能采用现场寿命试验，其他场合很少使用。

（2）模拟寿命试验。

模拟寿命试验又称实验室寿命试验。它是在实验室内模拟现场使用的主要工作条件，并受到人工控制，使得实验室内的样品都在相同工作条件下进行寿命试验，如电子元器件在恒温箱内做寿命试验，电缆在一定电压下做寿命试验等，此种试验管理简便、投资小、有重复性、便于产品间的比较。由于现场工作条件复杂多样，不可能把现场工作条件全搬到实验室内，只能选择那些对产品寿命最有影响的少数几项工作条件进行模拟，如对温度、湿度、电压、电流、功率、振动、负载等进行模拟，统称为应力，其取值称为应力水平，如 150 ℃就是温度这个应力的一个应力水平。如今几乎所有的电子元器件、机械零件和小型设备都采用模拟寿命试验。本书的寿命试验常指模拟寿命试验。

近年来,热喷涂技术越来越广泛地应用于研究和实践领域,在多变而苛刻的使用工况下,喷涂层在抗磨的同时其持久性能也越来越受到关注。涂层的持久性能是指在连续外加载荷作用下,涂层的失效及损伤行为与时间的关系。滚动接触疲劳(Rolling Contact Fatigue,RCF)过程是一种典型的持久性损伤过程,一般发生在呈滚动或滑动接触的摩擦副表面,是循环交变载荷作用下产生的表面失效形式。现代工业设备的一些重要零部件常常由于接触疲劳而失效,如轴承、齿轮、凸轮和轧辊等。而这些零部件一般都是整个机械设备的关键组成部分,所以价格不菲。一旦接触疲劳失效以后,传统的维修工艺并不能恢复零部件的服役性能,因此绿色再制造是解决此类问题的有效手段。近年来国内外学者针对喷涂层的接触疲劳行为逐步展开了研究。

由关于热喷涂涂层接触疲劳失效行为的研究可见,各国学者针对不同喷涂工艺制备的不同材料性质的涂层进行了广泛的研究。其中英国学者Ahmed 等对等离子喷涂、高速火焰喷涂和爆炸喷涂制备的陶瓷或金属陶瓷涂层展开了系统的研究。结果表明:对于陶瓷涂层,由于涂层界面结合强度较金属涂层界面结合强度低,因此在外加应力作用下,陶瓷涂层易于发生界面分层失效,但对于金属陶瓷涂层,失效模式为涂层内部的分层失效;同时系统总结了喷涂层的主要接触疲劳失效形式,即表面磨损、剥落、层内分层和整层分层失效,并分别阐述了相关失效机理。Soboyejo 等对比了两种陶瓷涂层和一种金属涂层的接触疲劳行为,与陶瓷涂层相比,金属涂层具有较高的抗疲劳性能。他们认为,这种现象主要与涂层内部的残余应力有关,接触疲劳试验后,金属涂层内部的残余压应力明显高于陶瓷涂层的残余应力,其结论如下:涂层的抗压强度和界面剪切强度是影响涂层抗接触疲劳性能的关键因素。Nieminen 等采用高速火焰喷涂及普通等离子喷涂分别制备了 WC—Co 涂层,并进行了接触疲劳试验。结果发现:喷涂工艺的选取不仅关系着涂层的微观结构,还影响着涂层接触疲劳失效机制。他们认为:高速火焰喷涂涂层之所以具有较高的抗疲劳性能,主要是因为在喷涂过程中,涂层颗粒飞行速度较高、焰流温度较低,WC—Co 颗粒的相变量及涂层内部的硬质颗粒含量降低。Sheng 等研究发现,涂层的微观结构是否致密对其耐接触疲劳性能有着重大影响。

虽然各国学者逐渐进行这方面的研究,但涂层的接触疲劳失效机制还未有统一的定论,因为涂层的接触疲劳性能和失效机制取决于涂层与基体的整体性能,即协同效应。总体上,对于涂层这种多孔类、多缺陷结构的接触疲劳研究还处于起步阶段,以往的研究多着眼于对不同喷涂方式制备的不同材料体系涂层间耐接触疲劳性能的对比上,同时兼顾考查喷涂工艺、润滑条件等因素对涂层接触疲劳行为的影响。在同一试验条件下,一般采用一个或几个(小样本空间)试样进行研究。而疲劳试验结果具有很大的随机性和分散性,所以在相同条件下进行大量的试验,才能获得可靠的结果。同时,先前的研究往往忽略了涂层本身参数的变化或外界工况变化对于接触疲劳过程的影响。

其他研究者的研究表明,对摩擦副的接触过程是一个十分复杂的能量交换过程(图 1.26),在接触过程中存在着力学性能变化、摩擦化学反应和材料转化,因此被摩体的力学、材料参数与接触负载条件对于研究接触过程有着十分重要的意义。Holmberg 对于钢球与涂层的滑动接触过程进行了系统的分析,总结出了在滑动过程中涂层自身参数对于摩擦机理的影响,如图 1.27 所示。研究表明,涂层的硬度、厚度、表面粗糙度等都是对滑动接触过程中摩擦机理影响较大的参数。这些涂层的力学、材料参数同样对涂层滚动接触过程中的损伤机理起到至关重要的作用,只是在滚动接触过程中磨屑不会存留于对摩体中间,因此对于滚动过程而言,涂层的硬度、厚度和表面粗糙度需要给予更多的关注,同时涂层的结合强度对涂层在滚动交变载荷作用下的持久性能同样起着重要作用。各国学者就结合强度、表面硬度、涂层厚度和表面粗糙度对涂层服役性能的影响展开了一系列研究。

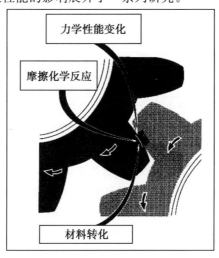

图 1.26　接触过程中存在着力学性能变化和摩擦化学反应及材料转化

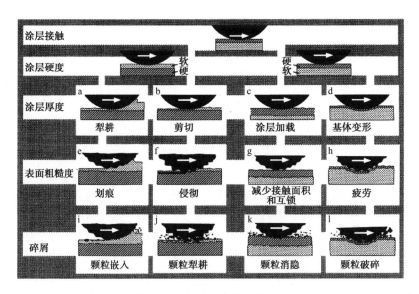

图 1.27　钢球在涂层表面滑动时涂层参数对于摩擦机理的影响

　　结合强度对涂层接触疲劳性能的影响方面,Zhang 等分别采用激光熔融和热等静压等工艺对喷涂层进行了相应的后处理,将涂层与基体的结合方式由机械嵌合改为冶金结合。试验表明,处理后涂层的接触疲劳寿命大幅提升。但无论是重熔还是热等静压过程,都在提高结合强度的同时最大限度地消除了涂层中的微观缺陷,使涂层更加致密,因此对于疲劳寿命的提升不能仅归因于提高了结合强度,内部结构致密度增加也是寿命提升的一个原因,因此结合强度对于涂层接触疲劳寿命的影响机制和机理尚需进一步的探究。

　　涂层厚度对涂层接触疲劳性能的影响方面,有些日本学者就厚度对接触疲劳行为的影响展开了研究。结果表明,涂层厚度的变化可以改变涂层内部由于接触应力所引起的剪切应力分布的变化,较厚的涂层可以使最大剪切应力远离结合力相对薄弱的涂层与基体的结合界面,从而改变涂层的失效形式和机理。Fujii 等通过有限元方法对涂层内部剪切应力的分布进行了计算,直观体现了厚度变化对应力分布的影响,如图 1.28 所示。但以往的研究是通过控制喷涂过程,即控制喷涂的次数来达到调控厚度的目的,而忽略了由于喷涂厚度不同所引起的受热程度不同的问题。受热程度不同将导致涂层与基体热失配程度不同,从而引起涂层/基体界面上存在不同量级的残余应力,影响涂层与基体的结合力,所以试验无法在均等的条件下进行。由于试验样本数偏少,因此无法体现总体规律。涂层厚度对

43

涂层接触疲劳寿命的影响机制和机理仍需要进一步的研究。

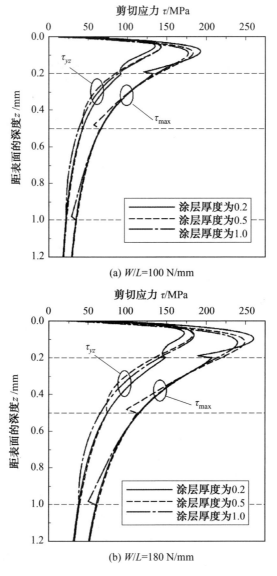

图 1.28　涂层厚度对涂层内部剪切应力分布的影响

对于涂层硬度对涂层接触疲劳性能的影响,研究结果表明,涂层的硬度过高或过低都不利于涂层耐接触疲劳性能,过高的硬度导致对摩体失效、表面材料脱落,所引发的磨屑将瞬间残留在对摩擦副之间造成涂层表面犁沟、擦伤的出现;硬度过低时,对摩体直接压入涂层内部,从而改变了涂层失效摩擦机制,由疲劳转向直接磨损,极大地降低了涂层寿命。同时,基体的硬度也在一定程度上影响涂层的耐疲劳性能,过软的基体将在压力下变形塌陷从而导致涂层变形失效,因此基体应具备一定的硬度。目前涂层硬度对接触疲劳过程影响的研究多为不同性质涂层的对比研究,由于材料体系变化所带来的一系列力学指标变化无法被屏蔽,得到的对比结论是多因素耦合的结果。因此针对同一材料涂层硬度变化所带来的接触疲劳性能变化尚需进一步的研究。

1.4.2 再制造熔覆层疲劳行为研究现状

目前,表面涂层技术是再制造工程中应用最为广泛的技术之一,其制备的表面涂层赋予了产品表面各种功能,从而达到提高产品质量、延长产品寿命的目的。但涂层与基体的结合主要以机械嵌合为主,辅以局部的微冶金结合,结合强度在 50 MPa 左右,很难实现质的提升,最终导致表面涂层一般应用于诸如轴类承受径向压力的零部件。此类零件在服役过程中,主要的失效形式包括因磨损导致的尺寸丢失及因接触疲劳导致的涂层剥落,相关的研究也取得了很大的进展。但针对诸如叶轮等承受较大离心力的零部件,再制造手段一般采用冶金结合的焊接技术,其主要失效形式为构件产生的结构疲劳。

在焊接过程中,母材与再制造层的界面组织将会不可避免地存在材料缺陷和残余应力等,加之焊接材料与母材的不匹配性,都可能会影响再制造零部件的疲劳性能。Wua 等研究了搅拌摩擦焊搭接接头对铝合金6061－T6高周疲劳性能的影响规律,表明搭接接头连接界面处存在的钩状缺陷显著降低了母材的疲劳强度,裂纹源均位于钩状缺陷处。贺玲凤等采用超声疲劳试验系统,结合试验结果和有限元模拟研究了低合金钢母材及焊接件的疲劳性能,发现母材和焊接件在 10^7 循环周次后仍会发生断裂失效,不存在传统的疲劳极限,焊接件的疲劳性能明显低于母材;焊接试样大多在低周疲劳区的焊接接头结合处发生疲劳断裂,而在高周疲劳区多发生在焊接热影响区处;断裂形貌表明焊接所引入的空洞、微裂纹和夹杂是焊接接头疲劳性能降低的主要原因。马子奇等对 TC4 钛合金焊接接头试件进行了超声疲劳试验,结果发现焊接件在超过 10^7 循环周次后,材料仍会发生疲劳破坏,断面出现在焊接缝中央或热影响区,呈现脆性断裂的形式,焊接过程引起的气孔、夹杂等缺陷是焊接试样疲劳失效的主要裂纹源。对低强度钢埋弧焊接件在室温和 370 ℃下的疲劳性能进行研究,发现室温下焊接接头的疲劳寿命随着应力幅的增加而持续下降,疲劳失效基本发生在试样材料表面;而在 370 ℃下,焊接试样的 $S-N$ 曲线特征呈双曲线形,失效发生在表面、非金属夹杂、微观非连续处及内部空洞。分析表明,母材的软化、表面的氧化及表面残余压应力是 370 ℃下疲劳失效位置发生改变的主要原因。

1.4.3　再制造薄膜疲劳行为研究现状

再制造薄膜材料因其体积小、可靠性高,常成为传感器中微电子机械系统不可或缺的部分,在航空航天、通信、汽车制造和医疗卫生等领域有着广泛的应用。薄膜－基底结构的力学性能与常规器件的有很大的不同,薄膜往往会由于受到动态载荷,特别是冲击性载荷和疲劳性载荷的作用,而出现屈曲和散裂、断裂,甚至是脱黏与脱层。而且研究发现,薄膜在服役过程中受到破坏不只是因为其产生了较大幅值的变形,更多是因为薄膜在非弹性变形的范围内受往复载荷作用,能量不断损耗,薄膜与基底之间的力学性能存在差异,导致应力集中和微观变形,由此长时间的反复作用,薄膜就会出现疲劳破坏。因此,为了评估薄膜材料的可靠性,必须对其疲劳特性进行测量。

由于薄膜试样的尺寸较小,一般应用于块体材料的常规疲劳试验方法和测量精度不足以满足其试验要求。因此寻求更加精细准确的测量设备的试验技术成为薄膜疲劳测试的关键,为此,国内外科研工作者做了大量的探索与研究工作。

1. 单向循环加载法

单向循环加载法是一种常规的疲劳拉伸方法,其试件的制造工艺相对简单,缺点是夹持较困难,加载精度差,数据测量困难。刘豪等利用准光刻、微电铸和微复制工艺制作了 $11.5~\mu m$ 厚无基体支持的电镀铜薄膜试件,对其拉伸疲劳特性进行了试验研究,得到了铜薄膜光滑试件和缺口试件的 $S-N$ 曲线,验证了传统宏观机械疲劳的研究方法在一定程度上适用于研究微机械零件。

常规的疲劳拉伸方法很难准确测量一些尺寸较小的薄膜材料,如结构复杂的微机电系统(Micro-Electro-Mechanical System,MEMS)器件。此时可采用微疲劳拉伸方法,利用压电陶瓷技术或磁技术实现加载,加载精度高,测量精确。疲劳试验机按照其驱动原理的不同,分为热驱动法、电磁驱动法、静电谐振法、压电激励法和超声激励法等。Judelewicz 采用电磁驱动器对试样施加疲劳载荷,并利用压电传感器来测量施加的应力,对微加工制备无基体支撑的 Cu 薄膜进行疲劳试验。Oskouei 等利用热驱动加载的试验装置,将长度为 5 μm、厚度为 4 μm 的 Si 薄膜试样施加单向的循环拉—拉载荷,发现断裂强度随加载周期的增加而缓慢下降,当周期达到 10^6 周次时,强度从原来的 2.9 GPa 变为 2.2 GPa。可见,这种单向循环加载的方法可以对薄膜材料施加均匀的变形,并直接给出薄膜材料的拉伸循环应力—应变行为,因此可将它与块体材料的相应结果进行比较。但这种测试方法的缺点也是很明显的,首先是定量性差,其次是只适用于无基体支撑的薄膜结构,对于薄膜—基体结构无法进行准确的测量。

2. 悬臂梁动态弯曲法

悬臂梁动态弯曲法是一种常用的薄膜疲劳寿命预测方法,试验时将薄膜材料制备成悬臂梁结构,通过在梁上施加合适的循环载荷,并观察悬臂梁的组织结构变化,特别是刚度的变化,来分析疲劳失效情况。Kraft 等在厚 2.83 μm 的 SiO_2 微悬臂梁上沉积了 0.8 μm 厚的 Ag 膜,通过在微悬臂梁上施加循环载荷 $F = F_m + F_0 \cos(2\pi ft)$,其中 F_m 为平均载荷,F_0 为简谐载荷幅值,频率为 f,如图 1.29(a)所示,来研究薄膜的疲劳行为。

试验中通过测量所加的载荷和挠度来获得梁的刚度,由刚度随循环载荷次数变化[图 1.29(b)]可见,在刚度突变的点,微梁产生了损伤。这种动态的方法还可以用于研究侵蚀磨损、薄膜的脱黏等问题。

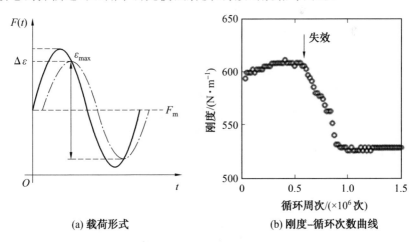

(a) 载荷形式   (b) 刚度-循环次数曲线

图 1.29 微悬臂梁疲劳测试

张广平等采用聚焦离子溅射蚀刻技术,制备了 1.6 μm 和 17 μm 厚的 304 不锈钢悬臂梁试样,试样的悬臂梁根部 10 μm 处有一个深 2.5 μm 的缺口,利用静态及动态弯曲加载研究微米级薄膜的形变与疲劳开裂行为。逐级加载测量疲劳裂纹从预先制备的缺口处萌生的门槛值,若悬臂梁的挠度开始增加,则判断缺口处有裂纹扩展。可根据式(1.3)和式(1.4)计算裂纹萌生所需的载荷幅值和裂纹尖端的应力强度因子范围,计算得到的门槛值 ΔK 与标准值很接近,这为小尺寸薄膜材料损伤容限的设计提供了可能。

$$\Delta K = \Delta\sigma\sqrt{\pi a f}\frac{a}{h} \tag{1.3}$$

$$\Delta\sigma = \frac{6\Delta pl}{h^2 B} \tag{1.4}$$

式中　$\Delta\sigma$—— 外加应力幅;

　　　a—— 缺口深度;

　　　h—— 梁的厚度;

　　　B—— 梁的宽度;

　　　Δp—— 裂纹萌生时的载荷幅值;

　　　l—— 加载点到缺口处的距离。

　　Schwaiger 等制备了以 SiO_2 为基体的 Ag 薄膜的微悬臂梁试样,通过纳米硬度计的连续刚度测量系统,对其施加动态弯曲载荷,研究薄膜在循环拉—压载荷作用下的疲劳行为,发现薄膜刚度的大小随疲劳试验的进行不断减小,并且组织中伴有裂纹出现。陈龙龙等将多晶硅制成微悬臂梁,在其根部利用干法刻蚀制作纵向应力集中区,静电激励促使微悬臂梁发生离面振动,通过谐振频率的变化来跟踪微悬臂梁机械性能的改变。结果表明,疲劳现象也会出现在 MEMS 结构的离面振动方向上。Nieslony 等用悬臂梁的试验方法探究含缺口的微米厚度单晶和多晶 Si 的疲劳强度,发现薄膜的疲劳寿命会随着缺口根部应力幅的降低而升高。由此可见,微米尺寸的薄膜疲劳寿命与应力幅的分散性有很大关系,会受到加载频率、疲劳试验环境及材料微加工过程等因素的影响。

　　悬臂梁动态弯曲法相对简单,易于实现,故应用广泛。试验过程中材料的变形部位多为非均匀变形,其塑性变形区内的应力—应变关系也较为复杂,使得定量计算变得很困难。

3. 纳米级动态载荷法在薄膜材料失效预测中的应用

　　MEMS 薄膜在使用过程中会发生频繁的撞击,如电子产品中的轻触式按键,关键零件是金属薄膜弹簧,频繁地撞击必然会导致薄膜疲劳破坏。对厚膜或者块体材料的疲劳特性研究较多,但从中很难提取出超薄膜的疲劳特性。因缺少专业仪器,故疲劳损伤机理尚未研究清楚,致使小尺寸薄膜的力学性能很难被测试。近年来,逐渐发展起来的纳米级动态载荷测试技术为微纳米级薄膜疲劳特性研究提供了新的手段。

纳米级动态载荷测试技术是一种新兴的循环测试技术。与现有的试验方法相比,不但可以实现分相测试,而且模拟的薄膜试验条件可以更接近实际服役环境。更为重要的是,它可以实现多种功能模块的原位定点检测,这就为动态载荷法测试薄膜的疲劳性能提供了技术上的可行性。当前,已有的报道中采用纳米压痕测试疲劳的研究相对较少,测试技术大致分为两种,一种是基于连续刚度的纳米压痕测试技术,另一种是纳米冲击测试技术。

连续刚度测试(Continuous Stiffness Measurement,CSM)法的基本原理如图 1.30 所示。测试时在针尖上施加一个较小的预加载荷,同时施加另一小的振荡载荷 $F(t)=F_m+F_0\sin(\omega t)$,样品放置不动。试验过程中对连续刚度的变化情况进行观测,由于疲劳损伤的累积会造成试样刚度的下降,因此需分析其疲劳特性。

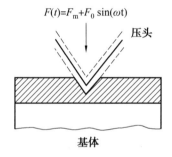

图 1.30 连续刚度测试法的基本原理

同种或者不同种材料的连续刚度 S 的计算公式为

$$S=\frac{2}{\sqrt{\pi}}E_r\sqrt{A} \tag{1.5}$$

式中 A——接触投影面积;

E_r——折合模量,可通过下式计算:

$$\frac{1}{E_r}=\frac{1-\nu^2}{E}+\frac{1-\nu_i^2}{E_i}$$

其中 E、ν——样品材料的弹性模量和泊松比;

E_i、ν_i——压头的模量和泊松比。

CSM 以低周疲劳测试为主,测得的动态信息较多,包括刚度、硬度、弹性模量等,并可计算冲击失效功,精度较高。美国俄亥俄州立大学的 Li 等利用阴极电弧过滤(Filtered Cathodic Arc,FCA)、离子束(Ion Beam,

IB)、电子回旋共振等离子体化学气相沉积（Electron Cyclotron Resonance Plasma Chemical Vapor Deposition，ECRCVD）和射频溅射淀积（RF Sputter Deposition，RFSD）4 种不同工艺，制备了 20 nm 厚的类金刚石（Diamond-Like Carbon，DLC）薄膜。采用平均载荷 10 μN、正弦载荷幅值 8 μN 及频率 45 Hz 的循环载荷连续进行加载刚度测试，测试结果如图1.31 所示。当薄膜的厚度相同时，失效循环周次 N_f 由大到小依次为 FCA 薄膜、ECRCVD 薄膜、IB 薄膜和 RFSD 薄膜。在 N_f 之后，FCA 薄膜的接触刚度减小缓慢，说明 FCA 薄膜在超过损伤阈值后具有较小的损伤程度。

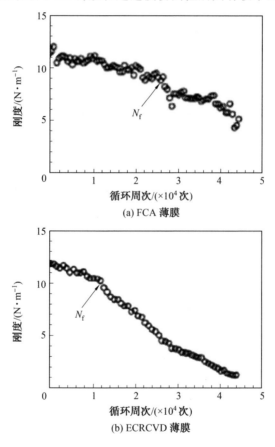

图 1.31　4 种不同工艺的薄膜接触刚度－循环周次曲线

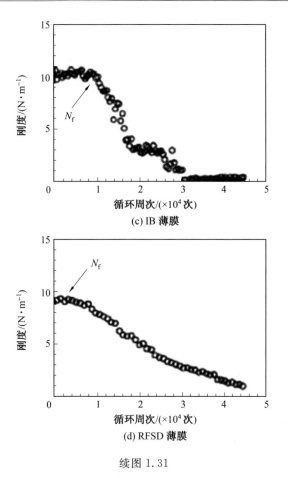

(c) IB 薄膜

(d) RFSD 薄膜

续图 1.31

Li 等将 CSM 分析方法应用于纳米复合材料磁带等非均质薄膜材料的疲劳性能研究中,测量了石英玻璃、聚四氟乙烯(Polytetrafluoroethlyene,PTFE)及含金属颗粒磁带的接触刚度与压痕深度之间的关系、疲劳失效情况。Cairney 等利用球形压头反复压入同一位置来实现循环接触,以此尝试量化薄膜在循环载荷下的力学行为,并将最大载荷所对应的压痕深度与压入次数进行作图,获取关于被测材料蠕变和疲劳方面的信息,把已知的纳米压痕模型应用到了 TiN 薄膜的接触疲劳测试中。

纳米冲击测试技术是一种在动态加载条件下研究薄膜材料性能的微探针测试方法,主要是研发用于更加真实模拟薄膜实际服役环境的可量化技术。该技术可进行低周疲劳和高周疲劳两种测试,其中低周疲劳可以测得的信息与 CSM 测试技术相同,而高周疲劳测试可测得的动态信息较少,只有深度等信息,且精度较低。纳米冲击测试疲劳性能装置图如图 1.32 所示。试样垂直固定于样品台,电磁电机驱动载荷并精确施加到试样表面。在试样表面施加高频且方向交替变换的接触应力,同时施以一定的预加载荷,通过反复振动试样,以获得试样界面的疲劳失效。纳米力学测试系统通过样品台后方的压电加速器来获得高频振动。

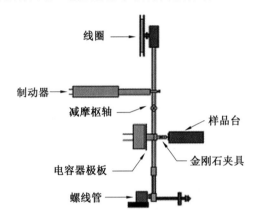

图 1.32　纳米冲击测试疲劳性能装置图

英国的 Beake 在相同的试验条件下对比研究了硅片与脆性材料——熔凝石英材料的抗冲击性能。图 1.33(a)所示为在硅片上获得的典型试验结果。薄膜在冲击试验的初始阶段产生了塑性变形,而后由于裂纹的产生而出现"体积膨胀"现象,但在整个试验过程中,两类材料的压头位置均未出现突变,即没有发生失效。

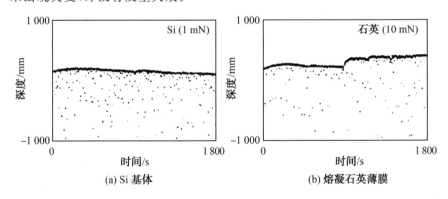

图 1.33　典型的纳米冲击试验结果

而图 1.33(b)所示为高冲击载荷(10 mN)下对熔凝石英薄膜进行冲击试验的结果,薄膜的沉积导致了较高的内应力和缺陷,使涂层抗冲击性能较差,可能是因为材料在遭受腐蚀磨损的情况下,涂层的存在实际上不利于改善材料的抗疲劳性能。

脆性材料和韧性材料在纳米冲击试验时,疲劳失效的特征有所不同。一般脆性材料的单点冲击测试结果如图 1.34(a)的深度—时间曲线所示,薄膜损伤发生一段时间后将产生突然失效。对于韧性材料,冲击试验使材料表面产生压痕,发生塑性变形,没有明显的断裂过程如图 1.34(b)所示。

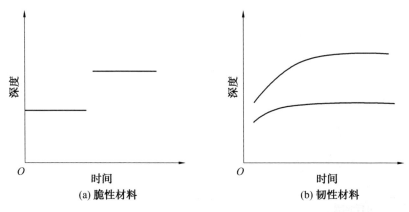

图 1.34　不同种类材料的疲劳失效的深度—时间曲线

可见,同现有的试验方法相比,微冲击测试模拟的试验条件更接近实际服役环境。它提供了一种用于研究薄膜材料断裂韧性的新途径。

4. 薄膜疲劳失效机理与模型

自 1858 年第一个金属试样疲劳试验的完成,对疲劳问题的研究已经有 160 多年的历史。早期的疲劳研究工作局限于宏观形貌的分析,但金相显微镜、各类电子显微镜和其他先进设备的出现及位错理论的发展,促进了对疲劳微观机制的探究,但目前对薄膜疲劳失效机制的探究相对较少。相关的报道主要集中在 Si、Cu 等几类常用的单质膜层,此外还有少量对 Ni－P 非晶薄膜、Ti/TiN/DLC 多层薄膜、TiN 薄膜等疲劳特性的研究。

通过对已经展开的一些研究工作分析发现,当 Cu 薄膜的厚度达到微米量级时,会出现类似于块体材料中出现的“挤出/侵入”疲劳损伤行为,并且 Cu 薄膜的疲劳强度随薄膜厚度的减小而明显升高。亚微米厚薄膜的疲劳损伤,不仅受到薄膜的厚度和晶粒尺寸的影响,还与薄膜中其他微观结构与界面行为有关。为此,张滨等采用恒幅载荷控制研究了亚微米厚度 Cu 薄膜的疲劳损伤行为,结果表明亚微米厚度 Cu 薄膜疲劳强度的提高来源于薄膜厚度、晶体尺寸和孪晶尺寸 3 个微尺度的约束。Sun 等对不同厚度(微米至纳米)的 Cu 薄膜疲劳寿命的研究发现(图 1.35),其循环周次及应变变化均遵循 Coffin－Manson 关系。

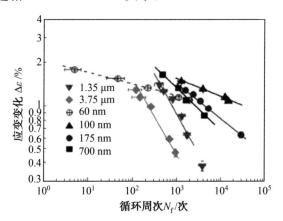

图 1.35　不同厚度 Cu 薄膜 $\Delta\varepsilon-N_f$ 曲线

　　对微机电系统中 Si 薄膜的研究结果表明,微米尺寸 Si 薄膜的疲劳寿命随应力幅的增加而下降,且疲劳寿命与应力幅的关系分散性很大,受疲劳试验的环境、加载频率及材料微加工过程等因素的影响。Si 薄膜的疲劳裂纹萌生是通过机械诱发的表面氧化及环境促进的反应层开裂机制进行,疲劳裂纹的萌生来源于缺口处 SiO_2 表层的拓扑演化及晶界相的形成。

　　当前的研究方法大多是对薄膜疲劳损伤的事后分析或者是仿照块体材料的研究方法进行类比研究。另外,还有一些学者采用数值模拟的方法对薄膜疲劳损伤行为进行研究。这些前期工作初步表明,材料疲劳行为的尺寸效应不仅与材料外部几何尺寸有关,也与内部的组织结构有关。特别是材料内部的位错行为,无论是材料的几何尺度还是微观结构尺度,对疲劳位错结构的形成均有重要的影响。但是对于薄膜材料疲劳失效过程的裂纹萌生与扩展等微观机制的研究,还需要更多的时间与实践进行探索。

　　疲劳寿命预测模型,通常是将疲劳寿命与应力、应变、塑性功及应变能密度等参数联系在一起。

　　(1) Basqui 方程。

　　在高周疲劳或应力控制的疲劳试验中,弹性应变、应力水平是影响疲劳寿命的重要参量。对于恒应力幅疲劳试样,Basquin 提出一种描述应力幅和疲劳寿命关系的疲劳寿命估算公式,即 Basquin 应力寿命公式,表示为

$$\Delta\sigma = \sigma_f\,(2N_f)^b \qquad\qquad (1.6)$$

式中　σ_f——疲劳强度系数；

　　　b——疲劳强度指数。

李永德等利用 Basquin 方程描述了不同含氢量 50CrV4 弹簧钢的 $S-N$ 曲线，发现随着含氢量的增加，拉伸性能稍有降低，且对 10^9 周次的疲劳强度有显著影响，疲劳强度指数 b 也会有变化。

（2）Coffin－Manson 方程。

Coffin－Manson 方程是等温低周疲劳寿命计算的一个基础模型。将塑性应变幅和弹性应变幅之和，即总应变幅作为参量来描述疲劳寿命，实现了低周疲劳寿命的定量研究。Coffin－Manson 描述 $\varepsilon-N$ 曲线的公式为

$$\frac{\Delta\varepsilon_t}{2}=\frac{\sigma'_f}{E}(2N_f)^b+\varepsilon'_f(2N_f)^c \tag{1.7}$$

式中　$\Delta\varepsilon_t$——总应变范围；

　　　b、c、σ'_f、ε'_f——待定常数。

Amanda 等将 Coffin－Manson 方程进行修正，如式（1.8）所示，用来计算超弹性镍钛合金的混合疲劳寿命。发现改进后的公式适用于扭转、拉伸及悬臂梁测试疲劳寿命的研究，此时应力比的范围为 $-1\sim1.99$。

$$\frac{\Delta\varepsilon_{tr}}{2}=61.7N_f^{-0.5} \tag{1.8}$$

式中　$\Delta\varepsilon_{tr}$——扭转、拉伸及悬臂梁测试的常数。

（3）拉伸滞后能损伤函数法。

拉伸滞后能损伤函数法是基于低周疲劳损伤由试样吸收的拉伸滞后能或应变能来控制的，该方法由 Ostergren 提出，滞后能与疲劳寿命之间遵循幂指数关系，即

$$\Delta W_t N_f^\alpha=c \tag{1.10}$$

式中　ΔW_t——非弹性应变范围与峰值拉伸应力的乘积；

　　　α、c——待定常数。

除以上几种基础的预测模型外，还有 $S-N$ 曲线三参数幂函数公式，以及结合 Coffin－Manson 方程、拉伸滞后能损伤函数法的三参数幂函数能量法等，综合可归纳为局部应力应变法、应力场强度法、能量法及其他法则。应用能量法进行疲劳寿命预测，能够揭示疲劳损伤的本质，且精确度高，物理意义明确，成为近几年疲劳研究的主要理论基础，并发展了很多应用广泛的寿命预测模型。

本章参考文献

[1]《国防科技工业无损检测人员资格鉴定与认证培训教材》编审委员会. 声发射检测[M]. 北京：机械工业出版社，2005：14-17.

[2] ABDULLAH M，GHAMD A. DAVID M. A comparative experimental study on the use of acoustic emission and vibration analysis for bearing defect identification and estimation of defect size [J]. Mechanical Systems and Signal Processing，2006，20：1537-1571.

[3] SUN J，WOOD R J K，WANG L，et al. Wear monitoring of bearing steel using electrostatic and acoustic emssion techniques [J]. Wear，2005，259：1482-1489.

[4] TOUTOUNTZAKIS T，MBA D. Observations of acoustic emission activity during gear defect diagnosis [J]. NDT&E International，2003，36：471-477.

[5] BRUZELIUS K，MBA D. An initial investigation on the potential applicability of Acoustic Emission to rail track fault detection [J]. NDT&E International，2004，37：507-516.

[6] AL－DOSSARY R，HAMZAH S R I，MBA D. Observations of changes in acoustic emission waveform for varying seeded defect sizes in a rolling element bearing [J]. Applied Acoustics，2009，70：58-81.

[7] UNNTHORSSON R，RUNARSSON T P，JONSSON M T. Acoustic emission based fatigue failure criterion for CFRP [J]. International Journal of Fatigue，2008，30：11-20.

[8] SINGH S K，SRINIVASAN K，CHAKRABORTY D. Acoustic emission studies on metallic specimen under tensile loading [J]. Material and Design，2003，24：471-481.

[9] CHANG H，HAN E H，WANG J Q，et al. Acoustic emission study of fatigue crack closure of physical short and long cracks for aluminum alloy LY12CZ [J]. International Journal of Fatigue，2009，31：403-407.

[10] ROQUES A，BROWNE M，THOMPSON J，et al. Investigation of fatigue crack growth in acrylic bone cement using the acoustic emis-

sion technique [J]. Biomaterials，2004，25：769-778.

[11] ENNACEUR C，LAKSIMI A，HERVE C，et al. Monitoring crack growth in pressure vessel steels by the acoustic emission technique and the method of potential difference [J]. International Journal of Pressure Vessels and Piping，2006，83：197-204.

[12] ROY H，PARIDA N，SIVAPRASAD S，et al. Acoustic emissions during fracture toughness tests of steels exhibiting varying ductility [J]. Materials Science and Engineering（A），2008，486：562-571.

[13] GUO Y B，AMMULA S C. Real-time acoustic emission monitoring for surface damage in hard machining [J]. International Journal of Machine Tools and Manufacture，2005，45(14)：1622-1627.

[14] GUO Y B，WARREN A W. The impact of surface integrity by hard turning vs. grinding on fatigue damage mechanisms in rolling contact [J]. Surface and Coatings Technology，2008，203：291-299.

[15] GUO Y B，SCHWACH D W. An experimental investigation of white layer on rolling contact fatigue using acoustic emission technique[J]. International Journal of Fatigue，2005. 27：1051-1061.

[16] WARREN A W，GUO Y B. Acoustic emission monitoring for rolling contact fatigue of super finished ground surface [J]. International Journal of Fatigue，2007，29：603-614.

[17] SCHWACH D W，GUO Y B. A fundamental study on the impact of surface integrity by hard turning on rolling contact fatigue [J]. International Journal of Fatigue，2006，28：1838-1844.

[18] RAHMAN Z，OHBA H，YOSHIOKA T，et al. Incipient damage detection and its propagation monitoring of rolling contact fatigue by acoustic emission [J]. Tribology International，2009，42(6)：807-815.

[19] MIGUEL J M，GUILEMANY J M，MELLOR B G，et al. Acoustic emission study on WC-Co thermal sprayed coatings [J]. Materials and Science Engineering（A），2003，352：55-63.

[20] 王俊英，杨启志，倪新华，等. 用声发射技术结合显微硬度法研究镍基合金复合涂层韧性[J].新技术新工艺,2002,6:45-46

[21] 杨班权，张坤，陈光南，等. 涂层断裂韧性的声发射辅助拉伸测量方

法 [J]. 兵工学报，2008，29：420-424

[22] 潘小青，刘庆成. 红外技术的发展[J]. 华东地质学院学报，2002，25(1)：66-69.

[23] LOUAAYOU M，NAIT－SAID N，LOUAI F Z. 2D finite element method study of the stimulation induction heating in synchronic thermography NDT [J]，NDT&E International，2008，41：577-581.

[24] 张建合，郭广平. 国内外飞速发展的热像无损检测技术[J]. 无损探伤，2005，29(1)：1-4.

[25] CHATTERJEEA K，TULI S，PICKERING，S G，et al. A comparison of the pulsed，lock-in and frequency modulated thermography nondestructive evaluation techniques [J]. NDT&E International，2011(44)：655-667.

[26] MILNE J M，REYNOLDS W N. The non-destructive evaluation of composites and other materials by thermal pulse video thermography[C]//Thermosense VII：Thermal Infrared Sensing for Diagnostics and Control. International Society for Optics and Photonics，1985，520：119-123.

[27] 薛书文，洪伟铭. 脉冲加热红外热成像无损检测技术回顾 [J]. 湛江师范学院学报，2004，25(6)：22-25.

[28] 吴斌，邓菲，何存富. 超声导波无损检测中的信号处理研究进展 [J]. 北京工业大学学报，2007，33(4)：342-348.

[29] 缪鹏程，洪毅，张仲宁，等. 红外热像仪在超声红外热像技术中的应用 [J]. 激光与红外，2003，33(2)：132-134.

[30] 江涛，杨小林，阚继广. 超声红外热成像无损评估技术 [J]. 无损检测，2009，31(11)：884-886.

[31] PICKERING S，ALMOND D. Matched excitation energy comparison of the pulse and lock-in thermography NDE techniques [J]. NDT&E International，2008，41：501-509.

[32] LIU J Y，TANG Q J，WANG Y. The study of inspection on SiC coated carbon-carbon composite with subsurface defects by lock-in thermography [J]. Composites Science and Technology，2012，72：1240-1250.

[33] 刘波，李艳红，张小川，等. 锁相红外热成像技术在无损检测领域的

应用[J]. 无损探伤，2006，30(3)：12-15.

[34] 张炜，刘涛，杨正伟，等. 复合材料锁相红外热像法无损探伤技术研究[J]. 激光与红外，2009，39(9)：939-943.

[35] 刘慧. 超声红外锁相热像无损检测技术的研究[D]. 哈尔滨：哈尔滨工业大学，2010.

[36] 刘慧，刘俊岩，王扬. 超声锁相热像技术检测接触界面类型缺陷[J]. 光学精密工程，2010，18(3)：654-661.

[37] 刘慧，刘俊岩，王扬. 基于超声锁相热像技术检测缺陷的热图序列处理[J]. 红外与激光工程，2011，40(5)：944-948.

[38] TANG Q J, LIU J Y, WANG Y, et al. Subsurface interfacial defects of metal materials testing using ultrasound infrared lock-in thermography[J]. Procedia Engineering, 2011, 16：499-505.

[39] LIU J Y, QIN L, TANG Q J, et al. Experimental study of inspection on a metal plate with defect using ultrasound lock-in thermographic technique[J]. Infrared Physics & Technology, 2012, 55：284-291.

[40] 洪毅，缪鹏程，张仲宁，等. 超声红外热像技术及其在无损检测中的应用[J]. 南京大学学报（自然科学），2003，39(4)：547-552.

[41] 孙天. 红外测温技术在发动机故障诊断中的应用[J]. 工程机械，2006，37：60-61.

[42] SCHÖNBERGERA A, VIRTANENB S, GIESEA V, et al. Non-destructive evaluation of stone-impact damages using pulsed phase thermography[J]. Corrosion Science, 2012, 56：168-175.

[43] MIAN A, HAN X Y, ISLAM S, et al. Fatigue damage detection in graphite/epoxy composites using sonic infrared imaging technique [J]. Composites Science and Technology, 2004, 64：657-666.

[44] 李斌. 基于能量耗散的金属疲劳损伤表征及寿命预测[D]. 西安：西北工业大学，2014.

[45] CHUNG D D L. Structural health monitoring by electrical resistance measurement [J]. Smart Materials and Structures, 2001, 10(4)：624-636.

[46] SUN B X, GUO Y M. High cycle fatigue damage measurement based on electrical resistance change considering variable electrical

resistivity and uneven damage[J]. International Journal of Fatigue，2004，26（5）：462.

[47] LI Q M. Energy correlations between a damaged macroscopic continuum and its subscale [J]. International Journal of Solids and Structures，2000（33）：4539-4556.

[48] HAN S I，KIM J M. Degradation evaluation of HK 40 steel using electrical resistivity [J]. International Journal of Modern Physics（B），2003,17（8）：1615-1620.

[49] 刘金海,符寒光,李国禄.铁素体球墨铸铁损伤力学特性的研究[J].材料与冶金学报,2003,(1):68- 68。

[50] 孙斌祥,郭乙木.基于电阻变化的高周疲劳寿命预测[J].机械强度,2002,24(4):579-583.

[51] 袁立方.基于电阻法德 30Cr1Mo1V 汽轮机转子钢蠕变寿命研究[D].长沙:长沙理工大学,2007.

[52] NAHM S H，KIM YI，YU K M. Evalucture toughness of degraded Cr-Mo-V steel using electrical resistivity [J]. Journal of Materials Science，2002,37（16）：3549-3553.

[53] 马宝钿,杜百平,朱维斗,等.电阻法检测疲劳损伤及预测修复效果探讨[J].理化检验(物理分册),2002,38(11):493-495.

[54] 孙斌祥,郭乙木,金属材料韧性损伤测量的电阻法[J].过程设计学报,2002,9(4):198-201。

[55] 程海正.基于微电阻测试技术的曲轴疲劳损伤表征研究[D].上海:上海交通大学,2009.

[56] 程海正,陈铭.采用虚拟仪器与电阻法的曲轴疲劳损伤试验机[J].机械设计与研究,2009,25(2):105-108.

[57] SEOK C S，KOO A M. Evaluation of material degradation of 1Cr1Mo0.25V steel by ball indentation and resistivity [J]. Journal of Materials Science，2006,9(4)：1081-1087.

[58] 张玉波,杨大祥,王海斗,等.基于电阻法的金属材料损伤表征研究现状[J].无损检测,2011,33(9):76.

[59] 孙斌祥,郭乙木.考虑电阻率变化的电阻法预测金属材料剩余寿命[J].工程设计,2001,8(2):81-84.

[60] 杜双明,乔生儒.基于电阻变化的 3D C/SiC 复合材料疲劳损伤演化

[J]. 复合材料学报，2011，28(2)：165-169.

[61] SEOK C S, KIM J P. Evaluation of material degradation using electrical resistivity methods[J]. Key Engineering Materials，2004，270(2)：1177-1180.

[62] 刘金海，曾大本，汪王睿. 用电阻法测量球墨铸铁的疲劳损伤[J]. 清华大学学报(自然科学版)，1999(2)：14-17.

[63] 胡明敏，方义庆，魏平. 疲劳寿命及疲劳响应模型研究[J]. 河海大学学报(自然科学版)，2004(3)：287-290.

[64] 黄丹，许平聪，郭乙木. 金属疲劳剩余寿命预测模型的一种探索[J]. 实验力学，2003，18(1)：113-117.

[65] 黄丹，郭乙木. 电阻法检测金属构件损伤及预测疲劳寿命[J]. 无损检测，2008，30(4)：212-215.

[66] 赵荣国，罗希延，蒋永洲，等. 航空发动机涡轮盘用 GH4133B 合金疲劳损伤与断口分析[J]. 机械工程学报，2011，47(6)：92-100.

[67] 刘达列. 疲劳破坏的连续性损伤力学模型的研究[D]. 杭州：浙江大学，2002.

[68] 姜菊生，许金泉. 金属材料疲劳损伤的电阻研究法[J]. 机械强度，1999，21(3)：232-234.

[69] 周洪刚. 高周疲劳损伤研究和寿命预测探索[D]. 杭州：浙江大学，2003.

[70] 周克印，徐行健，胡明敏，等. 基于损伤测试的构件疲劳剩余寿命估算方法研究[J]. 中国安全科学学报，2004，14(5)：110-112.

[71] 乔彦村，陈洪琴，郭乙木. 基于电阻值变化预测金属构件剩余寿命的研究[J]. 工程设计，1999(4)：42-45.

[72] 魏平，王洪凯，胡明敏. 疲劳寿命计电阻变化的灰色建模研究[J]. 理化检验. 物理分册，2003(8)：2.

[73] STARKE P, WALTHER F, EIFLER D. Fatigue assessment and fatigue life calculation of quenched and tempered SAE4140 steel based on stress-strain hysteresis. temperature and electrical resistance measurements[J]. Fatigue and Fracture of Engineering Materials and Structures，2007，30(11)：1044-1051.

[74] STARKE P, WALTHER F, EIFLER D. PHYBAL - A new method for lifetime prediction based on strain，tem perature and electrical

measurements [J]. International Journal of Fatigue, 2006, 28 (9)：
1028-1036.

[75] STARKE P, EIFLER D. Fatigue assessment and fatigue life calcu-lation of metals on the basis of mechanical hysteresis, temperature, and resistance data：Extended version of the plenary lecture at the international conference low cycle fatigue [J]. Material Pruefung / Materials Testing, 2009, 51 (5)：261-268.

[76] 杨厚君, 李正刚, 肖文凯. 一种评估火电厂高温部件蠕变寿命的方法, 电阻法[J]. 电力建设, 1999(1):2-4。

[77] DOUBOV A A. Express method of quality control of a spot resist-ance welding with usage of metal magnetic memory [J]. Welding in the World, 2002, 44(46):317-320.

[78] CALTUN O, SPINU L, STANCU A. Tension and torsion mag-netic sensors based on frequency harmonic content analysis of in-duced signal in perpendicular fields[J], Sensors and Actuators, 1997(59)：142-148.

[79] 常福清, 刘东旭, 刘峰. 磁记忆检测中的力－磁关系及其实验观察 [J]. 实验力学, 2009, 24(4)：367-373.

[80] 徐敏强, 李建伟, 冷建成, 等. 金属磁记忆检测技术机理模型[J]. 哈尔滨工业大学学报, 2010, 42(1)：16-19.

[81] 宋凯, 任吉林, 任尚坤, 等. 基于磁畴聚合模型的磁记忆效应机理研究[J]. 无损检测, 2007, 29(6)：312-314.

[82] 姚凯, 王正道, 邓博, 等. 金属磁记忆技术的数值研究[J]. 工程力学, 2011, 28(9)：218-222.

[83] 任吉林, 陈晨, 刘昌奎, 等. 磁记忆检测力磁效应微观机理的试验研究[J]. 航空材料学报, 2008, 28(5)：41-44.

[84] 任吉林, 潘强华, 唐继红, 等. 应力对铁磁构件磁畴组织的影响[J]. 无损检测, 2010, 32(3)：157-159.

[85] DONG L H, DONG S Y, XU B S, et al. Investigation of metal magnetic memory signals from the surface of low-carbon steel and low-carbon alloyed steel [J]. Journal of Center South University Technology, 2007, 14(1)：24-27.

[86] 商体松, 赵明, 曹友明. 一种考虑材料损伤的低循环疲劳寿命预测方

法[J]. 机械科学与技术，2016，35(4)：652-656.

[87] 李路明，王晓凤，黄松岭. 磁记忆现象和地磁场的关系[J]. 无损检测，2003，25(8)：387-389.

[88] 董丽虹，徐滨士，董世运，等. 地磁场、外载荷对磁记忆信号影响研究[C]. 武汉：全国无损检测学术年会. 2010.

[89] 孙海涛，张卫民 刘红光，等. 地磁场环境下铁磁性试件单向静拉伸试验研究[J]. 理化检验(物理分册). 2005，26(5)：222-225.

[90] 张英，宋凯，任吉林. 铁磁构件应力集中的计算机模拟和磁记忆检测[J]. 南昌航空工业学院学报. 2004，18(1)：64-69.

[91] 张卫民，董韶平，张之敬. 金属磁记忆检测技术的现状与展[J]. 中国机械工程. 2003，34(10)：892-896.

[92] WILSON J W，GUI Y T，BARRANS S. Residual magnetic field sensing for stress measurement[J]. Sensors & Actuators A Physical，2007，135(2)：381-387.

[93] 董丽虹，徐滨士，董世运，等. 拉伸载荷作用下中碳钢磁记忆信号的机理[J]. 材料研究学报，2006，20(4)：440-444.

[94] 秦飞，闫冬梅，张晓峰. 地磁环境下结构变形引起的扰动磁场[J]. 力学学报，2006，38(6)：799-806.

[95] 秦飞，闫冬梅. 弹性半平面问题的变形扰动磁场[J]. 北京工业大学学报，2006，32(4)：295-300.

[96] 秦飞，闫冬梅，张阳. 带圆孔无限大受拉板的变形扰动磁场[J]. 固体力学学报，2007，28(3)：281-286.

[97] ROSKOSZ M. Metal magnetic memory testing of welded joints of ferritic and austenitic steels[J]. NDT & E International，2011，44(3)：305-310.

[98] 王正道，姚凯，沈恺，等. 金属磁记忆检测技术研究进展及若干讨论[J]. 实验力学，2012，27(2)：129-139.

[99] HSU T R. MEMS and microsystem design and manufacture [M]. Beijing：China Machine Press，2004.

[100] 黄松岭，李路明，汪来富，等. 用金属磁记忆方法检测应力分布[J]. 无损检测，2002，24(5)：212-214.

[101] CHU K，SHEN Y. Mechanical and tribological properties of nano-structured TiN/TiBN multilayer films[J]. Wear，2008，265：516-

524.

[102] 王丹，董世运，徐滨士，等. 静载拉伸 45 钢材料的金属磁记忆信号分析[J]. 材料工程，2008，8：77-80.

[103] AHMED R，HADFIELD M. Failure modes of plasma sprayed WC-15％Co coated rolling elements[J]. Wear，1999，230(1)：39-55.

[104] SHEN X Y，YU S Y. Performance in resistance to surface fatigue for Cr3C2-25％NiCr coatings by plasma spray and CDS spray[J]. Tribology Letters，2004，16(3)：173-180

[105] AHMED R，HADFIELD M. Rolling contact fatigue performance of plasma sprayed coatings[J]. Wear，1998，220(1)：80-91.

[106] SOBOYEJO W O，LEDERICH R J，SASTRY S M L. Mechanical behavior of damage tolerant TiB whisker-reinforced in situ titanium matrix composites[J]. Acta Metallurgica et Materialia，1994，42(8)：2579-2591.

[107] NIEMINEN R，VUORISTO P，NIEMI K，et al. Rolling contact fatigue failure mechanisms in plasma and HVOF sprayed WC-Co coatings[J]. Wear，1997，212(1)：66-77.

[108] SHENG X C，XU B S，XUAN F Z，et al. Fatigue resistance of plasma-sprayed CrC-NiCr cermet coatings in rolling contact[J]. Applied Surface Science，2008，254：3734-3744.

[109] KAPELS H，AIGNER R，BINDER J. Fracture strength and fatigue of polysilicon determined by a novel thermal actuator[J]. IEEE，2000，47(7)：1522-1528.

[110] HOLMBERG K，LAUKKANEN A，RONKAINEN H，et al. Tribological contact analysis of a rigid ball sliding on a hard coated surface：Part I：Modelling stresses and strains[J]. Surface and Coatings Technology，2006，200(12-13)：3793-3809.

[111] ZHANG G，WANG Z. Progress in fatigue of small dimensional materials[J]. Acta Metallurgica Sinica，2005，41(1)：1-8.

[112] FUJII M，YOSHIDA A. Rolling contact fatigue of alumina ceramics sprayed on steel roller under pure rolling contact condition[J]. Tribology International，2006，39：856-862

[113] YUN H, WANG B, SONG J H. Plastic deformation behavior analysis of an electrodeposited copper thin film under fatigue loading [J]. International Journal of Fatigue,2011,33:1175-1181.

[114] ZHANG X C, XU B S, XUAN F Z, et al. Fatigue resistance of plasma-sprayed CrC-NiCr cermet coatings in rolling contact[J]. Applied Surface Science, 2008, 254: 3734-3744

[115] DONG L H, DONG S Y, XU B S, et al. Investigation of metal magnetic memory signals from the surface of low-carbon steel and low-carbon alloyed steel [J]. Journal of Center South University Technology, 2007, 14(1): 24-27.

[116] DING J N,MENG Y G,WEN S Z. Magnet-coil force actuator for microtensile test device [J]. Chinese Journal of Scientific Instruments,2000,21:440-447.

[117] PIERRON O N,MUHLSTEIN C L. The extended range of reaction-layer fatigue susceptibility of polycrystalline silicon thin films [J]. International Journal of Fracture, 2005, 135:1-18.

[118] SHROTRIYA P,ALLAMEH S M,SOBOYEJO W O. On the evolution of surface morphology of polysilicon MEMS structures during fatigue [J]. Mechanics of Materials,2004,36:35-44.

[119] CHO H S,HEMKER K J,LIAN K,et al. Measured mechanical properties of LIGA Ni structures [J]. Sensors and Actuators(A), 2003(103):59-63.

[120] KAPELS H, AIGNER R,BINDER J. Fracture strength and fatigue of polysilicon determined by a novel thermal actuator[J]. IEEE. Transactions on Electron Device,2000,47(7):1522-1528.

[121] 陈玲玲，杨吟飞，何宁，等. 基于电子散斑干涉术的残余应力测量 [J]. 传感器与微系统，2010，1(29)：108-113.

[122] WUA L,AGNEWB S R,RENC Y,et al. The effects of texture and extension twinning on the low-cycle fatigue behavior of a rolled magnesium alloy,AZ31B [J]. Materials Science and Engineering A,2010,527:7057-7067.

[123] 贺玲凤，潘桂梅，小林昭一. 利用激光超声测量 H 型钢梁的残余应力[J]. 华南理工大学学报(自然科学版)，2001(7)：20-23.

［124］马子奇，刘雪松，张世平，等. 超声波法曲面工件残余应力测量［J］. 焊接学报，2011，11：25-28，114.

［125］PEYRE P, CHAIEB I , BEAHAM C. FEM calculation of residual stresses induced by laser shock processing in stainless steels［J］. Modeling and Simulation in Materials Science and Engineering，2007，3(15)：205-221.

［126］KANG W, CHEON S S. Analysis of coupled residual stresses in stamping and welding processes by finite element methods［J］. Proceedings of the Institution of Mechanical Engineers Part B-Journal of Engineering Manufacture，2012，B5 (226)：884-897.

［127］KRAFT O, SCHWAIGER R, WELLNER P. Fatigue in thin films：lifetime and damage formation ［J］. Materials Science and Engineering A，2001，319-321：919-923.

［128］陈龙龙，宋竞，唐洁影. 多晶硅薄膜离面疲劳特性研究［J］. 仪器仪表学报，2010(4)：800- 805.

［129］刘豪，尚德广，马新平，等. 电镀铜薄膜疲劳性能与寿命预测［J］. 机械工程学报，2009，(9)：261-265.

［130］JUDELEWICZ M, KÜNZI H U, MERK N, et al. Microstructural development during fatigue of copper foils 20-100 μm thick［J］. Materials Science and Engineering：A，1994，186(1-2)：135-142.

［131］OSKOUEI R H, IBRAHIM R N. The effect of a heat treatment on improving the fatigue properties of aluminium alloy 7075-T6 coated with TiN by PVD ［J］. Procedia Engineering，2011，10：1936-1942.

［132］KRAFT O, WELLNER P, HOMMEL M, et al. Fatigue behavior of polycrystalline thin copper films ［J］. Zeitschrift Fuer Metallkunde/Materials Research and Advanced Techniques，2002，93(5)：392-400.

［133］SCHWAIGER R, DEHM G, KRAFT O. Cyclic deformation of polycrystalline Cu films ［J］. Philosophical Magazine，2003，83(6)：693-710.

［134］张广平，高岛和希，肥後矢吉. 微米尺寸不锈钢的形变与疲劳行为的尺寸效应［J］. 金属学报，2005(4)：377-341.

[135] SCHWAIGER R, KRAFT O. Size effects in the fatigue behavior of thin Ag films[J]. Acta Materialia, 2003, 51(1): 195-206.

[136] NIESLONY A, DSOKI C, KAUFMANN H, et al. New method for evaluation of the Manson-Coffin-Basquin and Ramberg-Osgood equations with respect to compatibility [J]. International Journal of Fatigue 2008, 30: 1967-1977.

[137] NAMAZU T, ISONO Y. Fatigue life prediction criterion for micro-nanoscale single-crystal silicon structures [J]. Journal of Microeletromechanical Systems, 2009, 18(1): 129-137.

[138] LI X D, BHUSHAN B. A review of nanoindentation continuous stiffness measurement technique and its applications [J]. Materials Characterization, 2002, 48: 11-36

[139] LI X D, BHUSHAN B. Continuous stiffness measurement and creep behavior of composite magnetic tapes [J]. Thin Solid Films, 2000, 377-378: 401-406.

[140] CAIRNEY J M, TSUKANO R, HOFFMAN M J, et al. Degradation of TiN coatings under cyclic loading [J]. Acta Materialia, 2004, 52: 3229-3237.

[141] 张泰华. 微/纳米力学测试技术及其应用[M]. 北京: 机械工业出版社, 2004.

[142] BEAKE B D, LAUB S P, SMITH J F. Evaluating the fracture properties and fatigue wear of tetrahedral amorphous carbon films on silicon by nano-impact testing [J]. Surface and Coatings Technology, 2004, 177-178: 611-615.

[143] 王丹, 徐滨士, 董世运. 涂层残余应力实用检测技术的研究进展. 金属热处理, 2006, 5 (31): 48-52.

[144] 赵华, 朱勇战. TiN 涂层疲劳损伤的数值分析[J]. 中国机械工程, 2009, (4): 492-495.

[145] 魏洪亮, 杨晓光, 齐红宇. 等离子涂层涡轮导向叶片热疲劳寿命预测研究[J]. 航空动力学报, 2008(1) 1-8.

[146] RUNCIMAN A, XU D, PELTON A R, et al. An equivalent strain Coffine-Manson approach to multiaxial fatigue and life prediction in superelastic Nitinol medical devices [J]. Biomaterials, 2011, 32:

4987-4993.

[147] 孙军,刘刚,丁向东. 介观尺度铜膜力学行为尺度效应研究进展[J].
中国材料进展,2009(1):49-53.

[148] HANABUSA T. Residual stress and in-situ thermal stress meas-
urements of copper films on glass substrate[J]. Materials Science
Research International, 2001, 1: 54-60.

[149] SUN X,WANG C,ZHANG J. Thickness dependent fatigue life at
microcrack nucleation for metal thin films on flexible substrate
[J]. Journal of Physics D:Applied Physics,2008,41:195.

[150] 张滨,孙恺红,刘永东,等. 亚微米厚铜薄膜的微观结构及疲劳损
伤行为[J].金属学报,2006,42(1):1-5.

[151] SUN X J, WANG C C, ZHANG J, et al. Thickness dependent fa-
tigue life at microcrack nucleation for metal thin films on flexible
substrates[J]. Journal of Physics D: Applied Physics, 2008, 41
(19): 195404.

[152] THEILLET P,PIERRON O. Fatigue rates of monocrystalline sili-
con thin films in harsh environments:Influence of stress ampli-
tude,relative humidity,and temperature [J]. Applied Physics Let-
ters,2009,94(18):181915.

[153] BEAKE B D,GOODES S R,SMITH J F. Micro-impact testing:a
new technique for investigating thin film toughness,adhesion,ero-
sive wear resistance and dynamic hardness [J]. Surface Engineer-
ing,2001,17(3):187-192.

[154] 马新平,尚德广,刘豪,等. 基于弹塑性有限元分析的电镀铜薄膜缺
口疲劳断裂特性研究[J]. 机械强度,2009(5):803-807.

[155] 岳珠峰. 平头压痕蠕变损伤实验的有限元模拟分析[J]. 金属学报,
2005, 41(1): 15-18.

[156] HABERLAND H, INSEPOV Z, MOSELER M. Molecular dy-
namics simulation of thin-film growth by energetic cluster impact
[J]. Physical Review B, 1995, 51(16): 11061.

[157] BASQUIN O H. The exponential law of endurance tests[C]. Proc
Am. Soc. Test Mater. , 1910, 10: 625-630.

[158] 李永德,李守新,杨振国,等. 氢对高强弹簧钢 50CrV4 超高周疲

劳性能的影响[J]. 金属学报，2008，44(1)：64-68.

[159] MALETTA C，SGAMBITTERRA E，FURGIUELE F，et al. Fatigue of pseudoelastic NiTi within the stress-induced transformation regime：a modified Coffin-Manson approach[J]. Smart Materials and Structures，2012，21(11)：112001.

[160] OSTERGREN W J. A damage function and associated failure equations for predicting hold time and frequency effects in elevated temperature，low cycle fatigue[J]. Journal of Testing and Evaluation，1976，4(5)：327-339.

[161] 张国栋，苏彬. 高温低周应变疲劳的三参数幂函数能量方法研究 [J].航空学报，2007,28(2):314-318.

第2章　再制造涂层接触疲劳寿命评估研究

本章主要介绍利用滚动接触疲劳试验机评估再制造涂层的接触疲劳行为,采用两种信号(振动信号和扭矩信号)反馈方式判断涂层失效与否。在对摩擦副接触过程中,外加载荷引起的接触应力会引发涂层内部一系列的力学变化,诱导疲劳裂纹的萌生和扩展,这是涂层接触疲劳失效的主要诱因。本章综述了再制造涂层表面完整性对其滚动接触疲劳行为的影响,以及在大样本空间下涂层的结合强度、表面硬度、涂层厚度和表面粗糙度对涂层接触疲劳行为的影响机制。

2.1　接触疲劳试验机

本章利用燕山大学自主研制的 YS-1 型滚动接触疲劳试验机,评估再制造涂层接触疲劳行为。该设备可以精确模拟点接触,适于评估硬质薄膜/涂层类零件的滚动接触疲劳性能,其示意图如图 2.1 所示。将涂层试样固定在一个具有齿轮边缘的夹具上,采用连接球轴承的位置(图 2.1 中的 14)作为配对摩擦副,轴承的转速受驱动电机控制;通过砝码加载对接触区域施加载荷,通过加载臂可以实现砝码重力的放大(放大比为 1:8)。整个试验过程采用流动油润滑,上置油箱中的润滑油通过压力的作用直接注入润滑区域,然后在高速转动的离心作用下被排出接触区域,从而实现不间断的流动润滑,保证润滑油的温度和品质。采用 4 种传感器对整个接触疲劳试验状态进行监测,速度传感器监测主轴转速,从而保证试验在均一的速度下进行;温度传感器监测接触区域的润滑油温度,在保证润滑油质量的同时,对因涂层失效引起的润滑油滞留效应进行实时判定,以辅助判断涂层的接触疲劳失效;振动传感器和扭矩传感器用来监测涂层是否发生接触疲劳失效。当涂层表面由于接触疲劳而脱落时,高速运转将引起强烈的振动,振动传感器可以探测到这些振动,从而判断涂层是否失效;材料去除时将引起接触副之间摩擦系数的变化,从而诱发周向摩擦力,扭矩传感器可以通过齿轮形卡具探查到周向摩擦力的变化,当变化幅度大时将触发自动停机开关,实现试验机的自动停机,保护涂层失效原貌不受破坏,便于分析失效机理。4 组信号均可以通过人机友好界面进行实时观察,如图

2.2 所示。本节采用两种信号反馈的方式判断涂层失效与否:一为振动信号连续 20 次超过预先设定的门槛值(5 g);二为扭矩信号发生突变而导致自动停机。判定涂层失效后,通过特定的计算软件可以得到涂层接触疲劳试验的时间或主轴转动次数,本章以涂层承受的应力循环周次为其接触疲劳寿命。

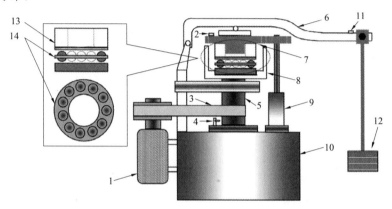

图 2.1　YS—1 型滚动接触疲劳试验机示意图

1—电机;2—温度传感器;3—传送带;4—速度传感器;5—驱动轴;6—加载臂;7—齿轮形卡具;8—试验腔;9—扭矩传感器;10—机座;11—速度传感器;12—砝码;13—试样;14—ϕ11 mm 球对摩轴承

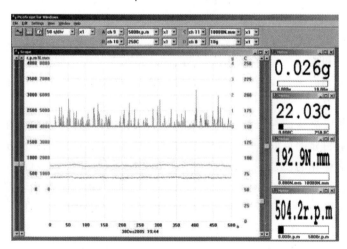

图 2.2　试验过程中 4 组信号反馈图

对摩轴承为标准的 51306 止推轴承,轴承球直径为 11 mm,材料为 GCr15 钢(AISI52100 钢),表面粗糙度为 0.012 μm,洛氏硬度为 HRC60,

润滑油为 46♯机械油。每次试验结束后更换轴承球,以保证不会因为轴承球的失效而导致信号采集失真。

2.2　接触应力作用下涂层内部应力分析状态模拟

在对摩擦副接触过程中,外加载荷引起的接触应力会引发涂层内部一系列的力学变化,诱导疲劳裂纹的萌生和扩展,这是涂层接触疲劳失效的主要诱因。本书在接触条件均已知(如轴承球直径、各材料的弹性模量等)的前提下,采用如下 Hertz 公式计算涂层承受的最大接触应力:

$$P_0 = \frac{3F}{2\pi a^2} \tag{2.1}$$

$$a = \left[\frac{3}{4} R_0 \left(\frac{1-\nu_b^2}{E_b} + \frac{1-\nu_c^2}{E_c} \right) \right]^{\frac{1}{3}} \tag{2.2}$$

式中　P_0 —— 最大接触应力;

F —— 施加的接触载荷;

a —— 接触半径;

R_0 —— 对摩轴承球半径;

E_b —— 轴承球的弹性模量;

E_c —— 涂层的弹性模量,弹性模量值可以通过纳米压痕仪进行准确测量,轴承球和涂层的弹性模量分别为 220 GPa 和 187 GPa;

ν_b 和 ν_c —— 轴承球和涂层的泊松比,在本节中均假设为 0.3。

通过 Hertz 公式可以方便地计算出在不同载荷条件下涂层承受的最大接触应力。

接触应力将使涂层产生强烈的剪切应力,这种剪切应力会对涂层的持久性产生明显的负面影响。接触应力属于动态应力,由于试验测量的困难性和理论计算的复杂性,采用通用有限元分析软件 ANSYS 对涂层内部应力状态进行了有限元分析。为减少计算时间,我们建立了基于轴对称的有限元分析模型(图 2.3),将实测的涂层材料参数(弹性模量、泊松比等)输入到模型中,在靠近接触区域的位置划分了较细的网格以获得更加精确的计算结果,同时对模型施加了如图 2.3 所示的边界条件,对 AB 和 CD 边施加水平方向的位移约束,对 BD 边施加垂直方向的位移约束。

理想的涂层与对摩轴承球的接触为刚性的点接触,但在实际接触过程中,涂层与钢球均发生一定程度的弹性变形。因此在有限元分析过程中,

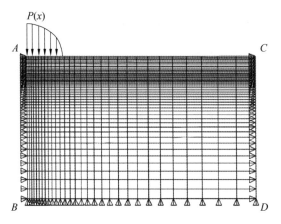

图 2.3　基于轴对称的有限元分析模型

施加在涂层表面的接触应力不应为一点应力，而是在一定长度范围内变化的梯度应力。梯度应力的数值和分布范围由最大接触应力 P_0、接触半径 a 决定，通过经典的 Johnson 公式进行计算得

$$P(x) = P_0 \sqrt{1 - \left(\frac{x}{a}\right)^2} \quad (0 \leqslant x \leqslant a) \tag{2.3}$$

式中　x——距接触中心的位移。

　　通过上述的计算和建模过程可以实现对任意载荷条件下涂层内部应力状态的分析与计算，本节在有限元分析应力的过程中忽略了润滑油和表面粗糙度等随机性强的因素的影响。

2.3　涂层完整性对再制造涂层接触疲劳行为的影响研究

　　表面完整性多被用于描述经过各种机械加工后的材料表面或近表面的力学和形状特性。表面完整性对被加工表面的服役性能，尤其是耐磨性能有十分明显的影响。通常表面完整性包括表面硬度、残余应力、表面粗糙度等参数。立足于喷涂层的成形特点，涂层的表面完整性在表面硬度、残余应力、表面粗糙度等因素的基础上，还应包含涂层厚度和涂层结合强度两大因素。本节主要介绍再制造涂层表面完整性对其滚动接触疲劳行为的影响，以及在大样本空间下分别研究涂层的结合强度、表面硬度、涂层厚度和表面粗糙度对涂层接触疲劳行为的影响；采用数理统计手段对涂层的接触疲劳寿命进行分析、对比，获得不同条件下涂层的失效机理。

2.3.1　结合强度对涂层接触疲劳行为的影响研究

1. 制备不同结合强度涂层的方法

涂层的结合强度是影响涂层服役性能的关键因素,尤其是在交变载荷的工况下。热喷涂技术制备的表面涂层通常依靠喷涂材料的熔滴撞击基体时的速度和铺展程度来决定其结合强度。熔滴撞击基体时发生的溅射,以及冷却过程中涂层与基体材料热失配造成的残余应力释放,都可能在涂层与基体的界面上形成微裂纹,从而影响涂层的结合强度。可见,涂层与基体的结合强度主要取决于基体和喷射熔融颗粒间的接触温度、颗粒的熔融状态及在喷射过程中施加于颗粒的冲击力。

制备黏结底层可以有效提高涂层与基体的结合强度,是热喷涂工艺中常见的提高结合强度的手段。在诸多影响结合强度的因素中,所能考虑的主要因素就是提高接触温度,黏结底层材料的放热特性就是基于这种目的而设计的。一般来说,接触温度还取决于形成涂层瞬间的基体温度、熔融颗粒温度及二者之间的热物理性质。在喷涂过程中,金属基体通常不会预热到很高的温度,原则上不能超过 200 ℃,否则将发生严重的氧化,阻碍涂层与基体的结合。单纯依靠热源提高喷涂颗粒温度效果不明显,过高的热源温度将导致喷涂颗粒过熔雾化,影响涂层的微观结构和性能。因此,借助于黏结底层材料本身产生的化学反应来贡献热量是最为行之有效的途径。

Ni/Al 合金粉末是具有放热特性的复合粉末材料,当复合粉末加热温度超过 640 ℃时,Ni、Al 间发生强烈的放热反应,这种放热反应可在粉末微粒到达基体表面后持续 $0.003\sim0.005$ s,使基体发生微熔,在局部区域形成微熔池,从而形成涂层与基体的微冶金结合。Ni/Al 复合粉末在喷涂时,Ni、Al 间会发生化学反应,Al 会被氧化。各反应的热效应分别为

$$3Ni + Al \Longrightarrow Ni_3Al \qquad\qquad (153\pm8)\ kJ/mol$$

$$Ni + Al \Longrightarrow NiAl \qquad\qquad 134\ kJ/mol$$

$$4Al + 3O_2 \Longrightarrow 2Al_2O_3 \qquad\qquad (1\ 670\pm6)\ kJ/mol$$

$$4NiAl + 5O_2 \Longrightarrow 2Al_2O_3 + 4NiO \qquad (1\ 890\pm10)\ kJ/mol$$

$$4Ni_3Al + 9O_2 \Longrightarrow 2Al_2O_3 + 12NiO \qquad (2\ 850\pm35)\ kJ/mol$$

可见,Ni/Al 合金粉末的喷涂过程是一个 Ni、Al 间各种反应的综合放热过程。下面将介绍用 Ni/Al 合金粉末作为提高涂层结合强度的黏结底层材料以及 Ni/Al 黏结底层对复合涂层体系(铁基工作层＋Ni/Al 黏结底层)接触疲劳性能的影响。

2. 黏结底层的制备和表征

采用超音速等离子喷涂制备两种不同的涂层体系:一种是在基体上直接喷涂铁基合金涂层;另一种是先在基体上制备 Ni/Al 合金黏结底层,然后在此基础上制备铁基合金涂层。采用 Ni90%、Al10%①配比的 Ni/Al 合金粉末作为黏结底层的喷涂材料,Ni/Al 合金粉末形貌如图 2.4 所示。喷涂铁基涂层和 Ni/Al 涂层的喷涂参数见表 2.1。

图 2.4 Ni/Al 合金粉末形貌

表 2.1 喷涂铁基涂层和 Ni/Al 涂层的喷涂参数

喷涂参数	喷涂材料	
	FeCrBSi	Ni/Al 合金粉末
氩气流量/(m³ · h⁻¹)	3.4	3.4
氢气流量/(m³ · h⁻¹)	0.3	0.3
氮气流量/(m³ · h⁻¹)	0.6	0.6
喷涂电流/A	380	320
喷涂电压/V	150	140
喷涂距离/mm	110	150
送粉率/(g · min⁻¹)	30	30

利用扫描电镜分别对两种涂层的截面形貌进行表征,其结合状态对比

---

① Ni90%表示 Ni 的质量分数为 90%,Al10%表示 Al 的质量分数为 10%,本书类似表示方法若未特殊标明,均指此含义。

如图 2.5 所示。未制备黏结底层的涂层/基体界面上存在明显的裂纹,而制备了黏结底层的涂层体系与基体结合良好,界面结构致密,无明显裂纹。可见,制备黏结底层显著改善了涂层的结合状态。采用对偶件拉伸试验法,按照《热喷涂铝及铝合金涂层试验方法》(GB 9796－88)在 WE－10A 万能材料试验机上测试两种涂层的结合强度。拉伸断裂后检查涂层开裂情况,涂层脱落面积大于 70% 的试样为有效试样(图 2.6)。通过本章介绍的方法计算涂层的结合强度,两种涂层体系均进行 5 次有效拉伸试验,取算术平均值为最终结合强度值,拉伸测量结果见表 2.2。可见,制备黏结底层可以有效提高涂层体系的结合强度。

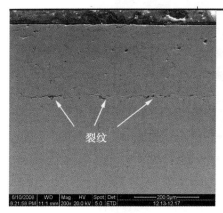

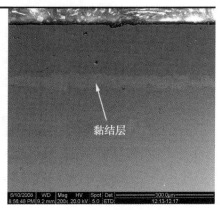

(a) 无黏结底层　　　　　　　　　　　　(b) 有黏结底层

图 2.5　两种涂层界面结合状态对比

图 2.6　拉伸后涂层断裂照片

表 2.2　拉伸测量结果

涂层体系	5 次有效试验的测量值/MPa					平均值/MPa
无黏结底层	39	40	42	42	43	41
有黏结底层	50	51	51	53	54	52

对 Ni/Al 喷涂粉末和涂层分别进行了 X 射线衍射(X—Ray Diffraction,XRD)分析,研究喷涂过程中材料物理化学性能的变化。图 2.7 所示为 Ni/Al 喷涂粉末和涂层的 XRD 图谱,可见喷涂前 Ni、Al 主要以单质的形式存在,而经过喷涂加热处理后发生了明显的化学反应,形成了以 NiAl 和 Ni_3Al 金属化合物为主要相的黏结底层。如上所述,在熔融的 Ni 和 Al 发生化学反应的同时伴随着强烈的放热过程,从而在基体表面形成微熔池,显著消除了涂层/基体界面上存在的结构缺陷,形成微冶金结合,从而提高涂层体系的结合强度。

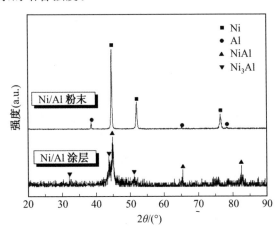

图 2.7　Ni/Al 喷涂粉末和涂层的 XRD 图谱

基体上制备黏结底层的厚度为 50 μm,然后再喷涂铁基表面工作层,喷涂后涂层表面较为粗糙,经过磨削加工后形成光洁的表面,再进行接触疲劳试验,最终涂层体系厚度为 200 μm。不喷涂黏结底层的试样直接在其基体之上喷涂铁基表面工作层,同样经过磨削加工,厚度控制在200 μm。对制备了黏结底层复合涂层体系的显微硬度进行测量,测得涂层的截面显微硬度分布图如图 2.8 所示。由图 2.8 可见,黏结底层的硬度介于表面涂层与基体之间,起到了很好的支撑和过渡作用。

3.不同结合强度涂层的接触疲劳试验和寿命表征

采用点接触式滚动接触疲劳试验机对有黏结底层和无黏结底层的涂层体系分别进行接触疲劳试验,研究其接触寿命和失效模式。实验载荷恒定为 100 N,经计算 100 N 外加载荷下涂层承受的最大接触应力 P_0 为2.112 3 GPa。下面均以最大接触应力 P_0 来描述涂层所承受的载荷等级,试验中对摩轴承球的转速 v 恒定为 1 500 r/min。考虑到接触疲劳寿命数

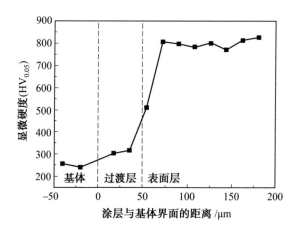

图 2.8　喷涂黏结底层的界面显微硬度分布图

据的分散性,本节所开展的接触疲劳寿命试验均在较大样本的前提下,即每种不同条件下的涂层均进行 10 组条件完全相同的平行试验,并采用统计学的方法来分析试验数据,寻找其中的演变规律。若试验过程中出现振动信号连续 20 次超过预先设定的门槛值(5 g)或扭矩信号发生突变导致自动停机,则视为涂层的接触疲劳失效点,停机通过软件计算涂层的接触疲劳寿命,然后通过扫描电镜对涂层的失效形貌进行分析,归纳失效类型和判断失效机理。两种结合强度不同的涂层体系的接触疲劳试验结果见表 2.3。

表 2.3　两种结合强度不同的涂层体系的接触疲劳试验结果

无底涂层		有底涂层	
循环周次/($\times 10^6$ 次)	失效模式	循环周次/($\times 10^6$ 次)	失效模式
0.81	剥落	0.61	整层分层
0.5	整层分层	0.71	层内分层
1.08	表面磨损	0.83	层内分层
0.99	层内分层	0.89	剥落
1.36	剥落	0.95	剥落
0.68	整层分层	0.96	剥落
0.33	整层分层	1.03	表面磨损
0.78	层内分层	1.18	剥落
0.68	整层分层	1.19	剥落
0.4	整层分层	1.45	表面磨损

采用两参数韦布尔(Weibull)分布对两种涂层的接触疲劳寿命数据进行处理,得到了两种涂层的 Weibull 分布的两个参数值:

无底涂层　　　　　　　$N_a = 0.859\,3 \times 10^6$,　　$\beta = 2.73$

有底涂层　　　　　　　$N_a = 1.108\,5 \times 10^6$,　　$\beta = 3.61$

其中,N_a 为尺寸参数,β 为形状参数。

在此基础上通过 Weibull 分布函数计算可得任意循环周次下,两种涂层的失效概率图即 Weibull 失效概率曲线图,如图 2.9 所示。可见,在相同的失效概率下通过制备有黏结底层的涂层体系可以承受更多的载荷周次,即提高结合强度可以显著提高涂层的接触疲劳寿命。

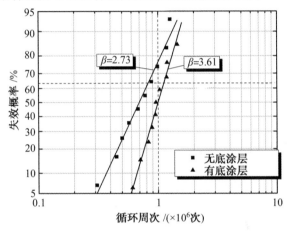

图 2.9　两种涂层的失效概率图

4. 涂层的接触疲劳失效模式

对失效后涂层的表面进行扫描电子显微镜分析,发现了 4 种较为典型的涂层接触疲劳失效模式,即表面磨损、剥落、层内分层和整层分层失效。下面就这 4 种失效模式的典型特征进行描述。

典型的表面磨损失效形貌如图 2.10(a)所示,其表现为涂层的表面出现大量的小麻点,单一麻点的表面积小、深度浅,同时麻点都分布在接触磨痕宽度的范围之内。图 2.10(b)为图 2.10(a)局部放大图,可以较为清晰地看到成片的小麻点。大量麻点的出现最终导致对摩擦副间的平衡被打破,表现为振动信号的明显增强并最终超过预先设定的阈值,导致涂层失效。

典型的剥落失效形貌如图 2.11 所示。其表现形式为涂层表面出现与表面磨损麻点坑相比面积较大的剥落坑,呈现不规则的形状,底面比较平

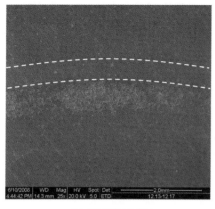

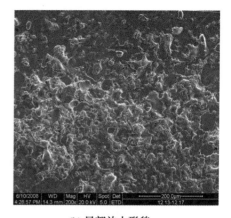

(a) 表面磨损失效形貌　　　　　　　　　(b) 局部放大形貌

图 2.10　表面磨损失效形貌

整,距表面的距离较小,存在着尖锐的边缘。图 2.11(b)为图 2.11(a)局部放大图,在剥落坑边缘处可以发现层状结构逐层开裂而导致的阶梯状形貌。

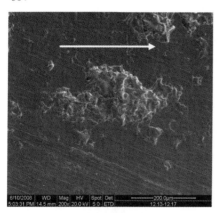

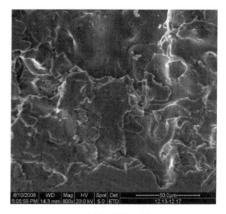

(a) 剥落失效形貌　　　　　　　　　　(b) 局部放大形貌

图 2.11　典型的剥落失效形貌

典型的层内分层失效形貌如图 2.12 所示。其表现形式为涂层表面出现了较为明显的宏观材料去除,材料去除面积明显大于表面磨损的麻点坑和剥落坑,并超出了接触磨痕的范围。总体上讲,涂层分层部分形状呈椭圆形,同时具有一定的深度。图 2.12(b)为图 2.12(a)局部位置放大图,由图可见分层后涂层的底部较为平坦,同时没有出现划痕、犁沟等接触式损伤的痕迹,这说明涂层的层内分层失效是一个较为完整且迅速的过程。

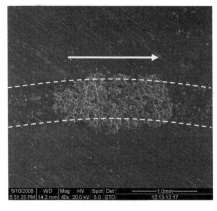
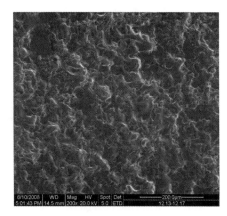

(a) 层内分层失效形貌　　　　　　　(b) 局部放大形貌

图 2.12　典型的层内分层失效形貌

典型的整层分层失效形貌如图 2.13 所示。其表现形式为涂层在接触载荷作用下从基体上整体脱落,使部分基体直接暴露。整层分层失效的面积较大,一般超过接触磨痕的范围,同时伴随着明显的涂层断裂现象。图 2.13(b)为图 2.13(a)方框区域的能谱(Energy Dispersire Spectrometer,EDS)分析,可见暴露部分为 45 号钢基体。发生整层分层失效的涂层往往寿命较短,是一种较为突然的失效形式,往往产生较大振动和噪声。

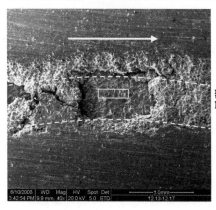
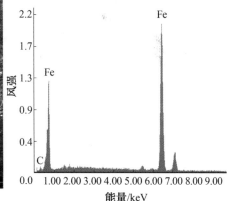

(a) 整层失效分层形貌　　　　　　　(b) 能谱分析

图 2.13　典型的整层分层失效形貌

5. 涂层的接触疲劳失效机理

目前,研究涂层接触疲劳失效的主要方法是将基于微观表征的断口分析与基于经典公式的断裂力学相结合,通过对失效涂层截面的观察,并结合力学知识来推断其失效机理。

表面磨损失效造成的大片麻点坑等均出现在接触磨痕范围之内,显然其与对摩擦副间的直接接触有关。尽管接触疲劳试验是在油润滑的条件下进行的,同时涂层和对摩轴承球均经过了一定的表面光滑处理,但对摩擦副的表面仍存在很多凸起的尖峰,在接触初期(即润滑油膜尚未完全形成时),甚至是接触稳定时期对摩擦副间的粗糙接触是造成涂层表面磨损的重要原因。Polonsky 等的研究表明,涂层与对摩轴承球粗糙接触产生的磨屑将部分滞留于涂层与对摩轴承球之间,形成磨粒,此时接触疲劳失效机制以磨粒磨损为主,当磨粒越聚越多形成中间层,最终涂层磨损机制转换为三体磨损,从而加速了涂层的接触疲劳失效进程,如图 2.14 所示。Ahmed 等对接触区域的润滑油液进行了分析,证明了随着接触疲劳试验的进行,接触区域油液中出现了涂层被磨掉的残片,从而证实了在涂层接触过程中确实有磨粒磨损和三体磨损机制的存在。

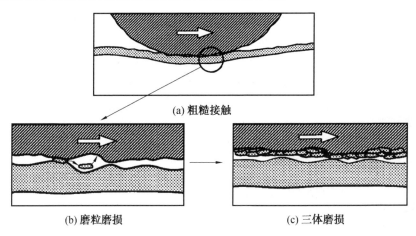

图 2.14 表面磨损失效机制示意图

现阶段对剥落失效机理存在着一定的争议,Zhao 等认为在接触过程中润滑油对涂层的剥落机制有着显著的影响,即润滑油的"密封"作用,润滑油在接触应力的作用下产生的高压油波快速进入由于粗糙接触而形成的表面微裂纹中,对裂纹内壁起强力的冲击作用,同时接触面又将裂纹口压住,使裂纹内的油压进一步增高,引起裂纹向纵深扩展,最终形成了剥落。但随着对润滑油品质的不断研究,发现低黏度润滑油的润滑条件对接触过程是有效的,而当使用高黏度润滑油时,润滑油往往难以进入涂层表面的微裂纹,因此无法引起裂纹的纵深扩展,可见润滑油的"密封"作用并不是涂层近表层剥落的全部原因。也有学者提出了涂层剥落失效可能与表面磨损行为及涂层的微观结构有关,剥落失效可能源于涂层表面或次表面的微观缺陷,由于交变载荷的作用,涂层内部微观缺陷的周围会存在较大的应力集中,这种应力集中促使着微观裂纹的萌生和扩展。在交变载荷的作用下,在涂层的近表面也可能形成微剪切,这种剪切虽然不足以使涂层产生分层失效,但是可以影响涂层中的未熔或半熔颗粒与硬质相等,使其产生剥离,最终也可能导致剥落失效。本节对涂层失效后的表面和截面进行了微观分析,在涂层的磨痕范围内观察到一些表面圆形或环形的表面裂纹,如图 2.15 所示,采用聚焦离子束扫描电子显微镜(Focused Ion Beam-Scanning Electron Microscope,FIB-SEM)技术在原位对涂层表面的圆形裂纹区进行局部切片并分析圆形裂纹的成因。涂层表面圆形裂纹的 FIB-SEM 分析结果如图 2.16 所示。由图可知,涂层表面的圆形裂纹主要是由于内部未熔颗粒在接触载荷的作用下与周边介质分离造成的,这些裂纹在进一步的服役过程中将发生剥离。

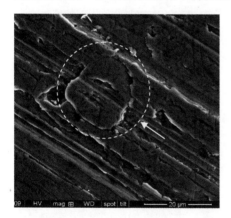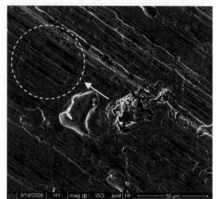

图 2.15　涂层磨痕表面的圆形裂纹

微观分析表明,涂层表面的未熔颗粒在不断剪切作用下被剥离之后,伴随着明显的表面附带裂纹,这些裂纹将是进一步形成近表层剥落失效的源头,如图 2.17(a)所示。对涂层剥离后的截面进行微观分析,表明在交变应力作用下未熔颗粒的周边产生了很多近表层(距涂层表面 $20\ \mu m$ 范围内)的层状结构开裂,这些裂纹有的平行于涂层表面扩展,有的折向涂层表面,其中平行于涂层表面扩展的裂纹主要是增大了涂层剥离失效的面积,而向表面扩展的裂纹则最终引起涂层层状开裂,导致剥离失效的发生,如图 2.17(b)所示。因此通过试验观察,发现表面未熔颗粒等近表面缺陷在循环载荷作用下的剥离现象,并伴随有表面裂纹的产生,这为合理解释剥落机制的裂纹源提供了有力的支持。综上,涂层剥离是一种较为复杂的动力学过程,粗糙接触引起的交变应力驱使涂层近表层缺陷或剥离或开裂,成为最初的裂纹源头,其后在润滑油"密封"和近表面微剪切应力等因素的综合作用下,发生了涂层局部断裂,并最终引发剥落失效。

(a)　　　　　　　　　　　　(b)

(c)　　　　　　　　　　　　(d)

图 2.16　涂层表面圆形裂纹的 FIB－SEM 分析结果

分层失效主要与涂层内部应力分布状况有关,在交变接触应力的作用下,涂层内部将不可避免地出现剪切应力,而最大剪切应力存在的地方或较大剪切应力出现的地方将是涂层内部的薄弱环节,该处存在的涂层缺陷(孔隙、微裂纹、层状结构和未熔颗粒等)将成为疲劳裂纹萌生的源头。纯剪切应力主导下的裂纹扩展应该是沿着与涂层表面成 45°的方向,但由于

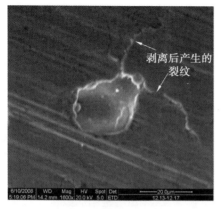
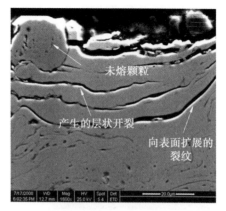

(a) 未熔颗粒剥落后产生的表面开裂　　　　(b) 未熔颗粒引发的层状开裂

图 2.17　剥落失效机理

涂层内存在层状结构,因此涂层疲劳裂纹不会呈现明显的 45°角扩展,而是不断与周边其他裂纹进行融汇,并最终扩展至涂层的表面,在表面挤压张力的作用下形成涂层最终的分层失效。层内分层失效和整层分层失效的共同点是在涂层内部剪切应力的驱动之下,而不同点则是涂层疲劳裂纹的萌生起点不同,层内分层失效的起点在涂层内部,而整体分层失效的起点在涂层与基体的结合界面上,因此在相同的接触载荷作用下,无黏结底层涂层的 10 次平行试验中发生了 5 次整层分层失效,而制备了黏结底层涂层的 10 次平行试验中仅仅发生了 1 次整层分层失效,这说明制备黏结底层提高结合强度后可以有效避免涂层发生界面失效。采用有限元的方法对两种涂层在相同载荷作用下涂层内部剪切应力的分布进行了仿真模拟,其中复合涂层体系的有限元模型中材料参数均按照纳米压痕的实测参数代入,载荷施加方法等试验参数均与试验相同,得到了相同载荷下两种不同涂层内部的剪切应力分布云图,如图 2.18 所示。可见,在两种涂层的内部象征着最高剪切应力的深色部分都位于涂层的内部,制备了黏结底层的复合涂层体系,虽然由于材料界面反射等因素在一定程度上增加了最大剪切应力,但其对于界面的保护作用同样显著,无黏结底层的涂层中象征着较大剪切应力的 1 区域已扩展至涂层与基体的界面上,而制备了黏结底层的涂层中界面尚处于较低应力的 2 区域。对两种涂层内应力分布进行了数值提取,并进行了比较,如图 2.19 所示。可见,最大剪切应力出现在涂层的内部距涂层表面约 $100~\mu m$ 处,这与涂层层内分层的深度基本一致。最大剪切应力应该是涂层层内分层失效的主要驱动力,同时虽然最大剪切应力出现在涂层的内部,涂层与基体界面上仍然存在着较大的剪切应力,而界面是涂层最为薄弱的部分,界面剪切应力成为整层失效的主要"推手"。所以,在制备黏结底层并增大结合强度后,涂层在相同的应力条件下,整层分层失效基本被完全防止。

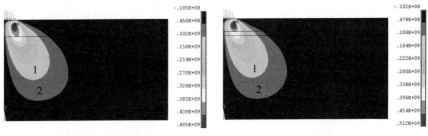

(a) 无黏结底层涂层　　　　　　　　　(b) 有黏结底层涂层

图 2.18　两种不同涂层内部的剪切应力分布云图

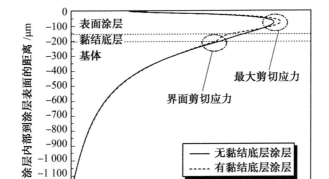

图 2.19　两种涂层内部剪切应力的分布

综上所述,接触应力引起的涂层内部的剪切应力分布是涂层分层失效的主要原因,最大剪切应力引起了层内分层失效,而界面剪切应力则诱发了整层分层失效;制备黏结底层增大结合强度可以有效地防止涂层整层分层失效的发生,从而在整体上提高了涂层体系的接触疲劳寿命。

2.3.2　表面硬度对涂层接触疲劳行为的影响研究

1. 制备不同表面硬度涂层的方法

表面硬度是评价耐磨材料的重要指标。以往的研究表明,通过各种机械加工或表面改性的手段获得表面较硬的涂层材料往往拥有较低的磨损量,即有较好的耐磨损性能。机械加工法,如表面喷丸强化等方法,可以十分明显地提高涂层的表面硬度,在表面引入残余压应力提高耐磨性能,但同时也显著改变了涂层的表面粗糙度,而表面粗糙度也是影响涂层耐磨性的重要指标。因此改变两种参数将造成涂层的接触疲劳机理复杂不明,不利于开展对比试验研究单一参数对涂层接触疲劳寿命的影响。

表面渗氮是一种传统的表面渗扩改性技术,具有操作简单、技术成熟、效果显著等优点,是工业中经常使用的表面强化手段。表面渗氮技术是指在一定温度下,在特定的活性介质中使钢的表面渗入 N 元素,并向内部扩散以获得预期的组织和性能的热处理过程。该热处理过程通常包括 3 个基本过程,即化学介质的分解、氮原子的吸收及其扩散。目前应用较为广泛的气体渗氮法主要是将零件置于氮化炉中,通入氮气,加热至 500～600 ℃,此时活性氮原子渗入试样的表面并向内扩散。由于整个渗氮过程温度低、对表面无机械冲击,因此试样表面几乎没有形状上的改变,同时渗氮的温度低不足以造成涂层内部结构和界面结构的实质性改变。因此表面渗氮是较为理想的提高涂层表面硬度的方式。本节采用表面渗氮技术来提高等离子喷涂铁基涂层的表面硬度,研究表面硬化层对复合涂层体系(渗氮层＋铁基工作层＋Ni/Al 黏结底层)接触疲劳行为的影响。

2. 表面渗氮层的制备和表征

采用超音速等离子喷涂在调质 45 钢基体上分别制备由铁基表面工作层和 Ni/Al 黏结底层组成的复合涂层,然后在磨削加工后的铁基表面工作层上进行渗氮处理。渗氮的工艺参数如下:电压为 900～1 000 V,导通比为 0.3～0.4,保温温度为 550 ℃,氮气流量为 0.4 L/min,气压为200 Pa。表面渗氮层的厚度与渗氮时间(保温时间)有着密切的关系,由于本次试验旨在表征涂层表面硬化后对其接触疲劳行为的影响,因此渗氮层不宜过厚,实验设计渗氮层厚度为 50 μm。通过对渗氮工艺参数分析,渗氮时间定为 6 h。

渗氮后复合涂层体系的界面形貌如图 2.20 所示。由图可见,背散射成像后经过渗氮处理,涂层的截面出现了明显的渗层(颜色较暗),厚度约为 50 μm,比较均匀,对渗层进行能谱(EDS)分析,如图 2.21 所示,渗层中有明显的 N 元素存在,说明该渗层为渗氮层。对渗氮后复合涂层体系的显微硬度进行了测量,测得的涂层的截面显微硬度分布图如图 2.22 所示,可见渗氮后涂层的表面硬度显著增大。对图 2.20 的涂层截面进行线扫描分析,表面渗氮后涂层截面的线扫描如图 2.23 所示,可见 N 元素在涂层内部的分布分为明显的两个部分，即富集区和过渡区，结合硬度测量结果，可见 N 元素的分布与涂层硬度的变化有明显的对应关系。采用 XRD 方法分析渗氮表层的相结构，如图 2.24 所示，涂层主要以 N 元素溶于铁素体和奥氏体中形成 γ 相（Fe$_4$N）和 ε 相（Fe$_2$N）为主，这些相的存在是渗层具有较高硬度的原因。

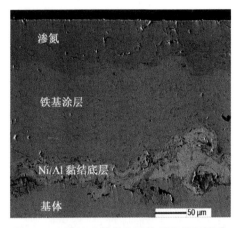

图 2.20　渗氮后复合涂层体系的界面形貌

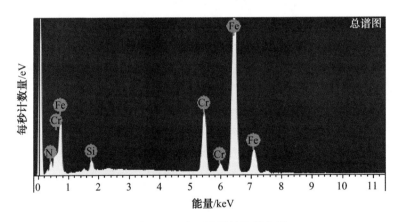

图 2.21　表面渗层的能谱分析

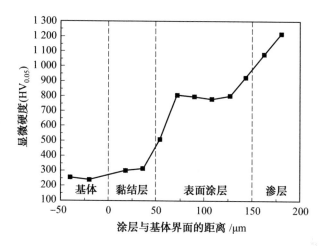

图 2.22 表面渗氮后涂层截面显微硬度分布图

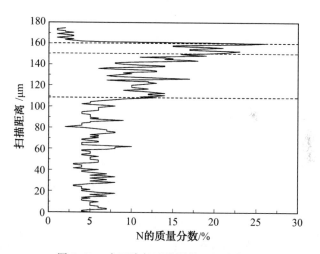

图 2.23 表面渗氮后涂层截面的线扫描

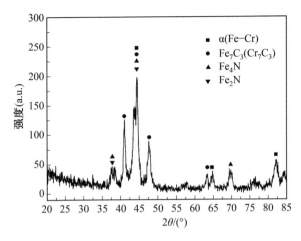

图 2.24　渗氮涂层的 XRD 图谱

3. 不同表面硬度涂层的接触疲劳试验和寿命表征

采用同上的点接触式滚动接触疲劳试验机对有渗氮表层和无渗氮表层的涂层体系分别进行接触疲劳试验,考查其接触寿命和失效模式,试验载荷为 2.112 3 GPa,转速为 1 500 r/min。两种不同表面硬度涂层体系的接触疲劳试验结果见表 2.4。

表 2.4　两种不同表面硬度涂层体系的接触疲劳试验结果

无渗层涂层		有渗层涂层	
循环周次/($\times 10^6$ 次)	失效模式	循环周次/($\times 10^6$ 次)	失效模式
0.61	整层分层	0.46	层内分层
0.71	层内分层	0.51	层内分层
0.83	层内分层	0.59	层内分层
0.89	剥落	0.65	层内分层
0.95	剥落	0.78	层内分层
0.96	剥落	0.91	层内分层
1.03	表面磨损	0.97	层内分层
1.18	剥落	1.05	表面磨损
1.19	剥落	1.1	层内分层
1.45	表面磨损	1.19	层内分层

采用两参数 Weibull 分布对两种涂层的接触疲劳寿命数据进行处理,

得到了两种涂层的 Weibull 分布的两个参数值：

无渗层涂层 $\qquad N_a = 1.108\ 5 \times 10^6$，$\qquad \beta = 3.61$

有渗层涂层 $\qquad N_a = 0.912\ 7 \times 10^6$，$\qquad \beta = 3.38$

在此基础上通过 Weibull 分布函数计算可得，任意循环周次下两种涂层的失效概率图即 Weibull 失效概率曲线图，如图 2.25 所示。在相同的失效概率下表面渗氮处理后涂层的寿命反而较低，同时渗氮处理后涂层的整体寿命也低于渗氮处理之前。微观分析表明渗氮后涂层多数都是由于层内分层而发生失效。

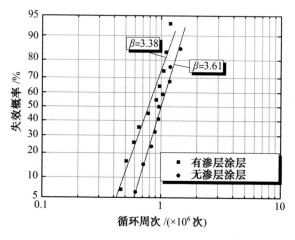

图 2.25 两种涂层的失效概率图

4. 涂层的接触疲劳失效模式和机理分析

未进行表面渗氮的涂层的失效模式和机理在 2.3.1 节中已进行了较为详细的探讨，这里不再赘述。渗氮后涂层层内分层失效形貌如图 2.26 所示。由图可见，涂层的分层面积较大，但并不深，同时基体还处于剩余涂层的保护之下，没有暴露，属于典型的层内分层。对渗氮后涂层表面的分层失效坑进行 Fe、Cr、N 元素的面扫描分析，如图 2.27 所示。由图可见，Fe 和 Cr 元素分布未见明显异常，说明分层发生在涂层内部，而 N 元素在失效坑附近明显缺失，可见涂层的层内分层失效可能源于渗氮层内部或与铁基涂层的过渡区域。图 2.28 所示为对渗氮后涂层截面进行微观分析的分层失效形貌，可见涂层分层确实发生在渗层内部（颜色较暗区域），渗氮层脱落是涂层失效的主要原因。

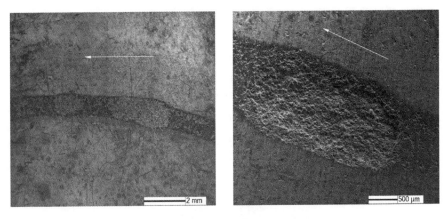

图 2.26　渗氮后涂层层内分层失效形貌

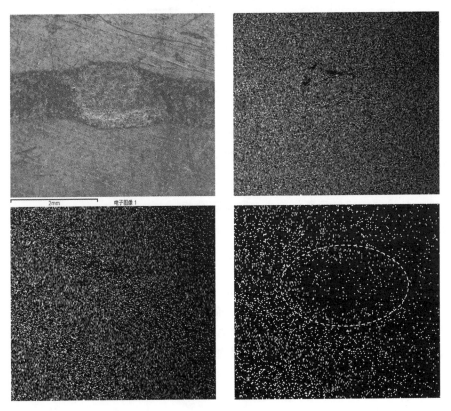

图 2.27　对渗氮后涂层表面的分层失效坑进行 Fe、Cr、N 元素的面扫描分析

　　对渗氮后涂层内部的剪切应力分布进行有限元分析,在 2.3.1 节介绍的有限元模型基础上,添加渗氮层,采用纳米压痕法实测渗氮层的弹性模

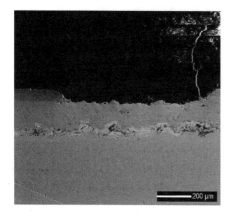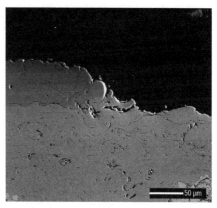

图 2.28　渗氮后涂层截面分层失效形貌

量为 271 GPa,泊松比定为 0.3,代入模型,计算得到未渗氮和渗氮后的涂层内部的剪切应力分布云图,如图 2.29 所示,可见渗氮后对涂层内部整体剪切应力分布影响不大。对两种涂层内部剪切应力进行计算,如图 2.30 所示,发现表面渗氮后在一定程度上增大了涂层内部最大剪切应力,最大剪切应力仍出现在没有氮扩散的涂层区域,但表面渗氮层也承受着较大的剪切应力。表面渗氮除了能够大幅提高金属材料的表面硬度,还可以为近表层组织引入压应力,其具有较强的抵抗疲劳裂纹萌生的能力。然而涂层由于其成形过程中内部存在着孔隙和微裂纹等天然缺陷,这些缺陷在交变应力作用下将转变为疲劳裂纹源,因此可以说涂层中存在天然的裂纹源,渗氮后涂层的脆性明显增强。图 2.31 为维氏压头压入后不同性质涂层的损伤响应。可见,未渗氮的涂层、黏结底层和基体压坑周边无明显裂纹,韧性较好;而表面渗氮层的压坑周边存在着明显裂纹,可见其脆性强、韧性差。由于表面渗氮层的脆性导致其裂纹敏感度高,一旦渗氮层中的孔隙和

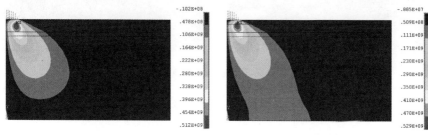

(a) 未渗氮涂层　　　　　　　　　　　　　(b) 渗氮涂层

图 2.29　两种不同涂层内部的剪切应力分布云图

微裂纹被交变应力"激活",裂纹在渗氮层内的扩展将十分迅速,因此渗氮后涂层总是因渗层内部的开裂而失效,降低整体寿命。当然,渗氮后涂层表面硬度显著提高,因此渗氮涂层中几乎没有发生表面磨损,这说明提高表面硬度可以有效抵制粗糙接触,减小磨损发生的概率,在一定程度上可提高寿命。

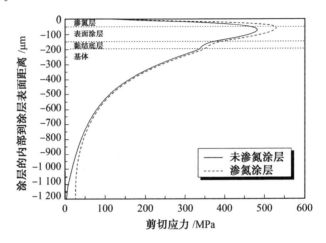

图 2.30　两种不同涂层内剪切应力分布

 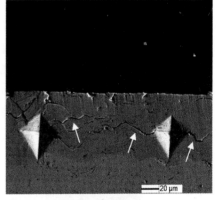

图 2.31　维氏压头压入后不同性质涂层的损伤响应

2.3.3　涂层厚度对涂层接触疲劳行为的影响研究

1.制备不同厚度涂层的方法

涂层厚度是影响涂层服役性能的一个重要因素,厚度的变化对于涂层内部的应力分布等力学行为有着直接的影响,同时制备较厚的涂层,也是喷涂工作者致力于研究的重要方向,在不同的工况下合理优化设计涂层的厚度对涂层的服役安全至关重要。

等离子喷涂制备涂层均首先制备厚度为 50 μm 左右的 Ni/Al 黏结底层,然后制备初始厚度为 500～600 μm 的 FeCrBSi 表面工作涂层,采用砂轮磨削的方式对涂层进行后处理,降低涂层表面的粗糙度的同时,分别制备涂层厚度为 200 μm 和 400 μm 的复合涂层。采用这种处理方式的主要目的是给予两种厚度涂层尽可能相同的内部应力状态,因为喷涂的厚度取决于喷涂的时间和次数,喷涂的时间和次数将显著影响涂层与基体的受热状态及冷却速度等热力学因素,而这些因素与涂层内部和界面上的残余应力的数值及分布有着密切的联系。因此采用这种相同前处理(等离子喷涂时间和次数)不同后处理(磨削次数)的方式制备不同厚度涂层在应力状态上应较为接近,本次试验研究中体现出涂层的接触疲劳行为变化是由于不同厚度所导致的,而不是不同的涂层厚度和内部应力状态共同作用的结果。两种不同厚度涂层制备过程示意图如图 2.32 所示。

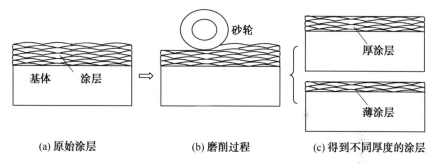

(a) 原始涂层　　　　　　(b) 磨削过程　　　　(c) 得到不同厚度的涂层

图 2.32　两种不同厚度涂层制备过程示意图

2. 不同厚度涂层的接触疲劳试验和寿命表征

采用点接触式滚动接触疲劳试验机对不同厚度涂层体系分别进行接触疲劳试验,研究其接触疲劳寿命和失效模式。两种不同厚度涂层体系的接触疲劳试验结果见表 2.5。

表 2.5　两种不同厚度涂层体系的接触疲劳试验结果

薄涂层(200 μm)		厚涂层(400 μm)	
循环周次/(×10^6次)	失效模式	循环周次/(×10^6次)	失效模式
0.61	整层分层	0.66	剥落
0.71	层内分层	0.99	剥落
0.83	层内分层	0.84	剥落

续表 2.5

薄涂层(200 μm)		厚涂层(400 μm)	
循环周次/(×10⁶次)	失效模式	循环周次/(×10⁶次)	失效模式
0.89	剥落	2.09	表面磨损
0.95	剥落	1.06	剥落
0.96	剥落	1.63	表面磨损
1.03	表面磨损	1.09	剥落
1.18	剥落	1.19	剥落
1.19	剥落	1.45	表面磨损
1.45	表面磨损	1.52	表面磨损

采用两参数 Weibull 分布对两种涂层的接触疲劳寿命数据进行处理，得到了两种涂层的 Weibull 分布的两个参数值：

薄涂层　　　　　　$N_a = 1.108\ 5 \times 10^6$，$\beta = 3.61$
厚涂层　　　　　　$N_a = 1.391\ 0 \times 10^6$，$\beta = 3.34$

在此基础上通过 Weibull 分布函数计算可得，在任意循环周次下，两种不同厚度涂层的失效概率图即 Weibull 失效概率曲线图，如图 2.33 所示。可见，两条表征涂层寿命的曲线相距较近，这说明两种涂层的寿命相差不大。总体上讲，在相同的失效概率下通过制备较厚的涂层体系可以承受更多的载荷周次，即提高涂层厚度可以在一定程度上提高涂层的接触疲劳寿命。

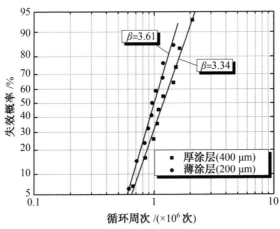

图 2.33　两种不同厚度涂层的失效概率图

3. 涂层的接触疲劳失效模式和机理分析

采用扫描电子显微镜对不同厚度涂层的接触疲劳失效模式进行微观分析,归纳相关的失效类型(表 2.5)。可见,薄涂层的失效模式呈现出多元化,4 种常见的涂层接触疲劳失效模式都有体现,而厚涂层中仅仅出现表面磨损和剥落这两种近表层的失效模式,而整层分层和层内分层失效没有发生,如图 2.34 所示。

 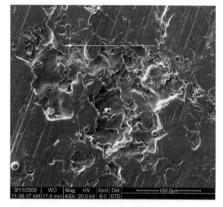

(a) 表面磨损失效   (b) 剥落失效

图 2.34　厚涂层的典型失效模式

试验结果表明,涂层厚度对其接触疲劳失效模式有着明显的影响,厚涂层中没有出现疲劳寿命较短的分层失效,其中涂层内部的微观缺陷固然对疲劳累积损伤过程产生一定的随机影响,但薄厚喷涂层整体的寿命演变还是基于其内部宏观应力的分布机制,即接触应力导致的涂层内部剪切应力分布是掌控涂层疲劳失效的主因。采用有限元分析方法,在分析涂层内部剪切应力分布的基础上,研究和阐述厚度对涂层接触疲劳的影响机理。利用有限元分析方法,分别建立薄厚涂层的有限元模型,材料特性根据实测数据代入,并施加真实载荷,通过计算分别得到薄厚涂层在同一接触条件下($P_0 = 2.112\ 3$ GPa)的剪切应力分布云图,如图 2.35 所示。可见,在薄厚涂层中象征着最大剪切应力位置的深色区域均出现在涂层的内部,同时涂层与基体界面上仍存在着剪切应力。如图 2.35 所示,随着涂层厚度的增加,涂层/基体界面与最大剪切应力区域的距离增大,相比之下厚涂层界面处于剪切应力值较小的区域。

通过数据分析可以得到薄厚涂层内部剪切应力的分布曲线,如图2.36所示。虽然增大涂层的厚度对其内部的最大剪切应力数值和分布趋势影

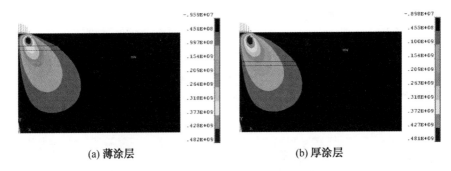

(a) 薄涂层   (b) 厚涂层

图 2.35 薄厚涂层内部剪切应力分布云图

响不大,但显然在薄涂层中涂层与基体结合界面上承受更大的剪切应力,而增大厚度则可以显著地降低涂层与基体界面上的剪切应力(界面剪切应力值降低50％以上)。尽管制备黏结底层后等离子喷涂层具有较好的结合强度,但是界面仍然是整个涂层体系的薄弱环节,厚涂层的制备可有效减小界面所承受的剪切应力值,从而在很大程度上降低了界面微缺陷在剪切应力驱动作用下成为裂纹源的可能性,避免了较为快速的涂层分层失效的发生,在整体上提高了涂层的接触疲劳寿命。当然,本节所讨论的厚涂层应是在成熟喷涂工艺允许条件下的优质涂层,且在实际应用中不影响服役过程中尺寸的配合,而非盲目的越厚越好。

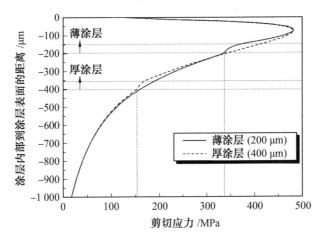

图 2.36 薄厚涂层内部剪切应力分布曲线

2.3.4 表面粗糙度对涂层接触疲劳行为的影响研究

1. 制备不同表面粗糙度涂层的方法

表面粗糙度是表征涂层表面完整性的重要指标,研究表明表面完整性显著影响着紧密接触条件下材料表面的服役性能,粗糙的表面往往容易引起材料的直接机械损伤,如犁沟、擦伤等。然而针对涂层的表面粗糙度对其服役性能影响的研究相对较少,且不够系统,深入的研究是十分必要的。

本节对具有 3 种不同表面粗糙度的涂层进行接触疲劳试验,表征表面粗糙度对于涂层持久性的影响。采用同上的喷涂材料和参数在 45 钢基体上制备由"黏结底层＋表面工作层"构成的复合涂层体系,然后分别采用普通磨削、砂纸研磨和抛光处理等方法加工涂层表面,形成不同的表面粗糙度,同时控制复合涂层体系的总厚度为 200 μm。其制备流程是将喷涂后的涂层在磨床

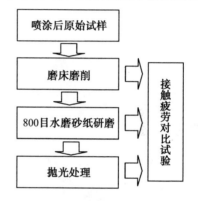

图 2.37　不同表面粗糙度涂层的制备流程

上进行普通磨削,取其中一部分用 800 目水磨砂纸进行研磨,再取研磨后部分试样进行抛光,最后分别制备具有不同表面粗糙度的涂层试样。不同表面粗糙度涂层的制备流程如图 2.37 所示。

2. 不同表面粗糙度涂层的表征

采用扫描电子显微镜对 3 种不同表面粗糙度的涂层进行表面微观分析,如图 2.38 所示,在磨床上普通磨削的涂层表面在微观上布满了明显的砂轮打磨留下的划痕,而 800 目水磨砂纸研磨后表面划痕明显减少,同时划痕所造成的表面尖峰明显缓和,而经过抛光处理后,表面划痕基本消失。可见,不同的表面加工方法有效地改善了涂层的表面光洁状态。

采用激光共聚焦显微镜对不同表面粗糙度涂层的三维形貌(图 2.39)进行了微观分析,在普通磨削后涂层的表面较为粗糙,存在很多尖峰和峰谷,峰谷之间的垂直距离较大;砂纸研磨后涂层表面仍然存在着明显的峰谷分布,但尖峰的高度明显降低,同时尖锐程度也大幅下降;抛光处理后涂层表面的尖峰基本消失,只有轻微的局部凸起。可见,表面加工可以对涂层进行十分有效的平滑处理,减少涂层表面的尖峰。

采用探针式 Talysurf 5P－120 型表面轮廓仪对不同表面粗糙度涂层

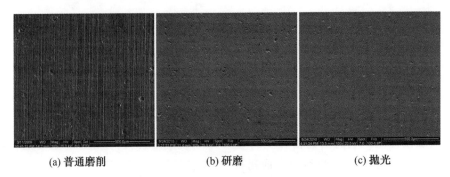

(a) 普通磨削　　　　　　　(b) 研磨　　　　　　　(c) 抛光

图 2.38　不同表面粗糙度涂层的表面形貌

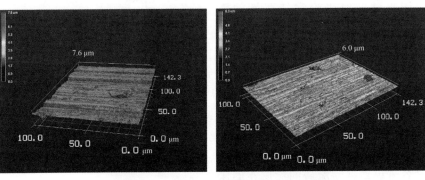

(a) 普通磨削　　　　　　　　　　　(b) 研磨

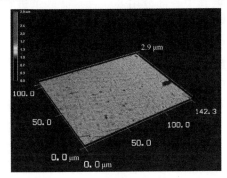

(c) 抛光

图 2.39　不同表面粗糙度涂层的三维形貌

的表面轮廓进行二维扫描,提取涂层截面方向二维形貌的同时,测量涂层
的表面粗糙度值。表征表面粗糙度的参数很多,其中 Ra_a 为平均值,是表
征涂层粗糙水平最为常用的参数; Ra_q 为均方根值,是计算润滑状态的必
要参数;同时还有一个参数 Ra_{st} 较为特殊,其表征表面的峰谷对比。当

Ra_{st} 值为正数时,说明表面上存在着更多的尖峰(即"钉子"形表面);当 Ra_{st} 值为负数时,则说明表面上存在着较多的峰谷。本节对表面粗糙度参数值进行测量,重点对以上 3 个参数进行测量和对比。3 种不同表面粗糙度涂层的表面扫描轮廓图如图 2.40 所示,普通磨削后涂层表面存在大量的尖峰,研磨后涂层表面明显平整,尖峰高度明显下降,而抛光后表面尖峰几乎消失,呈现过渡平缓的"山包"形态。3 种涂层表面粗糙度参数的测量结果见表 2.6,可见进行研磨和抛光后表征涂层表面粗糙度的参数 Ra_a 和 Ra_q 明显减小,同时通过进一步表面精加工后,涂层表面尖峰数明显减少,这将大大减小在涂层与对摩擦副接触初期由于直接接触而造成涂层表面损伤的可能性。

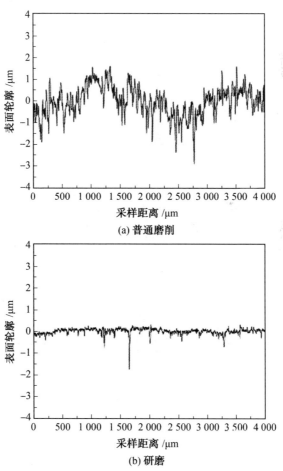

图 2.40 3 种不同表面粗糙度涂层的表面扫描轮廓图

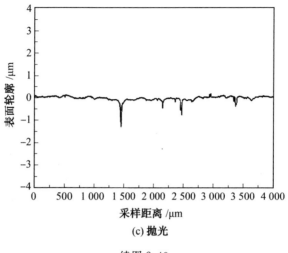

续图 2.40

表 2.6 3 种涂层的表面粗糙度参数的测量结果

表面处理方式	Ra_a	Ra_q	Ra_{st}
磨削	0.399 3	0.503 3	1.148 7
研磨	0.240 8	0.269 9	−14.459 0
抛光	0.086 8	0.132 0	−5.550 2

3.不同表面粗糙度涂层的接触疲劳试验和寿命表征

采用点接触式滚动接触疲劳试验机对不同表面粗糙度涂层体系分别进行接触疲劳试验,考查其接触寿命和失效模式。试验条件同上,3 种不同表面粗糙度涂层体系的接触疲劳试验结果见表 2.7。

表 2.7 3 种不同表面粗糙度涂层体系的接触疲劳试验结果

磨削		研磨		抛光	
循环周次 /($\times 10^6$ 次)	失效模式	循环周次 /($\times 10^6$ 次)	失效模式	循环周次 /($\times 10^6$ 次)	失效模式
0.61	整层分层	0.74	整层分层	0.73	整层分层
0.71	层内分层	0.89	整层分层	0.96	层内分层
0.83	层内分层	1.07	层内分层	1.33	整层分层
0.89	剥落	1.21	层内分层	1.37	层内分层
0.95	剥落	1.39	整层分层	1.41	层内分层

续表 2.7

磨削		研磨		抛光	
循环周次 /($\times 10^6$ 次)	失效模式	循环周次 /($\times 10^6$ 次)	失效模式	循环周次 /($\times 10^6$ 次)	失效模式
0.96	剥落	1.67	层内分层	1.64	整层分层
1.03	表面磨损	1.78	层内分层	1.79	层内分层
1.18	剥落	1.79	层内分层	1.89	层内分层
1.19	剥落	1.96	整层分层	2.25	层内分层
1.45	表面磨损	2.41	层内分层	2.75	层内分层

采用两参数 Weibull 分布对 3 种涂层的接触疲劳寿命数据进行处理，得到了 3 种涂层的 Weibull 分布的两个参数值。

磨削后： $N_a = 1.108\ 5 \times 10^6$， $\beta = 3.61$

研磨后： $N_a = 1.670\ 5 \times 10^6$， $\beta = 3.26$

抛光后： $N_a = 1.809\ 6 \times 10^6$， $\beta = 2.89$

在此基础上通过 Weibull 分布函数计算可得，在任意循环周次下，3 种不同表面粗糙度涂层的失效概率图即 Weibull 失效概率曲线图，如图 2.41 所示。可见，经过研磨和抛光后涂层的接触疲劳整体寿命显著提高，而在研磨基础之上进行抛光后的涂层接触疲劳寿命上升并不显著，两条表征涂层寿命的曲线相距较近，这说明两种涂层的寿命相差不大，总的来说，抛光后涂层的整体寿命略高于研磨处理。综上，研磨和抛光处理都在降低表面粗糙度的基础之上，提高了涂层的接触疲劳寿命，可见表面粗糙度对于涂层在接触条件下的持久性能影响显著。

4. 涂层的接触疲劳失效模式和机理分析

采用扫描电子显微镜对不同表面粗糙度涂层的接触疲劳失效模式进行了微观分析，归纳了相关的失效类型，见表 2.7。由表可见，进行表面精加工处理后，涂层在交变接触应力作用下均呈现分层失效，并没有近表面失效（表面磨损和剥落）发生。研磨后涂层的分层失效形貌如图 2.42(a) 所示，呈现较为规则的椭圆外形；边缘可见层状开裂的形貌如图 2.42(b) 所示。抛光后涂层的分层失效形貌，如图 2.43(a) 所示，与研磨后涂层的分层失效相似，也具有较为规整的形状；边缘也呈现层状开裂，如图 2.43(b) 所示。在精加工后的涂层中没有出现因粗糙接触而导致的近表层失效，这主要与 3 种不同表面粗糙度涂层在承受接触载荷服役过程中的润

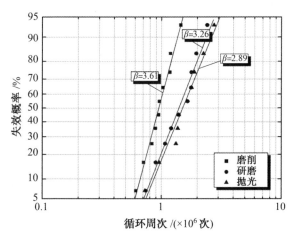

图 2.41　3 种不同表面粗糙度涂层的失效概率图

滑状态有关。在油润滑作用下,接触副间的润滑状态主要有 3 种,即边界润滑状态、弹性流体动压润滑状态和混合润滑状态。其中边界润滑状态是指接触副间润滑油膜形成不充分,两对摩体表面在局部甚至大部分直接接触;弹性流体动压润滑状态是指在接触副间得到了充分的油润滑,形成了具有一定厚度的油膜,从而使两对摩体充分分离,不发生局部的微接触;混合润滑状态是指上述两种情况同时存在。润滑状态主要取决于油膜参数 λ,当 $\lambda < 1$ 时,属于边界润滑状态;当 $\lambda > 3$ 时,属于弹性动力润滑状态;当 $1 \leqslant \lambda \leqslant 3$ 时,属于混合润滑状态。

采用如下公式计算本节中不同表面粗糙度涂层在接触载荷作用下的油膜参数 λ,并判断其润滑状态:

$$\lambda = \frac{h_{\min}}{\sqrt{Ra_{qb}^2 + Ra_{qc}^2}} \tag{2.4}$$

式中　Ra_{qb}、Ra_{qc}——对摩轴承球和涂层粗糙度的均方根值;

　　　$h_{\min}$——载荷作用下对摩擦副间形成的油膜厚度,由如下公式计算:

$$h_{\min} = 3.63 U^{0.68} M^{0.49} W^{-0.073} (1 - e^{-0.68k}) R \tag{2.5}$$

其中　U——速度参数,$U = \eta_0 u / (E_{eq} R)$;$\eta_0$ 为本实验所使用润滑油在大气压下的动力黏度,测量值为 0.581 Ns/m^2;u 为轴承球在涂层表面的转动速度,测量值为 0.862 m/s;E_{eq} 为当量弹性模量,

$$E_{eq} = \frac{2E_b E_c}{(1 - \nu_b^2) E_c + (1 - \nu_c^2) E_b};$$ E_b 和 E_c 分别为对摩轴承球

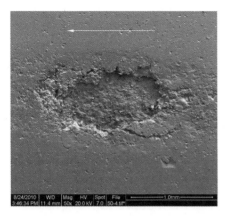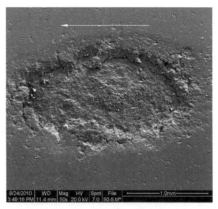

(a) 分层失效形貌

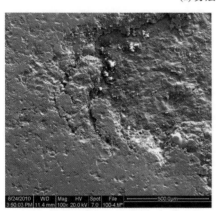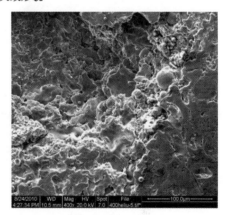

(b) 断口边缘形貌

图 2.42　研磨后涂层的失效模式

和涂层的弹性模量值,通过纳米压痕仪进行实测,测量值分别为 200 GPa 和 187 GPa;ν_b 和 ν_c 分别为对摩轴承球和涂层的泊松比,在本书中均假设为 0.3;

M—— 材料参数,$M = \alpha E_{eq}$;α 为润滑油的黏度压力系数,测量值为 0.038 mm^2/N;

W—— 载荷参数,$W = F/(E_{eq}R^2)$;R 为对摩轴承球的半径,测量值为 5.5 mm;F 为实验中施加的载荷,测量值为 100 N;

k—— 椭圆率。在本节中接触方式为点面式,在考虑弹性变形的前提下接触区域为圆形,所以 $k = 1$。

通过式(2.4)和式(2.5)可计算相同载荷下不同表面粗糙度涂层的润

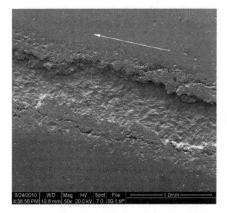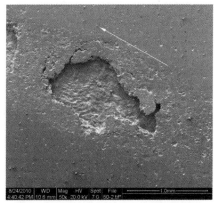

(a) 分层失效形貌

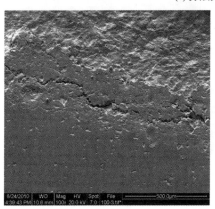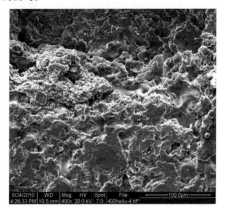

(b) 断口边缘形貌

图 2.43　抛光后涂层的失效模式

滑状态,计算结果见表 2.8。磨床磨削后涂层在服役过程中 $1 \leqslant \lambda \leqslant 3$,为典型的混合润滑状态;研磨后 λ 值达到了 2.869 2,仍处于混合润滑范围;而抛光处理后,$\lambda > 3$,属于弹性流体动压润滑状态。可知,由于磨削后处于混合润滑状态,涂层与对摩擦副发生较为明显的粗糙接触,表面微凸体相互挫伤,形成局部的微断裂、微犁削,并诱发应力集中等一系列因素,最终导致磨削后涂层中出现多例表面磨损、剥落等近表层失效;而抛光后由于涂层与对摩擦副处于完全被润滑油膜隔离的状态,表面未受到直接的冲击和犁削,因此在服役过程中都以深层的分层而失效,未发生近表面磨损和剥落;研磨后涂层虽然仍处于混合润滑状态,但由于其 λ 值较高,其实质上已经接近弹性流体动压润滑状态,对摩擦副之间分离较为充分,因此也以分层失效为主。综上可见,表面粗糙度的变化可以显著改变服役过程中涂层的润滑状态,表面粗糙度的降低充分避免了涂层与对摩轴承球直接接触而发生相互损伤的可能性,提高了涂层的接触疲劳寿命。同时,光滑的涂层中没有发现表面磨损和剥落失效,也说明这两种近表层失效的源头确实是由于粗糙接触而引起表面裂纹或表面未熔颗粒剥离。

表 2.8　不同表面粗糙度涂层的 λ 值和润滑状态

表面处理方式	$h_{\min}/\mu m$	λ	润滑状态
磨削	0.755 2	1.539 7	混合润滑
研磨	0.755 2	2.869 2	混合润滑
抛光	0.755 2	5.848 2	弹流润滑

表面精加工后涂层的分层失效显然是由于交变载荷作用下其内部剪切应力所引起的,涂层内部的最大剪切应力和界面剪切应力都可能是最终分层失效的始作俑者。由于在相同载荷条件下,表面光滑程度对涂层内部剪切应力值和分布状态的影响很小,因此光滑涂层内部剪切应力分布可参见图 2.35。在涂层失效后的微观分析中可以发现,在抛光后涂层的磨痕边缘有明显的裂纹存在,如图 2.44 中箭头所示。分层失效的起源经上述分析为涂层内部或界面上处于较大剪切应力作用的区域,而这些存在于涂层接触磨痕边缘的裂纹有可能就是导致部分涂层最终脱离基体的最后动力,存在于涂层表面的裂纹显然不是由涂层内部应力引起的。在对摩轴承球接触涂层表面的过程中,涂层上的接触部分发生弹性压变形,而接触边缘区域的涂层将受到一定的挤压作用而形成局部堆积,因此由于接触所引

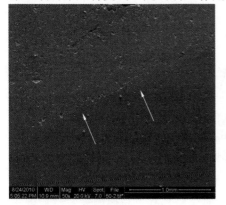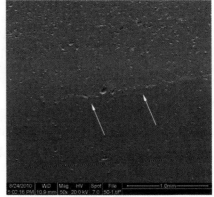

图 2.44　抛光后涂层的磨痕边缘的裂纹

起的涂层表面径向拉应力(由于试样呈圆环形,因此垂直于圆形磨痕的力命名为径向应力)应为这些表面裂纹的驱动力。采用有限元方法对涂层进行建模计算,得到了在接触载荷作用下涂层表面径向应力云图和数值分布图,如图 2.45 所示。由图可见,在接触区域涂层表面主要承受径向压应力,接触中心承受最大的压应力,在远离接触中心后这种压应力逐步转变为拉应力,在接触区域边缘处拉应力达到最大值,因此在应力主导下的涂层表面裂纹较容易在涂层的接触区域边缘(即磨痕边缘)处萌生。

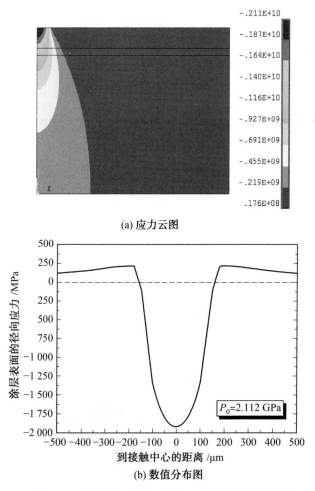

图 2.45　涂层表面径向应力云图和数值分布图

综上所述,经过研磨和抛光处理后的涂层具有更高接触疲劳寿命的主要原因是,通过表面光滑处理后 λ 值显著增大,润滑状态由边界润滑转向弹性流体动压润滑,避免了对摩擦副之间的直接接触,有效抑制了表面磨损和剥落等近表层失效的发生。机理分析表明,分层失效发生的起源是涂层内部和界面上的缺陷被较大的剪切应力诱发而形成疲劳裂纹,并在剪切应力的驱动下扩展;同时,由于接触挤压作用形成的涂层表面的径向应力分布,尤其是在接触磨痕边缘形成的最大径向拉应力是涂层最终分层脱落的重要助力。

2.4 负载条件对再制造涂层接触疲劳行为的影响研究

负载条件对材料摩擦磨损行为的影响是显而易见的,通常在接触条件下所指的负载条件主要就是外加载荷和转速。对于接触疲劳过程而言,外加载荷和转速均对试验进程起决定性作用。外加载荷通过换算可以转换为对涂层表面施加的接触应力,本节中采用接触应力来表征外加载荷的等级;转速恒定是指试验机主轴的转速。本节主要研究负载条件对涂层滚动接触疲劳行为的影响,在大样本空间下分别研究接触应力和转速对涂层接触疲劳行为的影响。采用数理统计的方法对涂层的接触疲劳寿命进行分析、对比,并研究不同条件下涂层的失效机理,同时基于大样本的试验数据,结合统计学方法,采用建立 $P-S-N$ 曲线的方式对涂层在一定应力范围的寿命进行预测。

2.4.1 接触应力对涂层接触疲劳行为的影响研究

1.试验方法

为研究不同接触应力条件下涂层的疲劳行为,采用 4 种不同的外加载荷对涂层进行接触疲劳试验,施加的载荷分别为 50 N、100 N、200 N、300 N,用式(2.1)和式(2.2)对 4 种不同载荷条件下涂层的最大接触应力(P_0)和接触圆半径(a)进行计算,结果见表 2.9。可见,随着外加载荷的增大,涂层所承受的最大接触应力和接触半径都呈现增大的趋势。通过 Johnson 公式计算在涂层与对摩球接触过程中所承受的接触应力在接触半径内的变化趋势,如图 2.46 所示。可见,接触应力在接触圆半径的变化趋势基本一致,都是在接触中心处接触应力最大,在远离接触中心时逐渐减小,在接触圆边缘处衰减为零。随着外加载荷的增大,涂层表面将承受较大的接触应力,同时接触圆的面积也明显增大。

表 2.9　4 种载荷条件下的最大接触应力（P_0）和接触半径（a）

50 N	100 N	200 N	300 N
$P_0 = 1.711\,4$ GPa	$P_0 = 2.112\,3$ GPa	$P_0 = 2.387\,4$ GPa	$P_0 = 2.684\,1$ GPa
$a = 133.2\ \mu\mathrm{m}$	$a = 154.9\ \mu\mathrm{m}$	$a = 185.9\ \mu\mathrm{m}$	$a = 208.9\ \mu\mathrm{m}$

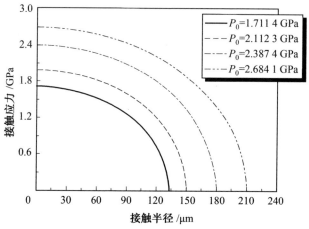

图 2.46　4 种载荷条件下接触应力在接触半径内的变化趋势

2. 接触疲劳试验和寿命表征

采用点接触式滚动接触疲劳试验机分别在不同的外加载荷条件下对涂层进行接触疲劳试验，考查其接触寿命和失效模式。4 种不同载荷条件下涂层体系的接触疲劳试验结果见表 2.10。

采用两参数 Weibull 分布对 4 种载荷条件下涂层的接触疲劳寿命数据进行处理，分别得到 4 种载荷条件下涂层的 Weibull 分布的两个参数值。

$P_0 = 1.711\,4$ GPa：　　$N_a = 2.242\,5 \times 10^6$，　$\beta = 2.65$

$P_0 = 2.112\,3$ GPa：　　$N_a = 1.108\,5 \times 10^6$，　$\beta = 3.61$

$P_0 = 2.387\,4$ GPa：　　$N_a = 0.865\,9 \times 10^6$，　$\beta = 3.54$

$P_0 = 2.684\,1$ GPa：　　$N_a = 0.500\,1 \times 10^6$，　$\beta = 3.8$

在此基础上通过 Weibull 分布函数计算可得，任意循环周次下，在 4 种不同载荷条件下涂层的失效概率图即 Weibull 失效概率曲线图，如图 2.47 所示。可见，在 4 种载荷条件下，涂层的接触疲劳寿命数据均可以较好地符合 Weibull 分布趋势，随着外加载荷的不断增大，涂层的整体寿命明显降低。载荷最小时得到的最低寿命明显高于载荷最大时的最高寿命，表明接触应力的大小可以显著影响涂层的服役寿命。两参数 Weibull 分布虽然可以较为准确地表征涂层的接触疲劳寿命,但单纯依靠 Weibull 失效概率曲线图得到的只是在给定的接触应力水平下涂层的寿命曲线,因此也只能预测该应力水平下涂层的某一循环周次下的失效概率,对于涂层其他接触应力水平下的寿命无法给出指导意见。

表 2.10　4 种不同载荷条件下涂层体系的接触疲劳试验结果

循环周次/($\times 10^6$ 次)	失效模式	循环周次/($\times 10^6$ 次)	失效模式
$P_0 = 1.711\ 4$ GPa		$P_0 = 2.112\ 3$ GPa	
0.91	剥落	0.61	整层分层
1.36	剥落	0.71	层内分层
1.54	表面磨损	0.83	层内分层
1.71	表面磨损	0.89	剥落
1.95	剥落	0.95	剥落
2.13	表面磨损	0.96	剥落
2.35	表面磨损	1.03	表面磨损
2.54	表面磨损	1.18	剥落
3.21	表面磨损	1.19	剥落
4.05	表面磨损	1.45	表面磨损
$P_0 = 2.387\ 4$ GPa		$P_0 = 2.684\ 1$ GPa	
0.39	整层分层	0.28	整层分层
0.44	整层分层	0.29	整层分层
0.57	整层分层	0.36	整层分层
0.69	层内分层	0.37	整层分层
0.74	整层分层	0.44	整层分层
0.88	整层分层	0.46	整层分层
0.91	剥落	0.48	整层分层
0.97	层内分层	0.51	整层分层
1.05	剥落	0.61	层内分层
1.15	表面磨损	0.7	整层分层

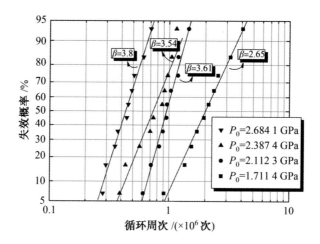

图 2.47　4 种不同载荷条件下涂层的失效概率图

3. 涂层 $P-S-N$ 曲线建立

$P-S-N$ 曲线法是表征材料疲劳性能中较为常用的数据处理方法，相比于理论计算方法，$P-S-N$ 曲线法的优势在于兼顾了疲劳试验中数据的分散性，使预测的模型更为准确可靠，但需要建立在较大试验样本的基础之上。本节得到的涂层接触疲劳试验数据是建立在大样本的基础之上的，为建立涂层的 $P-S-N$ 曲线提供了数据基础。$P-S-N$ 曲线需要建立在计算寿命参数的基础之上。涂层的寿命参数可通过 Weibull 分布函数计算得到，结果见表 2.11，其中 N_{10}、N_{50}、N_{90} 分别为失效概率为 10%、50%、90% 的循环周次。通过这些参数可以方便地得到在期望的失效概率水平下涂层的承载循环周次，同时也为 $P-S-N$ 曲线的建立奠定了数据基础。

表 2.11　4 种载荷下涂层的接触疲劳寿命参数

最大接触应力 /GPa	β	$N_{10}/(\times 10^6$ 次$)$	$N_{50}/(\times 10^6$ 次$)$	$N_{90}/(\times 10^6$ 次$)$
1.711 4	2.652 4	1.050 1	2.136 3	3.359 2
2.112 3	3.613 4	0.595 0	1.001 7	1.396 0
2.387 4	3.543 6	0.472 4	0.784 5	1.083 9
2.684 1	3.800 9	0.276 6	0.454 1	0.622 8

根据表 2.11 得到的各种疲劳寿命参数值对 $P-S-N$ 曲线进行参数估计。由于接触疲劳试验应力 S 与试样疲劳寿命 N 之间有如下的函数关

系

$$N = CS^{-m} \tag{2.6}$$

其对数形式为

$$\ln S = -\frac{1}{m}\ln N + \frac{1}{m}\ln C \tag{2.7}$$

式中　　C、m——试验待定参数。

确定参数 C 和 m 的步骤如下：

(1)计算各试验应力下的等概率寿命，得到 n 组数据对(X_i, Y_i)，其中 $X_i = \ln N_i$，$Y_i = \ln S_i$，n 为应力等级数。

(2) 采用最小二乘法确定参数 m 和 C，如下式：

$$-\frac{1}{m} = \frac{\sum\limits_{i=1}^{n} X_i Y_i - \frac{1}{n}\sum\limits_{i=1}^{n} X_i \sum\limits_{i=1}^{n} Y_i}{\sum\limits_{i=1}^{n} X_i^2 - \frac{1}{n}\left(\sum\limits_{i=1}^{n} X_i\right)^2} \tag{2.8}$$

$$\frac{1}{m}\ln C = \frac{1}{n}\left(\sum\limits_{i=1}^{n} Y_i + \frac{1}{m}\sum\limits_{i=1}^{n} X_i\right) \tag{2.9}$$

采用式(2.6)分别对各种失效概率时相应的 $P-S-N$ 曲线参数 C 和 m 进行计算，结果见表 2.12。通过参数估计可确定各种等概率试验应力与试样疲劳寿命的关系，绘出相应的 $P-S-N$ 曲线，如图 2.48 所示。通过 $P-S-N$ 曲线图可以直观地得到在任意外加载荷的作用下，涂层在 4 种失效概率下的循环周次。当然，在 $P-S-N$ 曲线中指定的工况设计的失效概率 P 可以是 0～100% 中的任意值，决不仅限于 10%、50%、63.2% 和 90%，这里只选择这几种典型的失效概率对建立 $P-S-N$ 曲线的整个过程进行阐述。例如，设计再制造产品的失效概率为 $P = 10\%$，服役在 $P_0 = 3$ GPa 的接触应力水平下，此时根据 $P-S-N$ 曲线可知，再制造产品承受 0.2×10^6 次的载荷时达到了设计寿命。通过不同失效概率下 $P-S-N$ 曲线的建立，可以得到再制造零部件表面涂层在任意接触载荷作用下、任意失效概率下的疲劳寿命(即循环周次)，完成对再制造零部件的疲劳寿命预测。

表 2.12　不同失效概率下 $P-S-N$ 曲线的参数

P	C	m
10%	5.257 3	2.909 6
50%	13.157 7	3.366 4
63.2%	15.779 3	3.459 3
90%	23.935 0	3.674 9

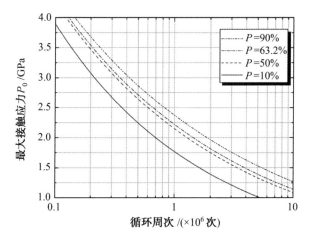

图 2.48　涂层的 $P-S-N$ 曲线

4. 涂层的接触疲劳失效模式和机理分析

接触应力显著影响着涂层的接触疲劳失效形式,如表 2.10 所列,当最大接触应力 $P_0 = 1.711\ 4$ GPa 时,涂层主要以近表层的表面磨损失效和剥落失效为主,在 10 组平行试验中没有发现深层的分层失效发生;当 $P_0 = 2.112\ 3$ GPa 时,接触疲劳失效模式呈现多元化,4 种典型的失效模式即表面磨损、剥落、层内分层和整层分层均有发生;当 $P_0 = 2.387\ 4$ GPa 时,涂层主要以层内分层和整层分层这两种深层失效为主,个别试样发生了表面磨损和剥落;当 $P_0 = 2.684\ 1$ GPa 时,涂层均以较为快速的整层分层失效为主,仅有一例发生了层内分层,同时没有发生表面磨损和剥落等近表层失效。可见,随着接触应力的增大,涂层的接触疲劳失效模式发生转变,由轻载时的表面磨损和剥落等近表层失效转变为层内分层与整层分层等深层失效。

$P_0 = 1.711\ 4$ GPa 时涂层典型的近表层失效形貌如图 2.49 所示。近表层失效的主要原因同上所述,表面磨损主要是由于在接触过程中,涂层与对摩轴承球的粗糙接触所致；而剥落则由涂层的近表层缺陷如未熔颗粒等在接触应力作用下与周围介质脱离并引发裂纹造成的。

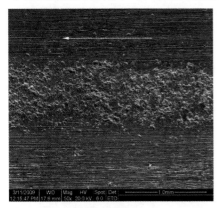

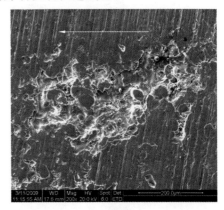

(a) 表面磨损   (b) 剥落

图 2.49 $P_0 = 1.711\,4$ GPa 时涂层典型的近表层失效形貌

$P_0 = 2.387\,4$ GPa 时涂层典型的深层失效形貌如图 2.50 所示，其中图（a）和图（b）分别为层内分层失效形貌及层内分层边缘失效形貌，图（c）和图（d）分别为整层分层失效形貌及整层分层边缘形貌。层内分层底部粗糙，边缘存在明显的层状开裂特征；而整层分层底部平坦，基体暴露，边缘有明显的裂纹存在。

$P_0 = 2.684\,1$ GPa 时涂层典型的整层分层失效形貌如图 2.51 所示。可见，该应力水平下失效磨痕明显变宽、变长，由于涂层的脱落而暴露大片基体。

接触应力水平显著影响涂层的接触疲劳失效形式的主要原因应是高接触应力所引起的涂层内部剪切应力的变化，采用有限元建模仿真的方法对不同应力水平下涂层内部剪切应力的状态进行了分析，得到的 4 种不同接触应力下涂层内部剪切应力云图如图 2.52 所示。在 4 种载荷条件下，涂层与基体的界面都处在白色区域，但随着接触应力的增加，应力云图中白色区域代表的应力值显著增高，同时象征着最高应力的中心点应力值也明显增大。可见，增大接触应力可以明显地改变涂层内部剪切应力的数值。对不同接触应力下涂层内部的剪切应力值沿涂层深度方向的分布进行了计算，结果如图 2.53 所示。随着接触应力的增大，涂层内部最大剪切应力值显著增大，在本试验载荷设计条件下，增幅可达 50%，但随着接触应力的增大，对于最大剪切应力出现的位置并没有太大影响，仅是略微地

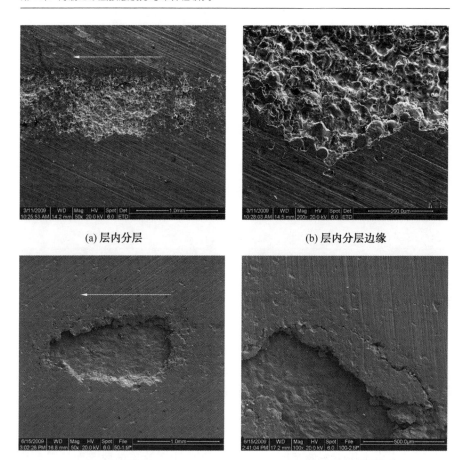

(a) 层内分层

(b) 层内分层边缘

(c) 整层分层

(d) 整层分层边缘

图 2.50　$P_0 = 2.387\ 4\ \mathrm{GPa}$ 时涂层典型的深层失效形貌

向涂层与基体界面靠拢。同时,接触应力的增大对于界面剪切应力的影响也很明显,在本试验条件下,随着接触应力的增大,界面剪切应力的增幅可达 100%。当 $P_0 = 1.711\ 4\ \mathrm{GPa}$ 时,涂层内部和界面上承受的剪切应力较小,无法有效地破坏涂层的内聚或涂层与基体的结合,涂层主要由与对摩轴承球的粗糙接触和近表面缺陷而发生表面磨损、剥落等近表层失效,由于涂层与对摩轴承球的接触是材料弹塑性变形所导致的微接触,因此近表层磨损失效通常要经历较长的应力循环周期,在低载荷条件下,涂层拥有较长的接触疲劳寿命;当 $P_0 = 2.112\ 3\ \mathrm{GPa}$ 时,涂层的失效机制体现出了一定的竞争性和随机性,即粗糙接触和剪切应力都可能成为涂层失效的原因,因此失效模式也呈现多元化;当 $P_0 = 2.387\ 4\ \mathrm{GPa}$ 时,涂层内部和界面

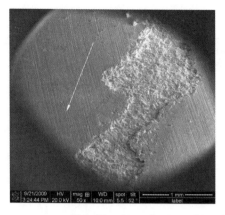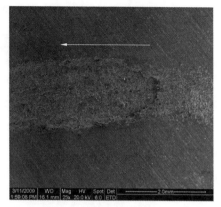

图 2.51　$P_0 = 2.684\ 1$ GPa 时涂层典型的整层分层失效形貌

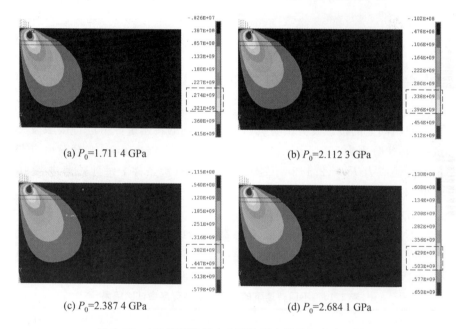

(a) P_0=1.711 4 GPa　　　　　　　(b) P_0=2.112 3 GPa

(c) P_0=2.387 4 GPa　　　　　　　(d) P_0=2.684 1 GPa

图 2.52　4 种不同接触应力下涂层内部剪切应力云图

上剪切应力显著增大,涂层的失效主要驱动力开始由粗糙接触驱动转换为剪切应力驱动,此时深层的分层失效开始成为主要的失效模式,近表层失效偶尔发生;当 $P_0 = 2.684\ 1$ GPa 时,涂层内部剪切应力进一步增大,尤其是界面上的剪切应力显著增强,失效已完全由应力机制掌控,此时过大的界面剪切应力将导致涂层界面上的缺陷在较短的时间内萌生为疲劳裂纹,并快速扩展到表面与对摩轴承球挤压涂层表面所引起的径向拉应力共同作用,形成涂层的整层分层失效,严重削弱了涂层的整体接触疲劳寿命。

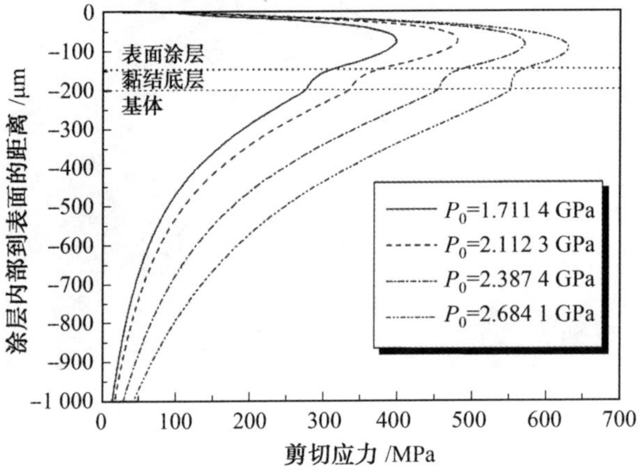

图 2.53　不同载荷条件下涂层内部应力分布

2.4.2　转速对涂层接触疲劳行为的影响研究

1. 试验方法

使用同上的接触疲劳试验机,在 3 种不同的转速条件下进行接触疲劳试验,转速分别为 750 r/min、1 500 r/min 和 3 000 r/min,试验载荷恒定在最大接触应力 $P_0 = 2.112\ 3$ GPa,在相同的试验条件下每种转速进行 10 组平行试验。

2. 接触疲劳试验和寿命表征

不同转速下的涂层接触疲劳寿命试验结果见表 2.13,采用两参数 Weibull 分布对 3 种转速条件下涂层的接触疲劳寿命数据进行处理,分别得到 3 种转速条件下涂层的 Weibull 分布的两个参数值。

表 2.13　不同转速下的涂层接触疲劳寿命试验结果

$v=750$ r/min		$v=1\ 500$ r/min		$v=3\ 000$ r/min	
循环周次 /($\times 10^6$ 次)	失效模式	循环周次 /($\times 10^6$ 次)	失效模式	循环周次 /($\times 10^6$ 次)	失效模式
0.97	整层分层	0.61	整层分层	0.31	整层分层
1.02	层内分层	0.71	层内分层	0.45	层内分层
1.34	剥落	0.83	层内分层	0.57	整层分层
1.52	剥落	0.89	剥落	0.64	剥落

续表 2.13

$v=750$ r/min		$v=1\ 500$ r/min		$v=3\ 000$ r/min	
循环周次 /(×10⁶次)	失效模式	循环周次 /(×10⁶次)	失效模式	循环周次 /(×10⁶次)	失效模式
1.79	表面磨损	0.95	剥落	0.71	层内分层
1.84	剥落	0.96	剥落	0.79	整层分层
1.98	剥落	1.03	表面磨损	0.82	整层分层
2.04	表面磨损	1.18	剥落	0.91	表面磨损
2.21	表面磨损	1.19	剥落	0.95	层内分层
2.45	表面磨损	1.45	表面磨损	1.01	表面磨损

$v=750$ r/min：$\qquad N_a=1.902\ 6\times10^6$， $\beta=1.9$

$v=1\ 500$ r/min：$\qquad N_a=1.108\ 5\times10^6$， $\beta=3.61$

$v=3\ 000$ r/min：$\qquad N_a=0.804\ 6\times10^6$， $\beta=3.05$

3 种不同转速条件下涂层的 Weibull 失效概率曲线图如图 2.54 所示。在 3 种转速条件下,涂层的接触疲劳寿命数据均可以较好地吻合 Weibull 分布趋势,但整体寿命差距明显。可见,在相同的接触应力水平下,不同的转速显著地影响涂层的接触疲劳寿命。随着转速的增大,在相同的循环次数下,高转速下的失效概率要远高于低转速下的失效概率。

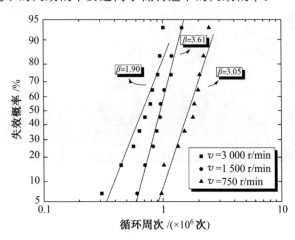

图 2.54　3 种不同转速条件下涂层的 Weibull 失效概率曲线图

3. 涂层接触疲劳失效模式和机理分析

转速显著地影响涂层接触疲劳寿命的同时,还改变了涂层主要的失效模式。当 $v=750$ r/min 时,涂层以近表层的表面磨损和剥落失效为主,较少发生分层失效;当 $v=1\ 500$ r/min 时,涂层失效形式呈现多元化,4 种典型的失效模式均有发生;当 $v=3\ 000$ r/min 时,涂层主要以深层的整层分层和层内分层失效为主。采用激光共聚焦显微镜对高转速下涂层的典型分层失效进行微观分析,失效形貌如图 2.55 所示,其中图 2.55(a)为分层失效形貌,图 2.55(b)是对磨痕局部的三维分析。可见,高转速下涂层分层后磨痕边缘存在着大量的裂纹,涂层破损比较严重,界面完全失效,大片涂层材料去除。

(a) 分层失效形貌

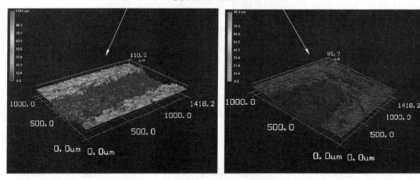

(b) 分层局部三维形貌

图 2.55　高转速下涂层的主要失效形貌

在相同接触应力下,不同转速下涂层接触疲劳行为体现出的差异与累积损伤的速度有关,3 种不同转速下涂层表面磨痕的二维轮廓分析图如图 2.56 所示,当转速 v 分别为 750 r/min 和 1 500 r/min 时,表面接触疲劳磨

痕的宽度和深度值基本一致;当转速 v 为 3 000 r/min 时,涂层表面磨痕显
著增大,宽度和深度均明显高于低速时。可见,较快的转速将引起更严重
的塑性变形,其主要原因是交变载荷的交变频次变快,以涂层上某一点为
固定点,其单位时间内承受的载荷次数显著增加,留给涂层在上一次载荷
退去后恢复弹塑性变形的时间缩短,因此导致涂层在短时间内连续受载,
在表面塑性变形增大的同时,其内部的剪切应力交变和分布也将受到影
响,如图 2.57 所示。在单位时间内从低速到高速,涂层内部承受的交变剪
切应力逐渐增多,当转速高到一定程度时,涂层内部交变剪切应力将出现
叠加现象,所以将在一定程度上增加涂层内部缺陷被诱发成疲劳裂纹的可
能性,因此高转速下分层失效成为主要的失效模式。

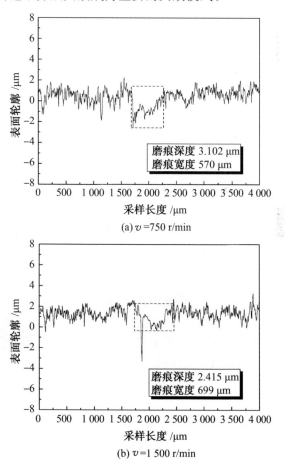

图 2.56　3 种不同转速下涂层表面磨痕的二维轮廓分析图

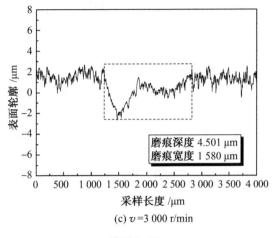

(c) v =3 000 r/min

续图 2.56

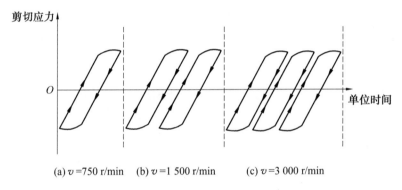

(a) v =750 r/min　　(b) v =1 500 r/min　　(c) v =3 000 r/min

图 2.57　不同转速下单位时间内涂层内部剪切应力交变示意图

本章参考文献

[1] 朴钟宇. 面向再制造的等离子喷涂层接触疲劳行为及寿命评估研究 [D]. 秦皇岛:燕山大学, 2011.

[2] 魏俊. Johnson 公式用于测紧凑拉伸试样的裂纹扩展[J]. 试验力学, 1997(1):23-28.

[3] POLONSKY A. CHANG T R, KEER L M, et al. A study of rolling-contact fatigue of bearing steel coated with physical vapor deposition TiN films: coating response to cyclic contact stress and physical mechanisms underlying coating effect on the fatigue life[J]. Wear,

1998,215(1):191-204.

[4] AHMED R, HADFIELD M. Rolling contact fatigue performance of detonation gun coated elements[J]. Tribology International, 1997, 30(2):129-137.

[5] ZHAO C R, JIANG P X, ZHANG Y W. Influence of lubricating oil on heat transfer of supercritical CO_2 during cooling[J]. Journal of Engineering Thermophysics, 2010(31):2065-2068.

[6] PAIS M R, CHOW L C, MAHEFKEY E T. Surface roughness and its effects on the heat transfer mechanism in spray cooling[J]. Journal of Heat Transfer, 1992, 114(1):211-219.

[7] ALMUSALLAM A A, KHAN F M, DULAIJAN S U, et al. Effectiveness of surface coatings in improving concrete durability[J]. Cement & Concrete Composites, 2003, 25(4-5):473-481.

[8] JIANG Q, YE Z, ZHOU C. A numerical procedure for transient free surface seepage through fracture networks[J]. Journal of Hydrology, 2014, 519:881-891.

[9] RAFIEZADEH K, ATAIE—ASHTIANI B. Transient free-surface seepage in three-dimensional general anisotropic media by BEM[J]. Engineering Analysis with Boundary Elements, 2014, 46(46):51-66.

[10] SAMPATH S, JIANG X Y, MATEJICEK J, et al. Role of thermal spray processing method on the microstructure, residual stress and properties of coatings: an integrated study for Ni-5 wt. % Al bond coats[J]. Materials Science & Engineering A, 2004, 364(1-2):216-231.

[11] MCGRANN R T R, GREVING D J, SHADLEY J R, et al. The effect of coating residual stress on the fatigue life of thermal spray-coated steel and aluminum[J]. Surface & Coatings Technology, 1998, s 108-109(1):59-64.

[12] LEE J H. Heat Transfer enhancement of water spray cooling by the surface roughness effect[J]. Transactions of the Korean Society of Mechanical Engineers B, 2010, 34(2):203-212.

[13] NAKAGAWA H, HIRAGUCHI H, HAGINO N, et al. P-69 Effect of storage of alginate impressions following spray with disin-

fectant solutions on the surface roughness of stone models［J］. Journal of the Japanese Society for Dental Materials ＆ Devices, 2004, 23(44):7366.

［14］ LITTRINGER E M, MESCHER A, SCHROETTNER H, et al. Spray dried mannitol carrier particles with tailored surface proper-ties--the influence of carrier surface roughness and shape[J]. Euro-pean Journal of Pharmaceutics ＆ Biopharmaceutics, 2012, 82(1): 194-204.

第3章　再制造涂层接触疲劳/磨损竞争性寿命评估研究

　　磨损和接触疲劳都是机械零部件及工程构件最为常见的表面失效形式。钻探和地质工程机械设备的一些重要零部件,如钻杆、套管、轴、齿轮和凸轮等,常常由于磨损和接触疲劳而失效,从而造成了巨大的经济损失,甚至危及人身安全,同时也严重制约了钻探和地质工程装备的服役性能。磨损主要发生在滑动接触状态下,是由犁削和黏着等作用引起的表层材料去除,磨损失效会严重影响零部件的正常服役。接触疲劳一般发生在呈滚动接触的摩擦副表面,是径向交变载荷作用在浅表层产生剪切应力,导致疲劳裂纹的萌生、扩展直至连成网络造成材料断裂去除的持久性损伤过程。磨损和接触疲劳的共同特点是发生接触、摩擦、造成表面累积损伤并形成磨屑,两者均属于材料表层失效破坏的范畴。

　　对于磨损失效和接触疲劳失效的零部件,采用等离子喷涂技术制备高结合强度、高硬度的表面涂层对其进行修复是一种快捷、高效的技术手段,成为国内外摩擦学界研究的热点。目前已经形成的适用于不同工况的等离子喷涂层体系,主要包括低成本且耐磨的等离子喷涂铁基合金涂层(如FeCrBSi 涂层等)、高耐磨耐疲劳的等离子喷涂金属陶瓷涂层(如NiCr/Cr$_3$C$_2$ 涂层、Co/WC 涂层等)以及高耐磨高耐蚀的等离子喷涂陶瓷涂层(如 Al$_2$O$_3$/TiO$_2$ 涂层等)。对于采用等离子喷涂技术在表面制备高性能涂层的零部件,其耐磨性和耐接触疲劳性是衡量其修复质量和服役持久性的关键指标,很多学者对此进行了深入的研究。

　　采用实验室力学平台对等离子喷涂层的耐磨损性能和接触疲劳性能进行评价,是分析其失效机理、探索其寿命演变规律的常用方法。但是目前常用的评价材料摩擦学性能或滚动接触疲劳性能的试验机通常都是单一模式的试验平台。例如,球盘式、销盘式、往复式摩擦学试验机都只能模拟材料表面纯滑动接触的运动状态;而对辊式、推力片轴承式、球柱式、球锥式接触疲劳试验机则只能评价纯滚动或近似纯滚动运动状态下材料的失效模式。为了深入揭示等离子喷涂层在真实复杂工况下的失效机制和寿命演变规律,装备再制造技术国防科技重点实验室研制了能在实验室条件下准确模拟涂层真实"滚动/滑动共存"接触状态的多功能试验机。基于该试验机,研究了再制造涂层接触疲劳/磨损竞争性寿命评估。

3.1　新型接触疲劳/磨损多功能试验机的研制

3.1.1　试验机的设计标准

为了能够准确模拟表面涂层的复杂工作状态,并为表面涂层在滚动/滑动复杂工况下的失效机理分析和寿命预测提供可靠的试验平台,新型接触疲劳/磨损多功能试验机需要满足以下设计标准:

①试验机的摩擦副试样之间呈线接触以模拟齿轮、辊子、凸轮的工作状态。

②试验机需要可控的动力装置驱动摩擦副,并可以达到较高的速度以实现以转速为加速因子的加速寿命试验,从而减少试验时间、提高试验效率。

③试验机的摩擦副试样之间的相对运动状态能在"纯滚动""滚动/滑动"和"纯滑动"之间方便可靠转换,以真实模拟实际工况。

④试验机需要具备方便可靠的加载设备,并能够提供 2 GPa 以上的接触应力。

⑤试验机需要具备灵敏精确的失效点监测与判定系统,并实现判定失效后立即停机以保留最原始的失效形貌,分析失效机制。

3.1.2　试验机关键技术参数

1. 滑差率

目前常用的各种接触模式的滚动接触疲劳试验机存在滑差率不能大范围随意调节的缺点,因此无法灵活并准确地控制接触副之间的相对运动状态。在《金属材料滚动接触疲劳试验方法》(GB 10622—89)中对滑差率的定义为:"标准件滚动速度与试样滚动速度之差与标准件滚动速度之比的百分率。"滑差率是衡量滚动接触副之间相对运动状态的关键指标,也是影响试样主导失效模式的关键指标。滑差率与对摩擦副之间相对运动状态及主导失效模式的对应关系见表 3.1。可见,通过设定试验的关键参数滑差率,就可以精确控制接触副间的相对运动状态,实现试验机的试验模式在"纯滚动""纯滑动"和"滚动/滑动共存"之间的可靠转换。

表 3.1 滑差率与接触副间相对运动状态及主导失效模式的对应关系

滑差率 R	$R_1 = 0$	$0 < R_2 < 100\%$	$R_3 = 100\%$
接触副间相对运动状态	纯滚动	滚动/滑动	纯滑动
主导失效模式	滚动接触疲劳	滚动接触疲劳与磨损共存	磨损

2. 接触应力

新型接触疲劳/磨损多功能试验机采用对辊式接触,测试辊和标准辊的具体尺寸如图 3.1 所示。超音速等离子喷涂 AT40（Al_2O_3 － 40%① TiO_2）复合陶瓷涂层制备于测试辊的外周面上,为防止由于边缘应力集中导致涂层脱落,测试辊的外周面边缘倒角为 0.5 mm。标准辊材料为淬火加低温回火处理后的 AISI 52100 钢,测试辊与标准辊的线接触长度为 5 mm。为保证试验时能够达到所需的接触应力,基于赫兹（Hertz）接触应力计算公式对线接触最大应力进行计算。

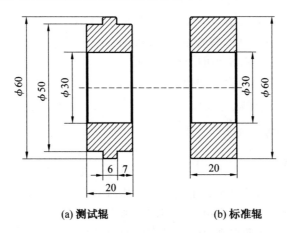

(a) 测试辊   (b) 标准辊

图 3.1 测试辊和标准辊的具体尺寸

线接触最大应力的计算公式为

$$\sigma_{\max} = \sqrt{\frac{F\sum\rho}{\pi L\left(\dfrac{1-\nu_1^2}{E_1} + \dfrac{1-\nu_2^2}{E_2}\right)}} \quad (3.1)$$

式中 F ——施加于试样上的载荷,取试验机施加载荷上限 30 kN;

---

① 40%代表质量分数,下同。

  ν_1——测试辊的泊松比,取 0.3;

  ν_2——标准辊的泊松比,取 0.3;

  E_1——测试辊的弹性模量;

  E_2——标准辊的弹性模量,取 219 GPa;

  L——试样线接触长度,取 5 mm;

  $\sum\rho$——测试辊与标准辊接触处的主曲率之和。

(1) E_1 的测定。

超音速等离子喷涂 AT40 复合陶瓷涂层的弹性模量 E_1 由纳米压痕仪测定,经过纳米压痕试验得到 AT40 涂层的等效弹性模量为 163 GPa,代入真实弹性模量计算公式:

$$\frac{1}{E_r} = \frac{1 - \nu_s^2}{E_s} + \frac{1 - \nu_i^2}{E_i} \tag{3.2}$$

式中 E_r——等效弹性模量;

  E_s——被测材料的弹性模量;

  E_i——金刚石压头的弹性模量,取 1 141 GPa;

  ν_s——被测材料的泊松比,取 0.3;

  ν_i——金刚石压头的泊松比,取 0.07。

计算可得 AT40 涂层的弹性模量为 173 GPa。

(2) $\sum\rho$ 的计算。

$\sum\rho$ 的计算公式为

$$\sum\rho = \rho_{11} + \rho_{12} + \rho_{21} + \rho_{22} = \frac{1}{R_{11}} + \frac{1}{R_{12}} + \frac{1}{R_{21}} + \frac{1}{R_{22}} \tag{3.3}$$

式中 R_{11}——测试辊垂直于滚动方向的曲率半径,取 $+\infty$;

  R_{12}——测试辊沿滚动方向的曲率半径,取 30 mm;

  R_{21}——标准辊垂直于滚动方向的曲率半径,取 $+\infty$;

  R_{22}——标准辊沿滚动方向的曲率半径,取 30 mm。

计算可得 $\sum\rho$ 为 $\frac{1}{15}$ mm^{-1} 。

将 E_1 和 $\sum\rho$ 代入式(3.1),当试验机施加载荷上限为 30 kN 时,测试辊与标准辊之间的线接触最大应力 σ_{max} 可达 2.6 GPa,完全满足试验对接触应力的要求。

3.1.3　试验机模块组成

新型接触疲劳/磨损多功能试验机采用模块化设计,其主机示意图如

图 3.2 所示。试验机主要包括机械系统和测控系统两大部分,由辊子装配模块、动力模块、加载模块、润滑模块、失效监测判定模块、测试仪表模块及数据采集和处理模块等组成。

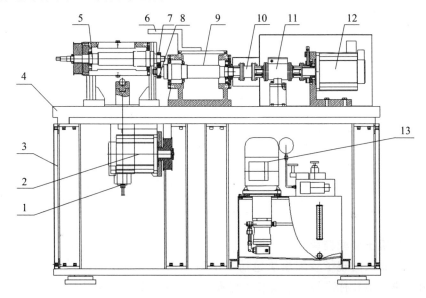

图 3.2　接触疲劳－磨损多功能试验机主机示意图

1—液压加载活塞;2—测试辊伺服电机;3—试验机机柜;4—工作台;5—测试辊主轴;6—隔油壳体;7—测试辊;8—标准辊;9—标准辊主轴;10—弹性联轴器;11—扭矩转速传感器;12—标准辊伺服电机;13—液压站

试验机的主要技术参数见表 3.2。由表可见,试验机最显著的特征包括:

①测试辊和标准辊分别由独立的伺服电机驱动,从而实现滑差率(0～100%)精确可控。

②液压－杠杆加载系统保证了试验机可以无中断连续加载,且加载全程由计算机控制。

③引入了声发射监测技术,有效提高了试验机判断疲劳失效点的准确性。

④试验机配有润滑油自动循环供给系统,且能够在判定失效发生后自动停机,实现无操作人员值守运转。

表 3.2　试验机的主要技术参数

技术参数	数值范围
试验载荷	1.2～30 kN（相对误差不大于±0.5%）
试验载荷长时保持示值误差	≤±1%F·S（满量程）
摩擦力矩测量范围	1～20 N·m（相对误差不大于±1%）
试验转速	5～2 000 r/min，无级可调
试验时间控制范围	1 s～9 999 min
试验转数显示与控制范围	0～999 999 999
温度测量范围	−25～650 ℃（示值误差为 1 ℃）
加速度测量范围	0～50 m/s（示值误差为±0.01 m/s）
滑差率	0～100%，可调
伺服电机功率	5 kW（电机输出扭矩为 23 N·m）
停机控制方式	手动/自动（时间、试验载荷等）
主机外形尺寸	1 690 mm×960 mm×1 210 mm

1. 辊子装配模块

试验机的辊子装配模块包括一个测试辊和一个标准辊，如图 3.3 所示。测试辊和标准辊分别安装于标准辊主轴和测试辊主轴上，并由螺母锁紧。标准辊主轴由轴承座牢牢固定于工作台上，测试辊主轴安装于液压－杠杆加载装置的一侧，两根主轴严格保持平行，以保证加载时两个辊子紧密可靠接触。

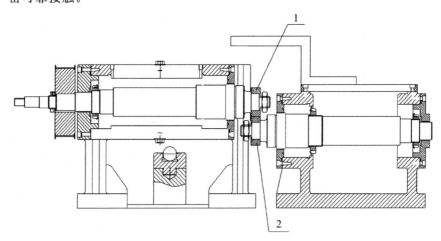

图 3.3　试验机的辊子装配模块示意图
1—标准辊；2—测试辊

2. 动力模块

为解决大多数接触疲劳试验机滑差率不能大范围随意调节的缺陷,本试验机的动力模块由两个相同型号功率为 5 kW 的伺服电动机(Panasonic Servo Motor)提供动力,两个伺服电动机通过交流频率调节器分别驱动测试辊主轴和标准辊主轴。标准辊主轴卧式安装于主机工作台上,其间串联弹性联轴器和扭矩转速传感器。试验机标准辊运动模块示意图,如图 3.4 所示。试验机测试辊运动模块示意图如图 3.5 所示,伺服电动机产生的动力由 1 号同步圆弧齿形皮带传递至传动轴,再由 2 号同步圆弧齿形皮带带动测试辊主轴实现同步旋转。传动轴通过轴承座体固定于杠杆加载装置的支点位置上,传动轴中心线与杠杆加载系统的支点中心线重合。测试辊主轴安装于杠杆保持架的一端,可以绕传动轴做一定角度旋转,便于进行试样的安装与拆卸。

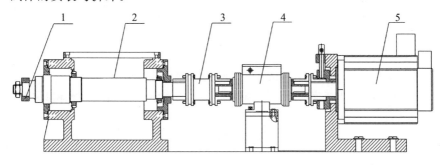

图 3.4 试验机标准辊运动模块示意图

1—标准辊;2—标准辊主轴;3—弹性联轴器;4—扭矩转速传感器;5—伺服电动机

3. 加载模块

传统接触疲劳试验机大多采用杠杆结合砝码或弹簧的方式加载。但是传统的杠杆与砝码加载系统不能实现连续加载,而且砝码过于笨重,更换不便,更换砝码时产生的跳动还会影响失效监测系统的准确性。因此在杠杆与砝码加载系统的基础上,人们加入了弹簧来实现连续加载,这虽然避免了加载时产生的冲击载荷,但仍需更换砝码。试验中试样高速旋转,更换砝码若不及时则会产生误差,长时间试验过程中的误差累积会严重影响试验数据的准确性。

针对以上问题,本试验机通过液压—杠杆系统进行加载。液压—杠杆加载模块示意图如图 3.6 所示。该系统由液压作动器、静压油源和杠杆装置组成,可以长时间保证载荷的实际值在较小的误差范围内(小于等于 $\pm 1\%$F·S)。杠杆的力臂比为 3:2,可将载荷放大 1.5 倍。为了适应长

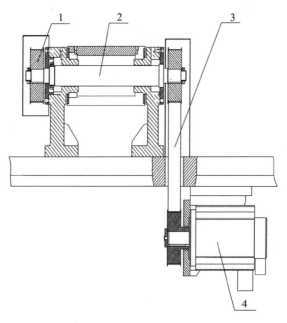

图 3.5 试验机测试辊运动模块示意图

1—1 号同步圆弧齿形皮带;2—传动轴;3—2 号同步圆弧齿形皮带;4—伺服电动机

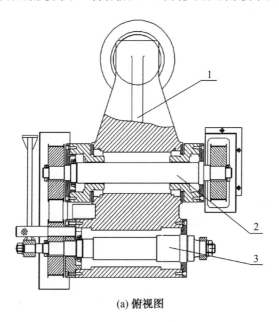

(a) 俯视图

图 3.6 液压—杠杆加载模块示意图

1—杠杆保持架;2—传动轴;3—测试辊主轴;4—液压顶杆;5—标准辊主轴;6—液压站

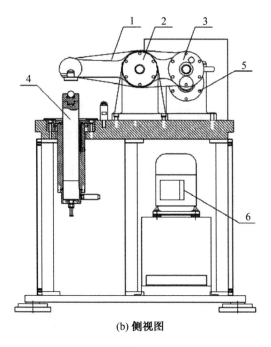

(b) 侧视图

续图 3.6

时间稳定加载的要求,本试验机采用了负荷保持阀的结构,并通过计算机控制液压系统实现自动加载。

加载时,液压顶杆在油缸活塞的作用下顶起杠杆保持架的加载端,通过杠杆作用将载荷施加在安装于杠杆保持架另一端的测试辊主轴上。在计算机的控制下,液压加载系统能够连续加载并平稳改变载荷,因此能够实现以载荷为加速因子的步进和序进加速寿命试验。液压加载的平稳性和精确性也提高了寿命试验结果的准确性。试验机使用油压传感器测量试验负载,能产生最大 30 kN 的试验力,因而能够保证接触应力值满足试验要求。当失效监测系统判定达到失效点时,试验机能够立即停机卸载,以保持试样的原始失效形貌。

4. 润滑模块

润滑模块组成示意图如图 3.7 所示。储油箱中润滑油经出口流出,在油泵作用下,以 10 L/h 的速度通过喷油嘴注入辊子之间,对测试辊和标准辊的接触区域进行充分润滑,保证在接触区域形成均匀、致密的油膜。润滑后的废油经集油器收集后流入沉降装置,经沉淀消除部分杂质。沉降装置底部安置 4 块强磁铁,能有效吸附铁磁性杂质和颗粒等,经沉降处理后废油进入多级过滤装置。经过滤装置中的一层金属网预过滤和两层硅藻土过滤片过滤后,废润滑油中的磨粒等固态杂质基本清除完全,可以重新投入使用。净化后润滑油存放于净化油箱中,经油泵抽出,由流量计控制,以恒定速率 10 L/h 循环返回储油箱中继续使用。

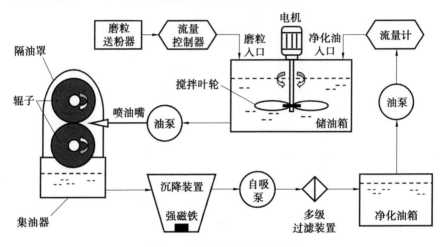

图 3.7　润滑模块组成示意图

5. 失效监测判定模块

若材料受外力作用发生变形、断裂或内部应力超过屈服极限而进入不可逆的塑性变形阶段,就会以瞬态弹性波形式释放出应变能,这种现象称为声发射。研究表明,声发射信号特征参量(如幅值和能量等)能够灵敏地监测到疲劳裂纹扩展导致材料瞬间断裂的应力波,且能实现比传统振动信号提前预警的效果,这对于准确还原涂层的接触疲劳失效状态和精确记录接触疲劳寿命值具有重要的意义。声发射信号对于涂层在接触疲劳失效过程中的塑性变形和微观屈服十分敏感,故选择声发射技术作为判断涂层接触疲劳失效的监测手段。

本试验采用美国物理声学公司生产的 PCI－2 型声发射无损监测装置作为接触疲劳失效点的判定设备。该装置主要由 PCI－2 采集卡、Disp 便携箱、前置放大器、Nano30 型探头和信号传输设备等部件组成,能够实现双通道条件下的在线监测和信号反馈。

由于将声发射探头安装在旋转的辊子上具有一定的困难,而且应力波在固体内部传输时信号的衰减不大,因此通过固定装置将声发射探头安装于尽量靠近测试辊的轴承座上,并用耦合剂进行良好耦合。滚动接触疲劳试验辊子及声发射传感器结构示意图如图 3.8 所示。

图 3.8 滚动接触疲劳试验辊子及声发射传感器结构示意图

声发射信号特征参量的种类很多,它们的含义和用途各有差别,常用于监测和判定材料接触疲劳失效的声发射信号特征参量,包括计数(Count)、幅值(Amplitude)、绝对能量(Absolute Energy)和有效值电压(RMS)等。为了确定更加适用于新型接触疲劳/磨损多功能试验机失效点判定的特征参量,我们进行了试验验证。图 3.9 所示为计数、幅值、绝对能量 3 种特征参量对接触疲劳试验过程的监测结果。由图可见,3 种特征参量均在剥落失效发生的瞬间发生突变,因此能够灵敏地对接触疲劳失效做出判定。本节选择声发射信号计数作为判定失效点的特征参量,基于大量试验数据,设定临界值为 350,当声发射计数超过临界值即判定试样失效,停止试验。

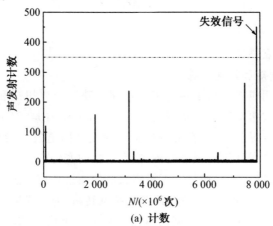

(a) 计数

图 3.9 不同声发射信号特征参量对失效过程的反馈

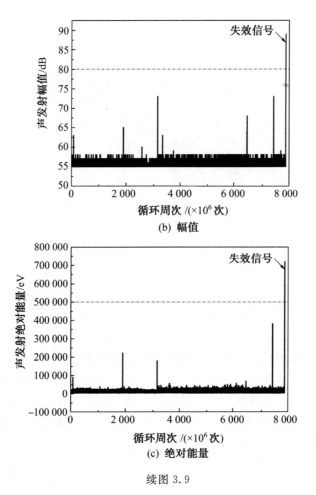

(b) 幅值

(c) 绝对能量

续图 3.9

6. 测试仪表模块

(1)摩擦扭矩和转速传感器。

试验机采用应变式扭矩转速传感器同时获取摩擦扭矩和主轴转速两个参数。应变式扭矩转速传感器测量扭矩的基本原理是：当应变轴受扭力影响产生微小变形后，粘贴在应变轴上的应变计阻值发生变化，将具有相同应变特性的应变计组成测量电桥，应变电阻的变化可转变为电压信号的变化进行测量，以实现旋转状态下扭矩数值的测量。该传感器同时具备测量转速的功能，其原理为：当测速码盘连续旋转时，通过光电开关输出具有一定周期宽度的脉冲信号，根据码盘的齿数和输出信号的频率，即可计算出相应的转速。

(2)载荷传感器。

试验机选用应变式压力传感器测量施加于辊子之间的载荷。它是根据电阻应变原理把力产生的应变转换成与其呈线性关系的电信号。该传感器抗偏、抗侧能力强,精度高,性能稳定可靠。为了确保输出信号的稳定性和可靠性,该传感器要经过通电预热。

(3)温度传感器。

由于试验机的接触副形式为对辊式接触,难以直接测量试样的温度,因此采用铂电阻接触式传感器测量试样附近润滑油温度的方法来间接监测试样的温度变化。该温度传感器具有足够的灵敏度和精度,稳定性好,且具有尺寸小、质量轻、结构简单的优点。温度传感器获得的信号经过处理转换为数字信号显示在控制软件界面上。

7. 数据采集与处理模块

试验机的数据接收与传输采用 64 通道 PIO－D64 板卡。板卡包含 2 路 16 位输入端口和 2 路 16 位输出端口,插在 5 V PCI 总线上。

试验机各传感器采集的摩擦扭矩、转速、载荷、声发射和温度等信号,通过各通信接口和 PIO－D64 板卡对应通道传给计算机,实现数据的实时采集与存储,并自动进行数据的运算分析与处理。在控制软件界面上,以曲线的形式显示信号的实时变化。

3.2 超音速等离子喷涂 AT40 涂层的竞争性寿命评估

3.2.1 滚动/滑动状态下竞争性寿命试验方法

在 4 种不同滑差率($R_1 = 0$、$R_2 = 25\%$、$R_3 = 50\%$ 及 $R_4 = 75\%$)下对 AT40 涂层进行不同滚动/滑动状态的竞争性寿命试验。4 种滑差率对应的测试辊(表面制备 AT40 涂层)与标准辊(AISI 52100 钢)的转速如图 3.10 所示。4 组试验均在恒定的接触应力 $S_0 = 0.75$ GPa 下进行,每个滑差率下进行了至少 10 组试验,对于疲劳寿命(循环周次)小于 10^3 次的试验数据作为奇异点排除,保证每组试验的有效数据均为 10 个。

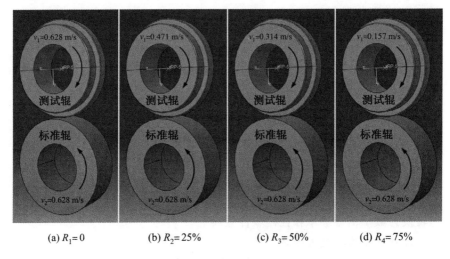

(a) $R_1 = 0$ (b) $R_2 = 25\%$ (c) $R_3 = 50\%$ (d) $R_4 = 75\%$

图 3.10   4 种滑差率对应的测试辊与标准辊的转速

3.2.2   滚动/滑动状态下再制造涂层内部应力分布状态模拟

采用有限元分析模型对不同滚动/滑动状态的 AT40 涂层及基体内部的应力状态进行模拟计算。模型中涂层的厚度设定为 400 μm,接触应力均为 0.75 GPa。在有限元模型中选择摩擦系数作为区分滚动/滑动接触状态的特征参数,采用扭矩传感器对不同滚动/滑动状态下的摩擦力矩进行实时测量,并由测控软件换算出摩擦系数一时间变化曲线。由于滑差率 $R_1 = 0$ 时为纯滚动状态,在润滑油的作用下摩擦系数极小,因此在有限元模拟时取 $f_1 = 0$。其他 3 种滑差率对应的摩擦系数一时间变化曲线,如图 3.11 所示,取稳定阶段的平均摩擦系数 $f_2^{\text{avg}} = 0.082$、$f_3^{\text{avg}} = 0.097$ 和 $f_4^{\text{avg}} = 0.118$ 代入有限元模型进行模拟计算。

基于有限元分析结果得到了图 3.12 所示的不同滑差率下 AT40 涂层内部的最大剪切应力分布图。由图可见,在 4 种滑差率对应的不同滚动/滑动状态下,最大剪切应力的峰值均位于涂层内部,并且随着滑差率的增加,最大剪切应力的峰值略有增加,并不断趋近于涂层表面。不同滑差率下最大剪切应力在 AT40 涂层近表面的分布图如图 3.13 所示。可见滑动摩擦力对其近表面的最大剪切应力具有显著的影响,当滑差率为 $R_1 = 0$、$R_2 = 25\%$、$R_3 = 50\%$ 和 $R_4 = 75\%$ 时,其表面剪切应力分别为 0 MPa、46 MPa、90 MPa 和 130 MPa,表面最大剪切应力的差异将影响涂层在滚动/滑动试验过程中的失效机制。

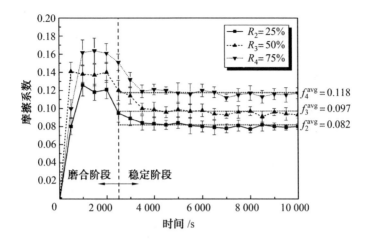

图 3.11 不同滑差率下摩擦系数－时间变化曲线

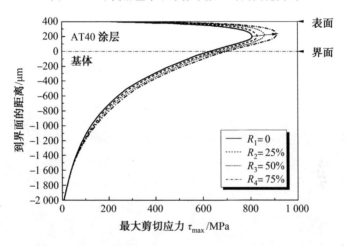

图 3.12 不同滑差率下 AT40 涂层内部最大剪切应力 τ_{max} 分布图（$S_0 = 0.75$ GPa）

3.2.3 滚动/滑动状态下再制造涂层竞争性失效机制

1. 表面磨损

通过观察发现，在不同滚动/滑动条件下，AT40 涂层的表面磨损失效的微观形貌有所差别。图 3.14 为 AT40 涂层 B2 试样（$R_2 = 25\%$、$N = 2.28 \times 10^4$ 次）的表面磨损失效微观形貌，可见当滑差率为 $R_2 = 25\%$ 时，AT40 涂层的表面磨损失效机制与纯滚动（$R_1 = 0$）时基本相同，为大量微点蚀连接构成的大面积浅层材料去除。图 3.15 为 AT40 涂层 C10 试样（$R_3 = 50\%$，$N = 3.74 \times 10^4$ 次）的表面磨损失效微观形貌。可见，当滑差率

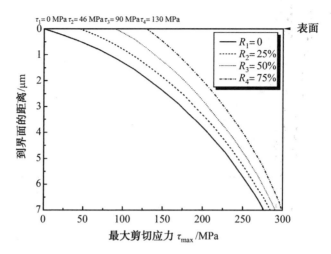

图 3.13　不同滑差率下最大剪切应力在 AT40 涂层近表面的分布图（$S=0.75$ GPa）

$R=50\%$ 时，由于对摩擦副之间的相对滑动加剧，此时粗糙表面的相互啮合、碰撞及塑性变形将加速磨粒的形成，磨粒进入接触副之间将产生犁削作用，并产生明显的犁沟[图 3.15(b)]，从而导致磨粒磨损的发生，同时犁沟附近的材料还显示出微点蚀的特征。

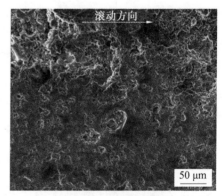

(a) 表面磨损的微观形貌　　　　　　　　　　(b) 微点蚀的微观形貌

图 3.14　AT40 涂层 B2 试样的表面磨损失效微观形貌（$R_2=25\%$，$N=2.28\times10^4$ 次）

当滑差率提高至 $R_4=75\%$ 时，只有两个涂层试样 D9 和 D10 发生了表面磨损失效，图 3.16 所示为 AT40 涂层 D9 试样（$R_4=75\%$、$N=2.64\times10^4$ 次）的表面磨损失效微观形貌，可见涂层的表面破坏情况更为严重，表层材料发生大面积去除。由图 3.16(b)可看出失效表面还产生了微观裂纹，这可能是由于在高滑差率下，涂层表面的最大剪切应力较高，促进了涂

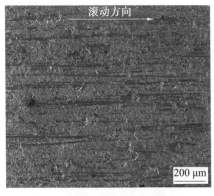
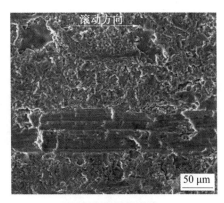

(a) 表面磨损的微观形貌   (b) 犁沟的微观形貌

图 3.15 AT40 涂层 C10 试样表面磨损失效微观形貌($R_3 = 50\%$，$N = 3.74 \times 10^4$ 次)

层的表面微观裂纹的萌生与扩展。图 3.17 所示为 AT40 涂层 D9 试样表面磨损失效的磨痕截面及三维和二维轮廓图。由图可见，涂层表面磨痕宽度约为 564 μm，深度约为 53 μm，这可能是由于恶劣磨损过程导致涂层表层材料的持续犁削去除，同时产生大量磨屑，磨屑进入接触副之间将加剧磨损进程，并可能形成转移膜从而发生三体磨损。由图 3.17(a)可见，磨痕正下方的涂层/基体界面处已经萌生并扩展出明显的界面裂纹，如果试验继续进行，则很可能发生界面开裂导致分层失效。

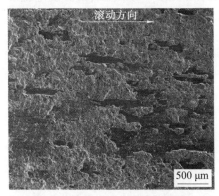
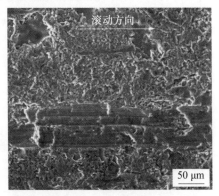

(a) 表面磨损的微观形貌   (b) 表面裂纹的微观形貌

图 3.16 AT40 涂层 D9 试样的表面磨损失效微观形貌($R_4 = 75\%$，$N = 2.64 \times 10^4$ 次)

图 3.18(a)和(b)所示为 D7 试样($R_4 = 75\%$，$N = 2.15 \times 10^4$ 次)在试验中 AISI 52100 钢标准辊表面的微观形貌。由图 3.18(c)和(d)中 Fe、Al 两种元素的 EDS 面扫描结果分析可知，AISI 52100 钢辊的表面已经生成

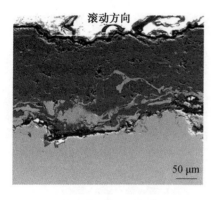

(a) 磨痕截面的微观形貌

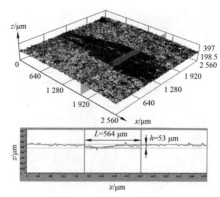

(b) 磨痕的三维和二维轮廓

图 3.17　AT40 涂层 D9 试样的表面磨损失效的磨痕截面微观形貌及三维和二维轮廓图($R_4 = 75\%$, $N = 2.64 \times 10^4$ 次)

了不连续的 AT40 涂层转移膜。分析认为转移膜的形成机理为:在滑动状态中,由于犁削作用、黏着作用和脆性断裂等产生了大量复合陶瓷磨屑,没有被润滑油及时带走的磨屑重叠起来并被碾压成片状,部分黏着于 AISI 52100 钢辊表面并逐渐聚集形成不连续的转移膜[图 3.18(a)],此时对摩擦副的磨损机制以三体磨损为主导。但是由于 AT40 复合陶瓷涂层磨屑构成的转移膜脆性较高,在粗糙接触的滑动状态下易产生裂纹并发生脱落[图 3.18(b)],因此,在 $R_4 = 75\%$ 时,AT40 涂层的表面磨损失效机制主要为磨屑聚集在 AISI 52100 钢标准辊表面生成不连续的转移膜导致的三体磨损。其失效机制示意图如图 3.19 所示。

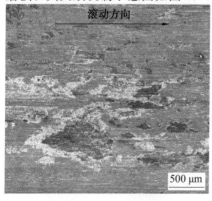

(a) 磨损表面不连续转移膜的微观形貌　　　　　(b) 转移膜上裂纹的微观形貌

图 3.18　D7 标准辊 AISI 52100 钢表面转移膜的微观形貌及 EDS 元素面扫描结果($R_4 = 75\%$, $N = 2.15 \times 10^4$ 次)

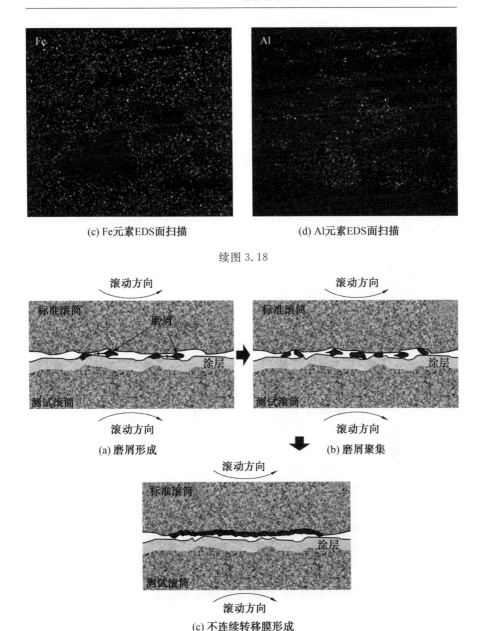

(c) Fe元素EDS面扫描　　　　　　　(d) Al元素EDS面扫描

续图 3.18

(a) 磨屑形成　　　　　　　(b) 磨屑聚集

(c) 不连续转移膜形成

图 3.19　三体磨损失效机制示意图

对不同滑差率下摩擦副间接触区域的油膜厚度 h_m 及油膜参数 λ 的值进行计算以确定润滑状态。由式(2.4)可知,接触副的表面粗糙度是计算油膜参数 λ 所需的关键参数。采用奥林巴斯 OLS4000 型激光 3D 显微镜测定的不同滑差率下不同循环周次对应的 AT40 涂层和 AISI 52100 钢的表面粗糙度,见表 3.3。

表 3.3　不同滑差率下不同循环周次对应的 AT40 涂层和 AISI 52100 钢的表面粗糙度

滑差率	材料	循环周次/次			
		0(初始状态)	10^2	10^3	10^4
$R_1=0$	AT40 涂层	0.62 ± 0.01 μm	0.67 ± 0.03 μm	0.81 ± 0.03 μm	0.93 ± 0.03 μm
	AISI 52100 钢	0.36 ± 0.01 μm	0.28 ± 0.02 μm	0.20 ± 0.02 μm	0.18 ± 0.02 μm
$R_2=25\%$	AT40 涂层	0.62 ± 0.01 μm	0.70 ± 0.05 μm	0.92 ± 0.07 μm	1.24 ± 0.09 μm
	AISI 52100 钢	0.36 ± 0.01 μm	0.37 ± 0.04 μm	0.39 ± 0.05 μm	0.41 ± 0.08 μm
$R_3=50\%$	AT40 涂层	0.62 ± 0.01 μm	0.84 ± 0.07 μm	1.16 ± 0.08 μm	1.84 ± 0.09 μm
	AISI 52100 钢	0.36 ± 0.01 μm	0.40 ± 0.05 μm	0.45 ± 0.06 μm	0.53 ± 0.08 μm
$R_4=75\%$	AT40 涂层	0.62 ± 0.01 μm	0.92 ± 0.08 μm	1.41 ± 0.09 μm	2.11 ± 0.12 μm
	AISI 52100 钢	0.36 ± 0.01 μm	0.46 ± 0.05 μm	0.64 ± 0.07 μm	0.81 ± 0.09 μm

4 种滑差率下不同循环周次对应的 AT40 涂层与 AISI 52100 钢的表面粗糙度变化趋势图如图 3.20 所示。可见随着循环周次的增加,AT40 涂层的表面粗糙度不断增大,且滑差率越大,表面粗糙度增大得越明显。而 AISI 52100 钢表面粗糙度则显示出不同的变化规律,当滑差率 $R_1=0$ 时,其表面粗糙度随着循环周次的增加而不断减小,分析可能是由于纯滚动条件下微磨屑的持续抛光作用产生的。当滑差率分别为 $R_2=25\%$、$R_3=50\%$ 和 $R_4=75\%$ 时,AISI 52100 钢的表面粗糙度也表现为不断增大的趋势,且滑差率越大,表面粗糙度增大得越明显。

基于式(2.5)计算得到不同滑差率下的摩擦副间接触区域的油膜厚度 h_m,代入式(2.4)得到油膜参数 λ 值并判断其润滑状态,结果见表 3.4。可见,当处于滑差率大于 0 的滚动/滑动共存状态时,随着滑差率的增加,摩擦副会更早地进入边界润滑状态,此时润滑油膜不能完全将接触副隔开,材料表面的微凸体将直接接触,从而更容易发生塑性变形、脆性断裂和犁削与黏着磨损。

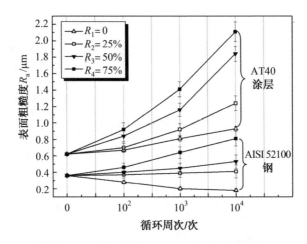

图 3.20　4 种滑差率下不同循环周次对应的 AT40 涂层与 AISI 52100
钢的表面粗糙度变化趋势图

表 3.4　不同滑差率下不同循环周次对应的油膜厚度 h_m 和油膜参数 λ 值及润滑状态

滑差率	油膜厚度 $h_m/\mu m$	特征参数	循环周次/次			
			0(初始状态)	10^2	10^3	10^4
$R_1 = 0$	0.964	油膜参数 λ	1.344	1.328	1.156	1.018
		润滑状态	混合润滑	混合润滑	混合润滑	混合润滑
$R_2 = 25\%$	0.877	油膜参数 λ	1.223	1.108	0.878	0.672
		润滑状态	混合润滑	混合润滑	边界润滑	边界润滑
$R_3 = 50\%$	0.787	油膜参数 λ	1.098	0.846	0.633	0.411
		润滑状态	混合润滑	边界润滑	边界润滑	边界润滑
$R_4 = 75\%$	0.693	油膜参数 λ	0.967	0.674	0.448	0.307
		润滑状态	边界润滑	边界润滑	边界润滑	边界润滑

2. 分层

当滑差率较高时($R_3 = 50\%$、$R_4 = 75\%$)，分层是 AT40 涂层的主导失效模式。图 3.21~3.23 分别为 AT40 涂层在不同试样不同滑差率下典型分层失效的表面微观形貌。由图可见，AT40 涂层在滚动/滑动共存条件下分层失效的表面微观形貌与纯滚动条件下($R_1 = 0$)的没有本质的区别，均具有如下特征：发生失效的面积较大；位于涂层与基体结合界面处；具有陡峭的边缘，且附近分布着表面微观裂纹。

145

图 3.21 AT40 涂层 B5 试样分层失效的表面微观形貌($R_2=25\%$, $N=3.06\times10^4$ 次)

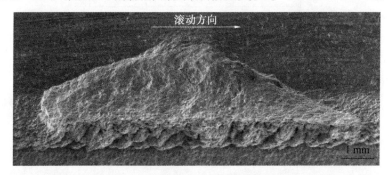

图 3.22 AT40 涂层 C6 试样分层失效的表面微观形貌($R_3=50\%$, $N=2.38\times10^4$ 次)

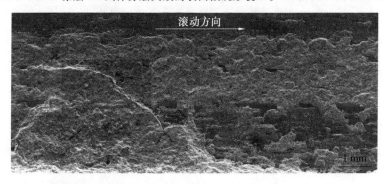

图 3.23 AT40 涂层 D7 试样分层失效的表面微观形貌($R_4=75\%$, $N=2.15\times10^4$ 次)

图 3.24 为 AT40 涂层 D4 试样($R_3=50\%$, $N=1.85\times10^4$ 次)分层失效的界面裂纹与垂直裂纹的微观形貌。由图 3.24(a)可见,分层位于涂层与基体的结合界面处,即界面裂纹的萌生与扩展是导致涂层分层的主要机制。另外,AT40 涂层和黏结层之间的层间裂纹也已经萌生并扩展,但并不是引起涂层分层开裂的主要原因。从图 3.24(a)中还可以发现,在滑差率 $R_4=75\%$ 条件下,当试验进行了 1.85×10^4 周次后发生分层失效时,涂

层的厚度已经不足 300 μm,明显小于原始厚度(400 μm)。这是由于对摩擦副间存在滑动摩擦时,涂层表面在较大的最大剪切应力作用下,发生磨粒磨损、黏着磨损及脆性断裂,导致表层材料的迅速去除,产生大量磨屑并聚集于接触区域,使得粗糙接触状态更加恶化,从而加速磨损的发生,导致涂层厚度明显减薄。由图 3.24(b)可见,由于滑动摩擦将加剧对摩擦副之间的粗糙接触,在发生磨损的粗糙表面处发生了较密集的脆性断裂,产生了大量的微观缺陷和裂纹,这可能成为垂直裂纹的萌生源头,垂直裂纹向涂层内部扩展并可能与最大剪切应力作用下诱发的疲劳裂纹融合,一旦垂直裂纹扩展至涂层/基体界面并与界面裂纹连接,将发生分层失效。

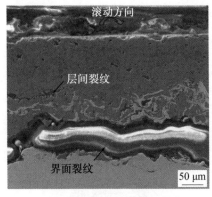

(a) 界面裂纹的微观形貌   (b) 垂直裂纹的微观形貌

图 3.24   AT40 涂层 C4 试样分层失效的界面裂纹与垂直裂纹的微观形貌

($R_3 = 50\%$, $N = 1.36 \times 10^4$ 次)

为了考查滚动/滑动共存条件下 AT40 涂层在滑动摩擦作用下的厚度减薄过程,利用 SEM 观察循环一定周次后涂层的截面并测量其厚度,得到了 AT40 涂层在不同滑差率下竞争性寿命试验的不同阶段的涂层厚度变化规律,如图 3.25 所示。由图可见,滑差率的增加会加速涂层的减薄进程,当循环至 10^4 周次时,不同滑差率下 AT40 涂层的厚度分别为 $T_1 = 384$ μm($R_1 = 0$)、$T_2 = 352$ μm($R_2 = 25\%$)、$T_3 = 304$ μm($R_3 = 50\%$)和 $T_2 = 249$ μm($R_4 = 75\%$),而涂层的厚度变化将显著影响涂层/基体界面处的最大剪切应力值。图 3.26 所示为 4 种滑差率下循环 10^4 周次后 AT40 涂层内部最大剪切应力分布图。由图可见,在循环 10^4 周次后,涂层厚度发生较大改变,4 种滑差率对应的涂层/基体界面处的最大剪切应力值分别为 $\tau_{1\max} = 646$ MPa($R_1 = 0$),$\tau_{2\max} = 702$ MPa($R_2 = 25\%$),$\tau_{3\max} = 788$ MPa($R_3 = 50\%$),$t_{4\max} = 879$ MPa($R_4 = 75\%$)。可见,涂层的减薄过程将使最大剪切应力的峰值向远离涂层表面方向移动,即增大界面处的最大剪切应力,从而诱发涂层的界面分层失效。

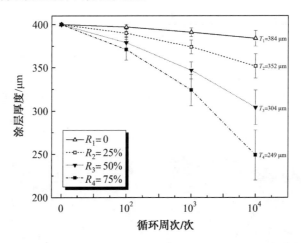

图 3.25　不同滑差率下不同循环周次对应的 AT40 涂层厚度变化趋势图

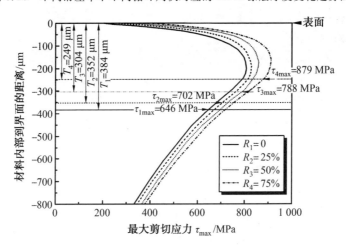

图 3.26　4 种滑差率下循环 10^4 周次后 AT40 涂层内部最大剪切应力分布图

综上所述,在滚动/滑动共存的条件下(滑差率大于 0),AT40 涂层的分层失效机制为:虽然滑差率增加时涂层内部最大剪切应力的峰值升高并不十分显著,但是由于滑动磨损导致涂层厚度的持续减薄,使得涂层/基体界面处最大剪切应力的峰值显著升高,因此易于在弹性不匹配的结合界面处诱发疲劳裂纹并持续扩展;同时涂层表面在磨粒磨损、黏着磨损和三体磨损机制的作用下,粗糙接触区域易产生脆性断裂,可能成为垂直裂纹萌生的源头,垂直裂纹向涂层内部扩展并与界面裂纹连接,从而引发涂层失稳断裂,发生分层失效。

3.2.4 滚动/滑动状态下再制造涂层竞争性寿命预测模型建立

1. 涂层竞争性寿命及失效模式统计

4 种滑差率下 AT40 涂层的竞争性寿命(循环周次)及失效模式统计结果见表 3.5。不同滑差率下 AT40 涂层失效模式统计图如图 3.27 所示。分析可知:当滑差率为 0 时,AT40 涂层的主要失效模式表现为剥落和表面磨损,仅有一个试样发生了分层失效;当滑差率大于 25% 时,未发现发生剥落失效的试样,表面磨损和分层成为 AT40 涂层失效的主导模式,且随着滑差率的增加,涂层发生分层失效的概率也增大;当滑差率增加至75% 时,分层失效试样占总体失效试样的 80%。

表 3.5 4 种滑差率下 AT40 涂层的竞争性寿命及失效模式统计结果

序号	$R_1 = 0$		$R_2 = 25\%$		$R_3 = 50\%$		$R_4 = 75\%$	
	$N/$ ($\times 10^4$ 次)	失效模式	$N/$ ($\times 10^4$ 次)	失效模式	$N/$ ($\times 10^4$ 次)	失效模式	$N/$ ($\times 10^4$ 次)	失效模式
1	3.12	分层	1.85	分层	1.02	分层	0.65	分层
2	3.34	剥落	2.28	表面磨损	1.33	分层	0.97	分层
3	3.75	剥落	2.59	分层	1.61	分层	1.19	分层
4	3.99	表面磨损	2.85	分层	1.85	分层	1.36	分层
5	4.37	剥落	3.06	分层	2.13	表面磨损	1.51	分层
6	4.48	剥落	3.39	表面磨损	2.38	分层	1.77	分层
7	4.65	表面磨损	3.64	表面磨损	2.66	分层	2.15	分层
8	4.92	剥落	4.03	表面磨损	2.91	表面磨损	2.38	分层
9	5.13	表面磨损	4.47	表面磨损	3.45	表面磨损	2.64	表面磨损
10	5.3	剥落	4.94	表面磨损	3.74	表面磨损	3.17	表面磨损

2. 涂层竞争性寿命评估研究

对表 3.5 中不同滑差率下 AT40 涂层的竞争性寿命数据进行处理,发现表 3.5 中的寿命数据符合 Weibull 分布,采用极大似然估计法得到了表 3.6 所示的两参数 N_a 和 β 的估计值。

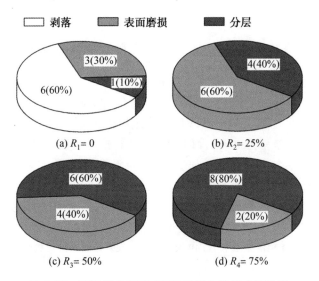

图 3.27　不同滑差率下 AT40 涂层失效模式统计图

表 3.6　不同滑差率下 AT40 涂层寿命 Weibull 分布的 N_a 和 β 值

滑差率	$R_1 = 0$	$R_2 = 25\%$	$R_3 = 50\%$	$R_4 = 75\%$
$N_a/(\times 10^4$ 次$)$	4.600 8	3.659 8	2.570 4	2.059 4
β	7.338 9	3.953 2	3.413 7	3.972 7

　　将表 3.6 中的 N_a 和 β 的估计值代入式(3.4),得到以循环周次 N 为横坐标、失效概率 P 为纵坐标的 AT40 涂层 $P-N$ 寿命曲线,如图 3.28 所示。由图可见,Weibull 分布较好地表征了 AT40 涂层的竞争性寿命的演变规律。随着滑差率的增大,AT40 涂层的寿命明显缩短,且对应的斜率 β 也随滑差率的增大而减小,即滑差率越大,涂层寿命的分散性越大。

$$P(N) = 1 - e^{-\left(\frac{N}{N_a}\right)^\beta} \tag{3.4}$$

式中　$P(N)$——失效概率函数;

　　　N——试验得到的寿命值;

　　　N_a——失效概率所对应的特征寿命;

　　　β——Weibull 曲线的斜率,即 Weibull 分布的形状参数,其值的大小反映分布的分散性,β 值越大,Weibull 分散性越小。

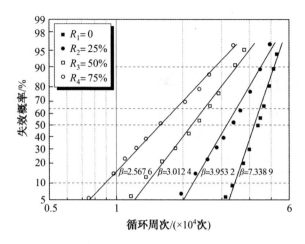

图 3.28　4 种滑差率对应的 AT40 涂层的 $P-N$ 寿命曲线

3.3　超音速等离子喷涂 $NiCr-Cr_3C_2$ 涂层的竞争性寿命评估

3.3.1　$NiCr-Cr_3C_2$ 涂层的竞争性失效机制

1. 表面磨损失效

点蚀失效也称表面磨损失效,是一种典型的接触疲劳失效模式。点蚀失效的材料破坏深度较浅,一般在 $20\sim30~\mu m$。图 3.29 为典型的表面磨损失效形貌及其对应的三维形貌图。涂层点蚀失效主要是由涂层结构的不均匀、微区应力集中及黏着磨损共同导致的材料表面磨损。$25\%NiCr-Cr_3C_2$涂层表面与标准辊接触时,在应力作用下微凸体在接触区域发生黏着,在较大的剪切应力作用下,黏着部位与涂层发生剥离而形成点蚀坑。另外,由于涂层具有多界面性,在表面接触应力的作用下,表层产生塑性流变并在相界处形成微裂。裂纹形成后,在循环应力作用下,润滑油被反复压入其中,迫使裂纹增大,最终裂纹扩大到涂层表面,涂层表层材料被部分去除形成磨粒,涂层表面出现初始点蚀坑。随后在磨粒、涂层及测试辊作用下形成三体磨损,涂层磨损过程加快而形成大量麻点,从而导致涂层最终失效。

2. 剥落失效

剥落失效是涂层的另一种典型接触疲劳失效模式。一般认为,剥落失

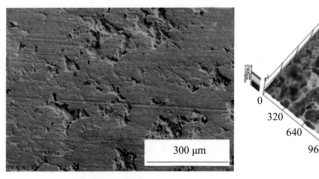
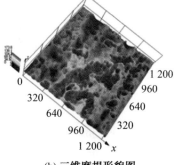

(a) 磨损表面SEM图　　　　　　(b) 三维磨损形貌图

图 3.29　典型的表面磨损失效形貌及其对应的三维形貌图

效的初始裂纹在涂层的次表面或表面萌生并扩展,厚度一般小于 $100~\mu m$。典型的剥落失效形貌及其对应的三维形貌图如图 3.30 所示。涂层的剥落失效与表面磨损及涂层的微观结构有关。剥落失效主要诱因并非最大剪切应力或正交剪切应力,而是由交变接触应力引起的内部微观应力集中。$25\%NiCr-Cr_3C_2$ 涂层为多相结构,与自溶剂合金涂层相比,金属陶瓷涂层的孔隙率较高,内部存在的微观缺陷较多,在高接触应力的作用下,容易在涂层的表面和亚表面的微缺陷处产生应力集中而引起裂纹在该处萌生。由于涂层的特殊层状结构,早期裂纹在循环应力作用下,裂纹沿着涂层颗粒界面处扩展并形成空间闭合而导致剥落失效。同时,在循环应力作用下,涂层内部发生强烈的塑性变形,由于 $NiCr$ 和 Cr_3C_2 形变差异,质相 Cr_3C_2 处产生应力集中,硬质相边缘产生裂纹,随着循环周次的增加,硬质相特别是涂层表面硬质相发生剥落。

(a) 剥落失效形貌图　　　　　　(b) 对应的三维形貌图

图 3.30　典型的剥落失效形貌及其对应的三维形貌图

3. 分层失效

图 3.31 所示为典型的涂层分层失效表面微观形貌及其对应的局部放大图。相比于图 3.29 的点蚀失效和图 3.30 的剥落失效,分层失效是最严重的失效模式,其失效面积更大、深度更深,分层部位的金属基体基本完全裸露。

涂层失效模式与涂层的状态,如涂层的厚度、涂层内聚强度及涂层与基体的结合强度等有关,疲劳裂纹易在较大剪切应力部位的微观缺陷处(未熔颗粒、空隙、层间裂纹等)萌生并扩展。一般认为涂层厚度较大时,最大剪切应力分布(距离涂层表面约 $0.67b,b$ 为接触区半宽)在涂层内部,裂纹容易在涂层内部萌生并扩展,而厚度较小时,最大剪切应力分布在基体内或涂层与基体的结合界面处。由于涂层内聚强度和结合强度一般低于基体内聚强度,在循环应力的作用下,首先在结合界面处形成裂纹并扩展,最终发展成界面分层失效。本节中产生的分层失效均分布在测试辊的边缘附近,严重的分层发展至测试辊的一边甚至贯穿涂层两侧。分析认为,最大剪切应力是产生本节中分层失效的主要原因,裂纹首先在最大剪切应力处萌生,随着循环周次的增加,裂纹近似地垂直于涂层表面扩展,最终裂纹贯穿涂层结合界面至涂层表面。同时由于测试件的宽度限制,涂层边缘处的颗粒(涂层内部颗粒及大气对涂层边缘或涂层内部颗粒作用力不同)处于不平衡状态,成为涂层的薄弱部位,裂纹垂直于涂层表面扩展的同时,也向测试辊宽度方向扩展,致使部分分层失效贯穿至测试辊一边甚至贯穿至测试辊两侧。

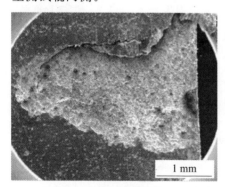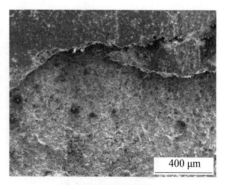

(a) 分层失效表面形貌   (b) 对应的局部放大图

图 3.31 典型的涂层分层失效表面微观形貌及其对应的局部放大图

3.3.2　涂层竞争性失效及寿命演变规律

在某一固定滑差率下,涂层疲劳失效和磨损失效相互共存且相互竞争。随着滑差率的增加,线接触疲劳失效和磨损失效比例不断发生变化,其寿命也随之发生演变。本小节分别对滑差率为 20％条件的涂层竞争失效和不同滑差率下的寿命演变进行了较深入的探讨。

1. 涂层竞争性失效模式及寿命统计

本节研究固定滑差率下的竞争失效关系,其中采用固定滑差率 20％、固定转速 800 r/min、固定载荷 1 000 N 的工况进行试验,进行不少于10 个试样的平行试验,寿命低于 10 000 周次的试验作为奇异数据进行剔除。不同滑差率下的涂层失效模式和寿命统计见表 3.7。从表中可以看出,在20％滑差率下,涂层的失效模式包含磨损失效、剥落失效和分层失效 3 种基本的失效模式,其中磨损失效模式占全部失效模式的 50％,剥落失效模式占全部失效模式的 30％。磨损失效是摩擦磨损条件的基本失效模式,滑差率的引入使涂层的服役工况中增加了摩擦磨损工况,因此涂层的失效模式中包含了一定程度的磨损失效。

表 3.7　不同滑差率下的涂层失效模式和寿命统计

序号	$R_1 = 0$		$R_2 = 20\%$		$R_3 = 40\%$	
	$N/(\times 10^4$ 次$)$	失效模式	$N/(\times 10^4$ 次$)$	失效模式	$N/(\times 10^4$ 次$)$	失效模式
1	7.7	分层	7.5	分层	4.7	分层
2	9.5	剥落	13.6	剥落	17.7	表面磨损
3	10.1	分层	13.9	分层	20.2	表面磨损
4	10.7	表面磨损	14.7	表面磨损	22.7	剥落
5	11.4	分层	15.7	表面磨损	27.3	表面磨损
6	13.8	表面磨损	15.8	剥落	30.6	剥落
7	14.9	剥落	20.8	剥落	31.0	表面磨损
8	15.6	分层	22.9	表面磨损	42.9	表面磨损
9	19.3	表面磨损	24.0	表面磨损	60.6	表面磨损
10	23.9	表面磨损	25.6	表面磨损	61.6	表面磨损
平均寿命	13.69		17.45		31.93	

从表 3.7 中的涂层"失效模式"一栏可以看出,20％滑差率下的涂层接触疲劳寿命离散程度较大,从最低的 $7.5×10^4$ 次到最高的 $25.6×10^4$ 次,循环周次的平均值为 $17.45×10^4$ 次。不同滑差率下 NiCr—Cr_3C_2 涂层的失效模式统计图如图 3.32 所示。可以发现,分层失效的平均寿命最低,剥落失效的平均寿命次之,表面磨损失效的平均寿命最高。从涂层的失效机理来看,分层失效是涂层接触疲劳最严重的失效模式,往往伴随着大块涂层的掉落,具有突发性,因此其寿命较低。而磨损失效是涂层接触疲劳失效中最为轻微的失效形式,磨损失效模式及寿命与接触面的表面粗糙度、硬度、接触应力状态、接触形式等有关,一般认为硬度越高的材料,其耐磨性越好。

NiCr—Cr_3C_2涂层的显微硬度为 $HV_{0.3}1\ 000$,在与标准辊接触时,涂层的表面不易发生磨损,随着接触疲劳过程的进行,部分性能较弱的涂层发生黏着而掉落,在摩擦热量和润滑油的共同作用下,前期掉落的涂层与接触副之间发生三体磨损,从而使涂层的磨损加剧,最终导致涂层失效。

2. 不同滑差率下的涂层寿命演变规律

对 3 种不同滑差率下的 NiCr—Cr_3C_2 涂层的竞争性寿命及失效模式进行了统计,统计结果见表 3.7。不同滑差率下的 NiCr—Cr_3C_2 涂层的失效模式统计图如图 3.32 所示。对统计结果进行分析发现,当滑差率为 0时,即纯滚动接触疲劳时,NiCr—Cr_3C_2涂层的主要失效模式为表面磨损失效和分层失效,各占总比例的 40％,随着滑差率的增加表面磨损失效所占比例逐渐增加,在滑差率为 20％时,表面磨损失效模式占总试样的 50％,而在滑差率为 40％时,表面磨损失效模式占总试样的 70％。剥落失效和分层失效模式为接触疲劳失效的主要失效模式,而表面磨损失效是摩擦磨损失效的主要失效模式,随着滑差率的增加,涂层的摩擦磨损比重增加,其失效模式也由疲劳和表面磨损为主导的失效模式演变成为表面磨损为主导的失效模式。

分别对 3 种不同滑差率下的涂层寿命进行统计分析发现,随着滑差率的增加,涂层的寿命增加显著。当滑差率为 0 时,涂层的总体平均寿命为 $13.69×10^4$ 周次。当滑差率为 20％时,涂层的平局寿命为 $17.45×10^4$ 周次,比纯滚动条件下的涂层寿命增加 1.27 倍。当滑差率为 40％时,涂层的平局寿命高达 $31.93×10^4$ 周次,是纯滚动条件下涂层寿命的 2.33 倍。图 3.33 为 NiCr—Cr_3C_2涂层在 3 种滑差率下不同失效模式寿命统计图,分别对不同滑差率下的同种失效模式寿命进行统计分析发现,3 种滑差率下的

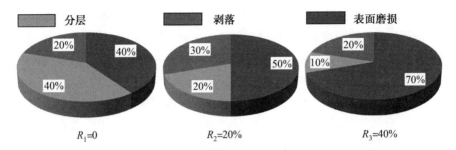

图 3.32　不同滑差率下 NiCr－Cr$_3$C$_2$涂层的失效模式统计图

寿命均呈现相同的趋势,分层失效寿命最低,其次为剥落失效,表面磨损失效的寿命最高。分析认为,分层失效和剥落失效是较严重的疲劳失效模式,其突发裂纹首先在涂层内部萌生并扩展,裂纹形成以后,迅速扩展并导致涂层发生大块剥落,进而发生失效。表面磨损失效是较轻微的失效模式,裂纹首先在涂层表面形成并扩展,表层裂纹的扩展使涂层发生较浅层次的磨削,磨削形成后再与摩擦副一起形成三体磨损,加速涂层的磨损,上述过程的重复导致涂层发生失效。当大量磨痕形成后,声发射信号判定涂层失效,整个过程需要相对较长的时间,涂层寿命较长。

　　滑差率不同,涂层的整体寿命分布也不相同,滑差率的变化,涂层的寿命也随之发生演变。当滑差率为 0 时,涂层的 3 种失效模式的寿命十分接近,分布在$(1\sim1.5)\times10^5$r;而当滑差率为 20％时,涂层的寿命发生了一定程度的离散;滑差率为 40％时涂层的寿命进一步发生离散,但整体寿命呈现增长趋势。

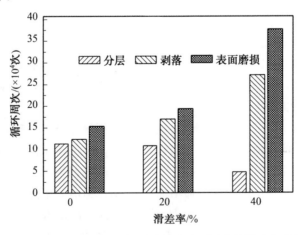

图 3.33　NiCr－Cr$_3$C$_2$涂层在 3 种滑差率下不同失效模式寿命统计图

3. P－N 曲线

对表 3.7 所示的 3 种不同滑差率下的 NiCr－Cr₃C₂涂层的线接触疲劳寿命数据进行计算,得到的 N_a 和 β 估计值见表 3.8。

表 3.8　不同滑差率下的 N_a 和 β 估计值

滑差率	$R_1=0$	$R_2=20\%$	$R_3=40\%$
Na($\times10^4$次)	15.33	19.4	35.93
β	3.07	3.7	1.9

将表 3.8 中不同滑差率下的 N_a 和 β 估计值代入 Weibull 分布方程,得到以失效概率 P 为纵坐标,以接触疲劳寿命 N 为横坐标的 NiCr－Cr₃C₂涂层的接触疲劳 P－N 曲线,如图 3.34 所示。

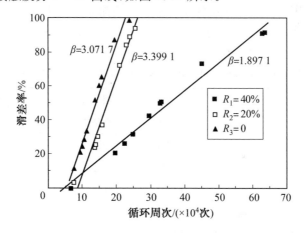

图 3.34　不同滑差率下的 NiCr－Cr₃C₂涂层的接触疲劳 P－N 曲线

由图 3.34 可见,随着滑差率的增大,涂层的寿命分散性越大,在滑差率为 0 和 20％时,涂层的接触疲劳寿命基本分布在$(1\sim2.5)\times10^5$ r;而滑差率上升到 40％时,涂层的接触疲劳寿命分布十分分散,主要分布在$(2\sim6.5)\times10^5$ r。通过该图也可直观地看出,涂层的接触疲劳寿命也随着滑差率的增加而增加,并可以初步预计滑差率在 20％以下时,涂层的寿命增加不是很明显,而滑差率在 20％～40％时,涂层的平均寿命增加明显,但是涂层发生随机失效的可能性更大,即涂层的寿命预判难度更大。这一现象与涂层的性质相关,NiCr－Cr₃C₂涂层为金属陶瓷复合涂层,该涂层相对于其他合金涂层而言具有相对较高的硬度,而相对于陶瓷涂层又具有一定的韧性。韧性能使涂层的耐疲劳性能增强,而硬度能够增加涂层的耐磨性能,随着滑差率的增加,接触疲劳的性质发生了较大的变化,其中摩擦比重越来越大,此时 NiCr－Cr$_3$C$_2$ 涂层的高硬度在服役过程中起到了决定性的作用,从而增加涂层的服役寿命。

3.4　超音速等离子喷涂 NiCrBSi－30％Mo 涂层的竞争性寿命评估

3.4.1　NiCrBSi－30％Mo 涂层的竞争性失效模式及寿命统计

处理前后涂层在滑差率为 50％ 的条件下的接触疲劳寿命及失效模式统计,见表 3.9。火焰重熔涂层的循环周次为喷涂涂层的 5.7 倍,热等静压涂层的循环周次为喷涂涂层的 4.2 倍。与喷涂涂层相比,后处理涂层在滑差率为 50％ 和 0 的条件下的循环周次比值增大,说明在较为恶劣的条件下后处理涂层抵抗疲劳的能力更强。

表 3.9　NiCrBSi－30％Mo 涂层的循环周次及失效模式统计

序号	喷涂涂层		火焰重熔涂层		热等静压涂层	
	N/(×10⁴次)	失效模式	N/(×10⁴次)	失效模式	N/(×10⁴次)	失效模式
1	3.12	点蚀	12.87	点蚀	7.23	层内分层
2	2.28	界面分层	10.05	剥落	10.15	点蚀
3	2.49	点蚀	13.03	剥落	8.05	点蚀
4	2.07	点蚀	9.23	剥落	7.55	剥落
5	1.46	界面分层	14.99	剥落	9.75	点蚀
6	1.59	点蚀	12.05	点蚀	10.35	剥落
7	1.02	界面分层	11.89	剥落	10.95	点蚀
8	2.32	剥落	13.08	点蚀	6.81	层内分层
9	3.06	点蚀	10.23	剥落	6.21	层内分层
10	2.87	界面分层	14.45	点蚀	7.48	点蚀
平均寿命	2.23		12.19		8.45	

根据表 3.9 分析得到的有滑差率的条件下 NiCrBST－30％Mo 涂层失效模式统计图,如图 3.35 所示。与纯滚动条件下的失效模式对比,3 种

涂层的失效模式有所变化。喷涂涂层的失效模式由点蚀和剥落为主转变为点蚀（占 50％）和分层（占 40％）为主，热等静压涂层点蚀失效和分层失效的概率也均增加，分别占 50％和 30％，而火焰重熔涂层的失效模式则由点蚀失效（占 80％）为主转变为剥落失效（占 60％）为主。

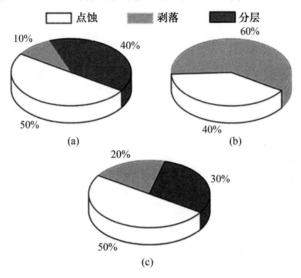

图 3.35　NiCrBSi－30％Mo 涂层的失效模式统计图

表 3.10 为滑差率为 50％的条件下的两参数 N_a 和 β 的估计值，与纯滚动条件下得到的 3 种涂层的 N_a 和 β 的大小关系相同。但与纯滚动条件相比，在滑差率为 50％的条件下每种涂层 N_a 的值明显减小，这与涂层所受内应力有关。形状系数 β 减小，说明在滑差率为 50％的条件下，涂层的疲劳寿命更加分散。

表 3.10　NiCrBSi－30％Mo 涂层的寿命 Weibull 分布的 N_a 和 β 值

	喷涂涂层	火焰重熔涂层	热等静压涂层
$N_a /(\times 10^4 次)$	2.50	12.95	9.13
β	3.92	7.86	5.88

处理前后 NiCrBSi－30％Mo 涂层的接触疲劳寿命 Weibull 分布曲线，如图 3.36 所示。随着滑差的出现，涂层寿命分散性均有所增加。通过图 3.36 可以预测 3 种涂层在滑差率为 50％、外加载荷为 1 000 N 的条件下不同失效概率对应的接触疲劳寿命。

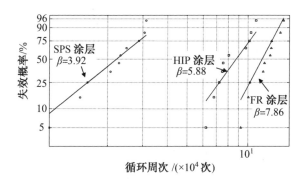

图 3.36　有滑差的条件下 NiCrBSi－30％Mo 涂层的 $P-N$ 曲线

3.4.2　滑差作用下涂层失效机制转变的影响因素

1. 微缺陷主导的材料失效

由微缺陷主导的材料失效模式主要表现为点蚀失效和分层失效的概率增加,喷涂涂层和热等静压涂层主要表现为微缺陷主导的材料失效。在有滑差条件下喷涂涂层点蚀失效形貌如图 3.37 所示。

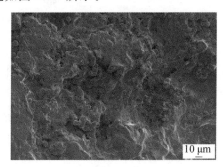

(a) 点蚀坑截面　　　　　　　　　　　(b) 点蚀坑放大形貌

图 3.37　在有滑差条件下喷涂涂层点蚀失效形貌

在滑差率为 50％ 的条件下,由于测试辊和标准辊之间的相对滑动加剧,此时粗糙表面微凸体产生相互啮合、碰撞及塑性变形,将加速磨粒的形成。涂层内部切应力增加,且有趋于涂层表面的趋势。在外加作用力下,由于涂层内部存在未熔颗粒、孔隙、裂纹等微缺陷,因此极易导致应力集中,加速点蚀坑的连接,如图 3.37(a) 所示,形成点蚀失效。图 3.37(b) 展示了点蚀坑脆性断裂的形貌,在脆裂断性区域,发现大量的裂纹等微缺陷,这是垂直裂纹形核的源头,一旦垂直裂纹扩展至与最大切应力诱发产生的疲劳裂纹交织、融合,或者扩展至与涂层和基体结合处的裂纹相连接将导致分层。

2. 内应力主导的材料失效

由内应力主导的材料失效模式主要表现为剥落失效的概率增加,火焰重熔涂层主要表现为由内应力主导的材料失效,随着载荷环境恶化材料失效情况越来越恶劣,涂层内部更深区域裂纹开始萌生、扩展,即不仅局限于表面,还存在于近表面,随着近表面裂纹交织,形成剥落而失效。图 3.38 为火焰重熔涂层的失效形貌。图 3.38(a)为无滑差条件下火焰重熔涂层点蚀失效的截面形貌,图 3.38(b)为有滑差条件下火焰重熔涂层剥落失效的截面形貌。

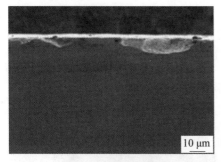
(a) 点蚀坑截面

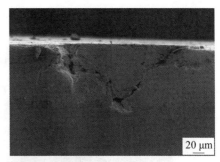
(b) 剥落截面

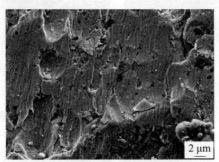
(c) 剥落坑放大图

图 3.38 火焰重熔涂层的失效形貌

对比图 3.38(a)和图 3.38(b)发现,在滑差率为 50％的条件下,裂纹形核和扩展的深度增加。图 3.38(c)展示了重熔涂层典型的疲劳形貌。涂层内部结构致密,裂纹源较少,从而增强了其抵抗裂纹生成和扩展的能力。

3.5　热等静压 $NiCr-Cr_3C_2$ 涂层的竞争性寿命评估

热等静压(Hot Isostatic Pressing,HIP)工艺是一种以 Ar、N_2 等惰性气体为传压介质,将试样放置到密闭的容器中,在 $100\sim200$ MPa 压力和 $900\sim2\,000$ ℃温度的共同作用下,向试样施加各向同等的压力,对试样进行压制烧结处理的技术。对超音速等离子制备的 $NiCr-Cr_3C_2$ 涂层进行热等静压处理,并与未做处理的涂层进行对比,分析处理前后涂层的孔隙率、组织结构、力学性能的变化。探讨同等接触应力条件下,热等静压对涂层接触疲劳寿命的影响。在试验过程中,温度为设定为 $1\,000$ ℃、压力为 150 MPa、时间为 3 h、升温降温速度为 4 ℃/min。采用润滑油中添加超硬微粒亚微米级 SiC 添加剂的方法进行加速疲劳试验,以缩短试验周期。

3.5.1　涂层微观组织与相结构

1. 截面形貌

热等静压前后 $NiCr-Cr_3C_2$ 涂层的截面 SEM 形貌图如图 3.39 所示。

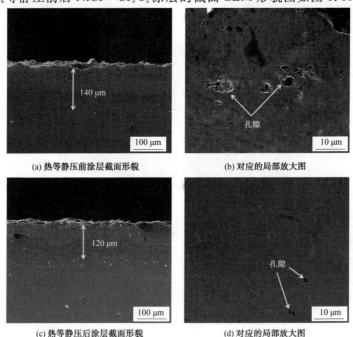

(a) 热等静压前涂层截面形貌　　　　　(b) 对应的局部放大图

(c) 热等静压后涂层截面形貌　　　　　(d) 对应的局部放大图

图 3.39　热等静压前后 $NiCr-Cr_3C_2$ 涂层的截面 SEM 形貌图

从图 3.39(a)和图 3.39(c)中可以看出,热等静压前涂层厚度在 140 μm 左右,热等静压后涂层厚度减小到 120 μm 左右。从放大图 3.39(b)和(d)可以看出,热等静压前涂层孔隙数量和尺寸相对多且大,热等静压后涂层孔隙数量明显减少、尺寸明显减小。

为进一步确定热等静压是否能有效地减少孔隙数量,对处理前后每种涂层,随机选取 10 张放大倍数为 1 000 倍的 SEM 截面照片进行灰度处理来计算涂层孔隙率,并取平均值。测得原始涂层的孔隙率为 1.89%,热处理后的孔隙率为 1.38%。如图 3.40 所示。分析认为,在高温高压作用下,涂层致密化过程以塑性变形机制和扩散蠕变机制为主。当粉末体所受到的压应力超过其屈服切应力时,颗粒将以滑移的形式产生塑性变形,那一部分颗粒就会被挤入与之邻近的孔隙中,这样孔隙不断被挤入的颗粒填充,使其密度显著增加,致使涂层的总体厚度变小,孔隙率降低。

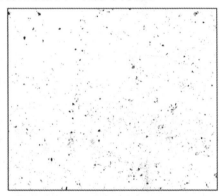

(a) 热等静压后

(b) 热等静压前

图 3.40　NiCr—Cr₃C₂涂层截面形貌图及灰度法孔隙率计算示意图

2. 断面形貌

热等静压前后 $NiCr-Cr_3C_2$ 涂层断口 SEM 形貌图如图 3.41 所示。从图 3.41(a)和图 3.41 (c)中可以看出,热等静压前涂层呈层状组织平铺堆叠状,层与层之间有缝隙和孔洞存在。这是因为在喷涂过程中喷涂粉末经加热、熔化、熔滴喷射到基体表面,相互撞击、堆叠从而形成层状结构,但由于焰流速度太快,先前的液态颗粒还未来得及完全铺平或没有填充到底层的孔隙中就被后面的颗粒盖住,造成了涂层的孔隙结构。$NiCr-Cr_3C_2$ 涂层经 150 MPa、1 000 ℃、3 h 的 HIP 工艺处理后,未见明显的层状结构,组织变得致密平整,孔隙数量及尺寸也相应减小,如图 3.41(c)和(d)所示。这是因为在 HIP 的高温高压的双重作用下,原子活动能力增强,颗粒间元素相互扩散,层与层之间的孔隙闭合,原来疏松的层状组织被压紧,改善了涂层断口质量。

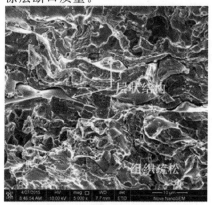

(a) 热等静压前涂层断口形貌

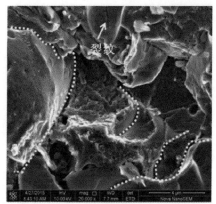

(b) 局部放大图

(c) 热等静压后涂层断口形貌

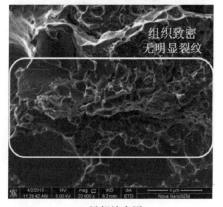

(d) 局部放大图

　　　　图 3.41　热等静压前后 $NiCr-Cr_3C_2$ 涂层断口 SEM 形貌图

3.涂层相结构

热等静压前后 NiCr−Cr₃C₂ 涂层的 TEM 图谱如图 3.42 所示。从图中可以看出,热等静压后涂层晶粒尺寸明显减小。晶粒细化在一定程度上可以提高材料的强度和韧性。众所周知,裂纹通常易于在夹杂物、孔洞或者体积较大的碳化物与基体结合的界面及晶界处萌生。在循环交变应力作用下,材料会发生局部应变,产生塑性变形,当产生的应变积累到一定程度时,就会诱发裂纹萌生。热等静压处理后,晶粒得到细化,晶粒细化后,就能够使孔洞、夹杂物附近的晶体迅速地产生应变强化,从而减少应变累积,减缓或消除裂纹萌生出现的可能,提高涂层的综合性能。

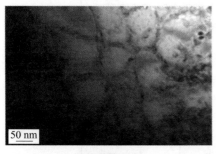

(a) 热等静压前   (b) 热等静压后

图 3.42 热等静压前后 NiCr−Cr₃C₂涂层的 TEM 图谱

3.5.2 涂层力学性能

图 3.43～3.45 分别为热等静压前后 NiCr−Cr₃C₂ 涂层的显微硬度、结合强度、弹性模量的测量结果。从图中可以看出,经热等静压处理后涂层的显微硬度和结合强度均略有升高,显微硬度从 $HV_{0.3}973$ 变为 $HV_{0.3}1\ 056$,结合强度由原来的 68 MPa 升高到 71 MPa,弹性模量平均值从原来的 288.4 GPa 增加到 341.8 GPa。这是因为高温高压下,使得涂层组织致密,缺陷减小,涂层与基体间实现了少量的冶金结合,故涂层的显微硬度和结合强度会略有提升。

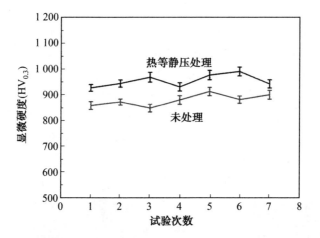

图 3.43　热等静压前后 NiCr－Cr_3C_2 涂层的显微硬度

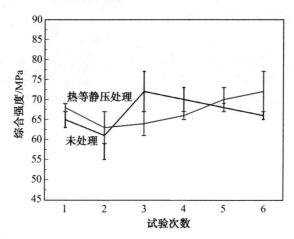

图 3.44　热等静压前后 NiCr－Cr_3C_2 涂层的结合强度

3.5.3　热等静压对涂层的竞争性寿命的影响

1. 试验参数

　　基于 RM－1 接触疲劳/磨损多功能试验机对热等静压后的测试辊进行竞争性寿命试验。试验参数为：采用润滑油加硬质颗粒的润滑条件，固定转速为 600 r/min，滑差率为 25%，接触应力分别设为 0.5 GPa、0.75 GPa、1.0 GPa。

2. 竞争性寿命实验和寿命表征

　　为保证实验数据的可靠性，每组参数保证有 10 个可用数据。现将涂

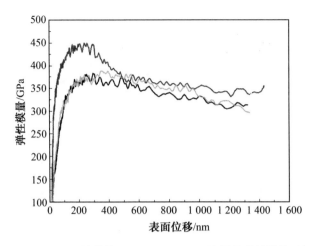

图 3.45　热等静压后 NiCr－Cr₃C₂涂层的弹性模量

层寿命及竞争性失效模式进行汇总。从表 3.11 和图 3.46 中可以看出,接触应力 $S_1＝0.5$ GPa 时,涂层仅发生表面磨损和剥落失效,且以表面磨损失效为主,占全部失效试样的 70%,平均循环周次为 $2.267×10^5$。接触应力 $S_2＝0.75$ GPa 时,有 5 个试样发生表面磨损失效,4 个试样发生剥落失效,仅有一个试样发生层内分层失效,平均循环周次为 $1.984×10^5$。接触应力 $S_3＝1.0$ GPa 时,层内分层失效的比例增大,占全部失效试样的40%,平均循环周次为 $1.058×10^5$。可见,随着接触应力的增大,涂层寿命降低,涂层的失效模式也由表面磨损失效逐渐向剥落、层内分层失效过渡。

表 3.11　不同接触应力下的后处理涂层失效模式和寿命统计

序号	$S_1＝0.5$ GPa		$S_2＝0.75$ GPa		$S_3＝1.0$ GPa	
	$N/(×10^5$次)	失效模式	$N/(×10^5$次)	失效模式	$N/(×10^5$次)	失效模式
1	3.46	表面磨损	2.93	表面磨损	1.73	剥落
2	3.05	表面磨损	2.76	表面磨损	1.58	表面磨损
3	2.87	剥落	2.50	表面磨损	1.40	剥落
4	2.59	表面磨损	2.35	剥落	1.26	剥落
5	2.33	表面磨损	2.11	表面磨损	1.12	层内分层
6	2.11	表面磨损	1.98	剥落	0.95	剥落
7	1.86	表面磨损	1.69	表面磨损	0.81	剥落
8	1.64	表面磨损	1.40	剥落	0.69	层内分层
9	1.49	剥落	1.17	剥落	0.58	层内分层
10	1.27	剥落	0.95	层内分层	0.46	层内分层
平均寿命	2.267		1.984		1.058	

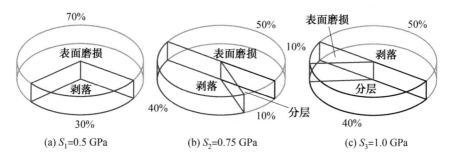

(a) S_1=0.5 GPa　　　　(b) S_2=0.75 GPa　　　　(c) S_3=1.0 GPa

图 3.46　不同接触应力下涂层失效模式统计图

3.5.4　热等静压前后涂层寿命与失效机制变化

热等静压前后 NiCr－Cr$_3$C$_2$ 涂层的寿命对比统计图如图 3.47 所示。从图中可以看出,无论是热等静压处理前还是热等静压处理后,涂层的接触疲劳寿命均随接触应力的增大而降低。在同一接触应力下,经热等静压处理的涂层寿命明显高于未做处理的涂层。

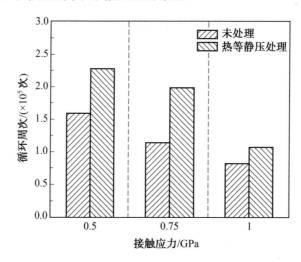

图 3.47　热等静压前后 NiCr－Cr$_3$C$_2$ 涂层的寿命对比统计图

热等静压前后涂层的失效模式对比图如图 3.48 所示。从图中可以看出,接触应力从 0.5 GPa 增大到 1.0 GPa,经热等静压处理后,涂层发生表面磨损、剥落、分层失效的时间均向后延长,即循环周次增大。如热等静压前涂层在 1.38×10^5 循环周次下就会发生表面磨损失效,而热等静压后,涂层在 1.58×10^5 循环周次下才发生表面磨损失效。从图中还可以看出,热等静压处理前,涂层的主要失效模式以剥落和分层失效为主。热等静压处理后,涂层的失效模式转变为以表面磨损和剥落失效为主。分析认为,热等静压后涂层与基体之间实现部分冶金结合,提高了结合强度,故不易发生界面分层失效。而且热等静压后涂层的组织更为致密,孔隙数量相应地减少,尺寸也相应地减小,这大大降低了微裂纹萌生的概率,层间内聚力也得到了提高。

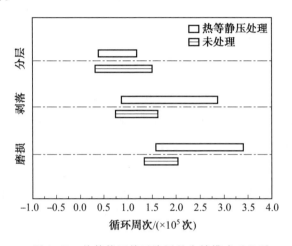

图 3.48　热等静压前后涂层的失效模式对比图

3.6　等离子喷涂 $Cr_2O_3-TiO_2$ 涂层的竞争性寿命评估

3.6.1　表面自由能分析

表面自由能理论认为,物质的表面自由能是由于表层原子或分子受力不均衡而产生的表面能量过剩。即在物质内部,原子或分子之间的运动状态受到周围其他原子或分子的约束而处于均衡的力场中,但物质表面层原子或分子由于缺少某一方向原子或分子的制约,而处于一种非平衡状态,因此造成表面能量的过剩,这一过剩的能量称为表面自由能。

表面自由能不仅是物质表面整体状态的度量单位,同时自由能的变化也会影响到物质表面的诸多特性,如耐磨耐腐蚀性能、电化学性能及吸光吸波性能等。因此,研究物质表面自由能可以从更加微观的方面了解物质的特殊属性。等离子喷涂是将粉末在喷枪内部加热熔化,在高温高压作用下以较高的速度撞击到基体上形成完整涂层的技术。由于粉末颗粒的熔化状态、颗粒的扁平程度,以及形成涂层后孔隙裂纹的分布状态,均会对涂层表面的形貌造成影响。因此,喷涂过程会直接影响涂层的表面自由能。另外,随着第二相物质的加入,原物质晶格或多或少会产生畸变,造成物质内部及表面应力重新分配以达到平衡状态。在原子由混乱逐渐转变为有序的过程中,物质的表面自由能也会随之发生变化。

1. 不同表面粗糙度条件下涂层的接触角

CT16($Cr_2O_3 - 16\%TiO_2$)涂层在 5 种打磨方式下的表面粗糙度值及接触角数据见表 3.12。由表中砂纸型号及表面粗糙度数据可以看出,随着砂纸型号的变大,打磨后涂层的表面粗糙度值逐渐减小,由未打磨时的 4.518 8 μm 逐渐减小到 0.805 2 μm。当砂纸型号由 400 变为 800 时,涂层的表面粗糙度开始迅速降低,出现较大斜率。

表 3.12　CT16 涂层在 5 种打磨方式下的表面粗糙度值及接触角数据

试样	砂纸型号	表面粗糙度 $Ra/\mu m$	接触角/(°)		
			蒸馏水	二碘甲烷	乙二醇
CT16 涂层测试辊	未打磨	4.518 8	80.57	43.37	51.6
	120	4.225 2	77.82	45.4	59.2
	400	3.892	75.31	45.3	55.6
	800	0.932 6	89.17	49.13	71.1
	1 200	0.805 2	82.23	54.6	75.9

由于本节为模拟工件在油润滑条件下的滚动—滑动接触疲劳寿命,因此,对具有一定黏度的二碘甲烷和乙二醇两种液体接触角随砂纸型号的变化进行作图(图 3.49)并结合式(3.5)分析后发现,两种液体在涂层表面的接触角均随着砂纸型号的增加而增加,即两种液体的接触角随表面粗糙度的减小而增加。这说明在试验过程中,随着涂层表面粗糙度的减小,涂层表面开始出现"疏油"特性,润滑油与涂层表面的黏结力逐渐减弱。

$$r = \cos \theta^* / \cos \theta \tag{3.5}$$

式中　r——涂层真实表面积与投影表面积的比值;

$\quad\quad\ \theta$——光滑表面上的接触角;

$\quad\quad\ \theta^*$——粗糙表面上的接触角。

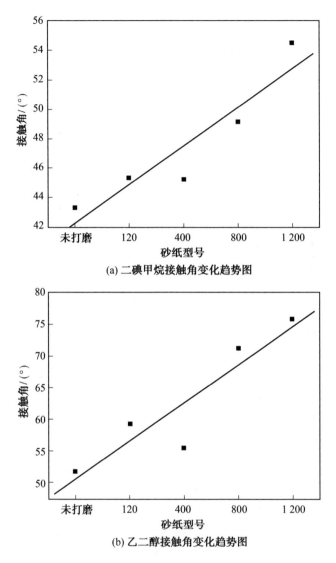

(a) 二碘甲烷接触角变化趋势图

(b) 乙二醇接触角变化趋势图

图 3.49　二碘甲烷及乙二醇接触角随砂纸型号变化趋势图

2. 不同表面粗糙度条件下涂层的表面自由能

CT16 涂层在 5 种打磨方式下的表面粗糙度值及表面自由能数据见表 3.13。可见，随着砂纸型号变大，涂层表面粗糙度减小，其表面自由能也呈现出降低的趋势[图 3.50(a)]。5 种涂层中表面粗糙度 Ra 为 4.518 8 μm 的涂层表面自由能最高，为 65.6 mJ/m^2。而表面粗糙度 Ra 为 0.805 2 μm 的涂层，其表面自由能最低，为 50.4 mJ/m^2。涂层表面自由能在降低过程中的斜率并未像表面粗糙度降低时的斜率一样出现较大值,而是在一定范围内逐渐降低,变化较为平缓。

表 3.13　CT16 涂层在 5 种打磨方式下的粗糙度值及表面自由能数据

试样	砂纸型号	表面粗糙度 Ra /μm	表面自由能参数/(mJ·m^{-2})		
			表面自由能	色散分量	极性分量
CT16 涂层测试辊	未打磨	4.518 8	65.6	61.09	4.51
	120	4.225 2	61.3	57.28	4.02
	400	3.892	55.8	52.12	3.68
	800	0.932 6	52.2	50.68	1.52
	1 200	0.805 2	50.4	50.19	0.21

对表中自由能分量进行分析发现,涂层色散分量与极性分量同样随着表面粗糙度的降低而呈现下降的趋势[图 3.50(b)和(c)]。其中,色散分量的下降开始表现出较大的斜率,在 400 号砂纸之后斜率开始减小。而极性分量在 400 号砂纸之前变化斜率较低,400 号砂纸之后斜率却出现了较大的降低。这说明表面粗糙度的改变对涂层表面自由能分量存在较大影响,但对于涂层整体表面自由能的影响而言却是由两个分量交互作用产生的。以表面粗糙度 $Ra = 3.892$ μm(400 号砂纸)为界限,超过此界限后涂层极性分量迅速减小,逐渐接近于 0;而此时色散分量逐渐趋于稳定,变化幅度有限。

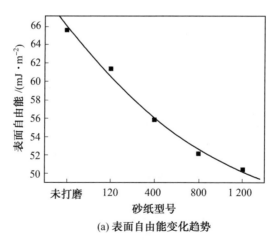

(a) 表面自由能变化趋势

图 3.50　CT16 涂层表面自由能及其分量随砂纸型号变化趋势图

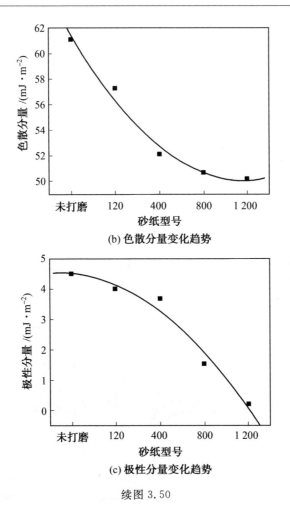

(b) 色散分量变化趋势

(c) 极性分量变化趋势

续图 3.50

3.6.2 CT16 涂层竞争性失效形貌分析

在每个表面粗糙度条件下进行不少于 10 组试验,将循环周次小于 10^3 次的试验数据作为奇异点,确保每个表面粗糙度条件下的有效试验数据为 10 个。表 3.14 和图 3.51 分别为不同表面粗糙度条件下 CT16 涂层的接触疲劳失效模式统计数据和失效模式所占比重示意图。

表 3.14　不同表面粗糙度条件下 CT16 涂层的接触疲劳失效模式统计数据

序号	表面粗糙度/μm				
	4.518 8	4.225 2	3.892	0.932 6	0.805 2
1	分层	分层	表面磨损	表面磨损	表面磨损
2	分层	剥落	剥落	表面磨损	表面磨损
3	剥落	分层	剥落	分层	表面磨损
4	分层	剥落	分层	剥落	剥落
5	剥落	分层	剥落	剥落	表面磨损
6	分层	分层	表面磨损	剥落	表面磨损
7	分层	表面磨损	分层	表面磨损	剥落
8	分层	分层	表面磨损	表面磨损	分层
9	表面磨损	剥落	分层	表面磨损	表面磨损
10	分层	表面磨损	表面磨损	表面磨损	表面磨损

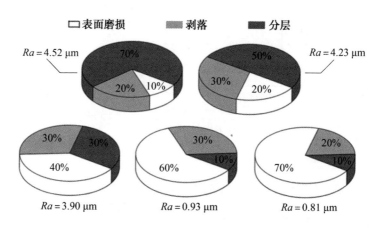

图 3.51　不同表面粗糙度条件下 CT16 涂层的失效模式所占比重示意图

通过分析失效形貌可以发现，在同一表面粗糙度条件下，涂层的失效形貌并不一致，均存在 3 种失效形貌，如图 3.52 所示。可以发现，涂层的表面磨损[图 3.52(a)]是由许多微小的点蚀坑组成，点蚀坑呈聚集态分布。对于陶瓷等脆性材料来说，在滚动接触疲劳试验过程中，随着循环周次的增加涂层表面的微凸起会被逐渐去除，脱落的碎片将以磨粒的形式夹在两个对摩辊之间，使涂层表面形成微裂纹等缺陷。而涂层的剥落

[图 3.52(b)]是由于涂层内部裂纹在循环载荷的作用下逐渐扩展延伸,使涂层内部形成较大的剥离层,然后裂纹沿着涂层之间结合强度较差的部位继续扩展延伸,直至达到涂层表面。虽然即将剥落的涂层仍与内部材料之间存在连接部位,但其无法抵抗循环载荷和高压油波带来的破坏作用,因而涂层呈现出整体分离。另外,通过观察剥落形貌可以发现,在剥落区边缘部位存在明显的阶梯状纹理,同时,在离剥落边缘较近的部位,存在许多较大的裂纹,这使得涂层在工作过程中一旦形成剥落,其周围涂层很快也会遭到破坏。图 3.52(c)为 CT16 涂层的分层失效形貌。在试验过程中,并未发现明显的层内分层,而绝大多数为涂层与基体之间的分层失效。由图可以看出,涂层分层破坏之后,裸露出颜色较暗的基体,基体与涂层之间存在明显的分界线。同时还可以发现,在残余涂层上部存在较为明显的剥落现象,这说明涂层在服役过程中受到多种因素的影响,其失效形式并非独立存在,最终的失效形貌是多种破坏方式叠加的结果。

由失效形貌统计数据分析可知,随着涂层表面逐渐变得光滑平整,其分层失效所占的比重越来越小,从最初的 70% 逐渐减小为 10%,而表面磨损失效从最初的 10% 逐渐增加到 70%,所占比重越来越大。由此可以发现,表面粗糙度对涂层滚动接触疲劳失效存在一定的影响,即在相同工况条件下,涂层表面越光滑,其滚动接触疲劳失效严重程度越小(由分层失效到表面磨损失效破坏程度逐渐减轻)。

(a) 表面磨损失效形貌   (b) 剥落失效形貌   (c) 分层失效形貌

图 3.52 CT16 涂层的失效形貌

表面粗糙度对表面自由能的影响十分明显,在一定范围内,随着涂层表面粗糙度的降低,r 因子逐渐变小。此时由于涂层的成分固定,喷涂工艺也相同,因此对于同种液体来说,在光滑涂层表面上的润湿角也一致。当表面变得光滑时,r 因子减小,此时油滴在表面上的接触角 θ^* 开始增大($0° \leqslant \theta^* \leqslant 90°$),随着涂层表面自由能的降低,涂层开始表现出较强的"疏油"特性,因此与涂层表面真正接触的润滑油逐渐减少。

根据毛细现象,当润滑油与涂层内部孔隙发生接触时,润滑油会向孔隙内部攀爬,涂层内部会存储一定量的润滑油。此时,润滑油的多少将会直接决定涂层内部孔隙等缺陷处所承受的循环高压油波的大小。对于表面粗糙度较小的涂层来说,其表面自由能低,孔隙等微缺陷处存储的润滑油少,故其受到的循环高压油波较小,受到的冲击破坏深度较低,受损部位较浅。而对于具有较高表面粗糙度的涂层来说,其结果恰恰相反,高的润滑油存储量将直接导致受损部位较深,破坏程度较大。

3.6.3 竞争性寿命分析

1. 竞争性寿命数据

不同表面粗糙度涂层经过滚滑接触试验后测得的循环周次数据见表3.15。对应于每种表面粗糙度值,涂层的接触疲劳寿命均存在一定的分布区间,波动范围并不是十分剧烈。当 $Ra = 4.5188\ \mu m$ 时,涂层表面较为粗糙,此时其寿命表现出较低的滚动次数,主要分布在$(3.8 \sim 4.1) \times 10^4\ r$,而随着表面粗糙度的降低,涂层表面开始变得光滑,表面缺陷及较大凸凹峰数量逐渐减少,此时接触疲劳寿命逐渐递增;当 $Ra = 0.8052$ 时,达到$13 \times 10^4\ r$ 左右,约为未经打磨涂层的 4 倍。涂层的循环周次随表面粗糙度变化趋势图如图3.53所示。由曲线可以看出,随着表面粗糙度值的增加,涂层接触循环周次在 $Ra_5 = 0.8052\ \mu m$ 到 $Ra_4 = 0.9326\ \mu m$ 之间及 $Ra_3 = 3.892\ \mu m$ 到 $Ra_1 = 4.5188\ \mu m$ 之间均表现出大幅度下降,而由于 $Ra_4 = 0.9326\ \mu m$ 与 $Ra_3 = 3.892\ \mu m$ 之间存在较大的"数据盲区",并未监测到涂层在此表面粗糙度区间内的真实接触疲劳寿命,但不难猜测在该区间内其寿命仍旧表现出随表面粗糙度增大而降低的趋势。

表 3.15 不同表面粗糙度涂层经过滚滑接触试验后测得的循环周次数据

序号	循环周次/($\times 10^4$次)				
	$Ra_1 =$ 4.518 8 μm	$Ra_2 =$ 4.225 2 μm	$Ra_3 =$ 3.892 μm	$Ra_4 =$ 0.932 6 μm	$Ra_5 =$ 0.805 2 μm
1	3.814 2	4.856 0	7.215 5	10.561 8	12.268 1
2	4.101 7	5.637 5	7.761 9	11.053 1	14.220 9
3	3.861 8	5.421 6	7.531 2	9.982 5	12.564 2
4	3.904 4	5.872 2	8.125 1	10.832 6	12.832 6
5	4.071 3	5.625 1	7.395 0	10.957 1	13.001 1

续表 3.15

序号	循环周次/($\times 10^4$次)				
	$Ra_1 =$ 4.518 8 μm	$Ra_2 =$ 4.225 2 μm	$Ra_3 =$ 3.892 μm	$Ra_4 =$ 0.932 6 μm	$Ra_5 =$ 0.805 2 μm
6	3.956 1	4.977 5	8.055 5	11.267 3	13.105 9
7	3.875 6	5.535 1	7.967 2	10.758 4	12.583 7
8	3.955 1	5.520 0	7.584 7	10.962 3	13.542 6
9	4.121 7	5.417 5	7.793 5	11.054 3	14.005 1
10	3.968 2	5.691 3	7.911 4	10.921 5	13.583 2
均值	3.963 0	5.455 4	7.734 1	10.835 1	13.170 7

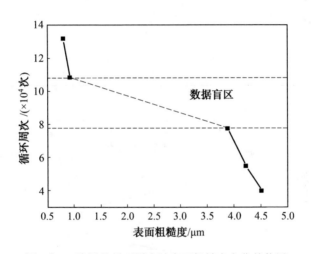

图 3.53 涂层的循环周次随表面粗糙度变化趋势图

2. 接触疲劳寿命与表面自由能

不同表面粗糙度涂层表面自由能及平均接触循环周次数据见表3.16。可见,随着涂层表面粗糙度的降低,其表面自由能呈下降趋势,而疲劳寿命呈现出上升趋势,如图 3.54 所示。分析其原因,是随着表面粗糙度增加,涂层表面出现较多大的凹凸起伏,此时润滑油与涂层的实际接触角增大,涂层表面自由能升高,极性分量也呈现出较大增幅。由于极性分量在表面自由能分量中发挥较大的作用,尽管其所占比重较小,但对于涂层与润滑油之间的黏结效应起到的作用却不可忽视。当极性分量增强时,润滑油容易与涂层表面发生黏结,依附在涂层凹凸峰表面,使涂层表面存储更多的润滑油。随着试验的进行,标准辊与对磨辊不断进行循环往复运动,此时涂层表面的润滑油会不断挤入涂层内部微孔隙及其他微缺陷处。如图3.55所示,当润滑油进入微孔隙后,由于入口处存在循环挤压力,导致内部形成间断性封闭空间,造成内部压力增大。润滑油在高压作用下不断冲击涂层孔隙内壁,使涂层内部产生压力,从而导致微孔隙呈现逐渐向内扩张的趋势。涂层表面存储越多的润滑油,被挤入微孔隙的就越多,从而更容易造成孔隙的延伸与涂层微体的剥落,降低涂层寿命。

表 3.16　不同表面粗糙度涂层表面自由能及平均接触循环周次数据

序号	表面粗糙度 μm	表面自由能及分量/$(mJ \cdot m^{-2})$			平均接触循环周次/$(\times 10^4$ 次$)$
		表面自由能	色散分量	极性分量	
1	4.518 8	65.6	61.09	4.51	3.963 0
2	4.225 2	61.3	57.28	4.02	5.455 4
3	3.892	55.8	52.12	3.68	7.734 1
4	0.932 6	52.2	50.68	1.52	10.835 1
5	0.805 2	50.4	50.19	0.21	13.170 7

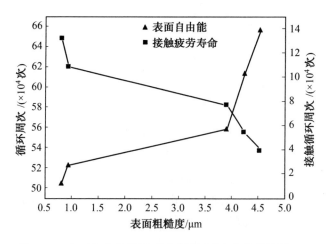

图 3.54　表面自由能及循环周次随粗糙度变化趋势图

图 3.56 为表面自由能与接触疲劳寿命差带比重图。图中每个表面自由能数据是指两个表面粗糙度(如 Ra_1 和 Ra_2)所对应表面自由能数据的差值($65.6 \text{ mJ/m}^2 - 61.3 \text{ mJ/m}^2 = 4.3 \text{ mJ/m}^2$)所占自由能最大值与最小值之差($65.6 \text{ mJ/m}^2 - 50.4 \text{ mJ/m}^2 = 15.2 \text{ mJ/m}^2$)的百分比。每个疲劳寿命数值是指两个表面粗糙度(如 Ra_1 和 Ra_2)所对应接触疲劳寿命数据

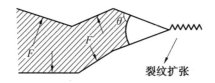

图 3.55　微孔隙内部受力示意图

差值 $[(5.455\ 4-3.963\ 0)\times10^4=1.492\ 4\times10^4]$ 所占寿命最大值与最小值之差 $[(13.170\ 7-3.963\ 0)\times10^4=9.207\ 7\times10^4]$ 的百分比。由图可知,当表面粗糙度在 Ra_1 至 Ra_3 之间时,接触疲劳寿命差带包含于表面自由能差带内部,说明此时涂层表面自由能的变化对接触疲劳寿命的影响并不是十分敏感,其主要的不敏感因素为较大的粗糙表面在提升表面自由能的同时会造成试验机的振动,从而两者加速涂层失效。当表面粗糙度在 $Ra_3\sim Ra_5$ 之间时,接触疲劳寿命差带延伸至表面自由能差带外部,并随着表面粗糙度的降低出现延伸程度变大的趋势。这说明此时涂层表面自由能的变化对接触疲劳寿命的影响较为敏感,此时由于涂层表面十分光滑,并不存在造成试验机振动的因素,所以表面自由能对疲劳寿命的长短起主导作用。

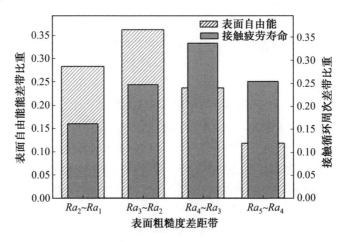

图 3.56　表面自由能及疲劳寿命差带比重图

本章参考文献

[1] ZHANG Z Q，LI G L，WANG H D，et al. Investigation of rolling

contact fatigue damage process of the coating by acoustics emission and vibration signals[J]. Tribology International, 2012, 47(1): 25-31.

[2] 王韶云, 李国禄, 王海斗, 等. 重熔处理对 NiCrBSi 涂层接触疲劳性能的影响[J]. 材料热处理学报, 2011, 32(11): 135-139.

[3] WANG J, ZHANGL, SUN B D, et al. Study of the Cr3C2-NiCr detonation spray coating[J]. Surface & Coatings Technology, 2000, 130(1): 69-73.

[4] SCHARF T W, SINGER I L. Role of the transfer film on the friction and wear of metal carbide reinforced amorphous carbon coatings during run-in[J]. Tribology Letters, 2009, 6(1): 43-53.

[5] KARAMIS M B, YILDIZLI K, CAKYRER H. Wear behaviour of Al-Mo-Ni composite coating at elevated temperature [J]. Wear, 2005, 258(5-6): 744-751.

[6] SINGH S K, SRINIVASAN K, CHAKRABORTY D. Acoustic emission studies on metallic specimen under tensile loading[J]. Material and Design, 2003, 24: 471-481.

[7] CHANG H, HAN E H, WANG J Q, et al. Acoustic emission study of fatigue crack closure of physical short and long cracks for aluminum alloy LY12CZ[J]. International Journal of Fatigue, 2009, 31: 403-407.

[8] ROQUES A, BROWNE M, THOMPSON J, et al. Investigation of fatigue crack growth in acrylic bone cement using the acoustic emission technique[J]. Biomaterials, 2004, 25: 769-778.

[9] ENNACEUR C, LAKSIMI A, HERVE C, et al. Monitoring crack growth in pressure vessel steels by the acoustic emission technique and the method of potential difference[J]. International Journal of Pressure Vessels and Piping, 2006, 83: 197-204.

[10] ROY H, PARIDA N, SIVAPRASAD S, et al. Acoustic emissions during fracture toughness tests of steels exhibiting varying ductility [J]. Materials Science and Engineering A, 2008, 486: 562-571.

[11] 温诗铸, 黄平. 摩擦学原理[M]. 北京: 清华大学出版社, 2008.

[12] HOGMARK S, JACOBSON S, LARSSON M. Design and evaluation of tribological coatings[J]. Wear, 2000, 246(1-2): 20-33.

［13］张志强,李国禄,王海斗,等,喷涂层接触疲劳损伤的声发射研究［J］,材料热处理学报,2012,33(6):152-157.

［14］朴钟宇.面向再制造的等离子喷涂层接触疲劳行为及寿命评估研究［D］.秦皇岛:燕山大学,2010.

［15］魏洪亮,杨晓光,齐红宇,等.等离子涂层热疲劳失效模式及失效机理研究［J］.航空动力学报,2008,23(2):270-275.

［16］卞达,王永光,倪自丰,等.涂层厚度对硬脆涂层结合强度的影响［J］.计算力学学报,2016,33(1):102-105.

第 4 章　再制造涂层弯曲疲劳寿命评估研究

4.1　发动机曲轴高速电弧喷涂再制造工艺及热－力行为研究

曲轴作为发动机的重要部件,由于主轴和连杆轴在运转时不同心,因此,曲轴在长期高周次的交变载荷作用下 R 角(轴肩与轴颈的圆角)部位易产生应力集中。机器人高速电弧喷涂再制造曲轴过程中采用不同的喷涂路径与涂层沉积过程中的散热有很大关系,热量在轴颈表面的不同分布状态影响涂层产生残余应力的大小和状态,从而影响涂层的使用寿命与再制造工件的服役可靠性。因此,如何优化设计机器人自动化高速电弧喷涂路径,有效地控制涂层工件的受热状况,减小或改善涂层残余应力的分布是本章研究的关键。研究采用不同路径进行喷涂时,轴颈表面温度随着喷涂遍数增加的变化情况,为分析涂层表面残余应力分布与温度场之间的映射关系奠定了理论基础。

通常涂层中的残余应力是熔融颗粒高速撞击基体或已沉积层表面,由热量急剧散失引起的淬火应力及涂层以及由基体线膨胀系数不匹配引起的热应力综合作用的结果。鉴于残余应力是决定涂层性能的重要因素之一,目前,很多学者对平板件表面涂层残余应力分布进行了深入全面的研究,但对轴类件表面涂层残余应力研究极少。Kroupa 认为影响轴类件表面涂层残余应力的主要因素有外部压力、温度梯度、不同热收缩比和旋转离心力,但其建立的理论模型没有考虑涂层发生相变对残余应力的影响。因此,本章将从弹性力学的角度,应用 Lame 方程,建立一种多层连续沉积在轴类件表面引起的残余应力预测模型,主要包括两种产生残余应力的机理:沉积冷凝应力和热收缩应力,且在此基础上考虑相变的影响,推导出含相变的残余应力模型。

4.1.1　喷涂路径的规划

根据曲轴轴颈的形状尺寸规划了两种喷涂路径。图 4.1(a)所示为环形路径,其设计思想是在轴颈圆柱表面横向上划分距离为 12 mm 的关键

点,关键点沿圆周方向旋转将轴颈均分为等距圆环。喷涂过程中曲轴两端
固定于变位机工作台上,调整喷枪姿态垂直于轴颈表面左侧第一个关键点
位置,曲轴在变位机的带动下以 $\frac{\pi}{15}$ r/s 的速度旋转,旋转过程中保持喷枪
始终垂于轴颈表面,曲轴顺时针旋转一周完成轴颈的第一道喷涂,喷枪
抬起一定高度离开第一作业点位置,曲轴逆时针旋转一周回到原点,喷枪
自左向右移到第二作业点,准备下一道喷涂,依次分段完成整个轴颈的第
一遍涂层沉积过程。

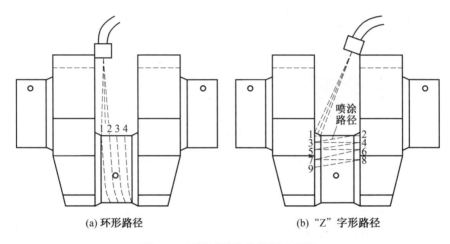

(a) 环形路径 (b) "Z"字形路径

图 4.1 不同喷涂路径规划示意图

图 4.1(b)所示为"Z"字形路径,其设计思想是在轴颈两侧圆周方向上
等分出关键点,依次连接两侧所有关键点形成"Z"字形轨迹,同理,每个关
键点之间的距离为 12 mm。路径规划过程为喷枪移到轴颈左侧第一点,调
整好喷涂姿态倾斜一定角度,在扇板和轴颈不干涉的前提下尽量减小喷枪
与轴颈之间的夹角,调整喷涂距离,设定喷枪移动速度,记存第一作业点,
接着曲轴旋转一定角度,喷枪移至轴颈右侧第二作业点右倾斜一定角度,
记存第二点,同理,曲轴旋转一周,依次完成其余关键点的命令记存。喷涂
过程中曲轴以 $\frac{\pi}{15}$ r/s 的速度旋转的同时,喷枪沿着"Z"字形路径自左向右
以一定的喷涂速度在轴颈做相对运动,曲轴旋转一周即可完成整个轴颈的
第一遍涂层沉积。

在电弧喷涂过程中,应尽量使喷枪垂直于轴颈表面,按优化的喷枪轨
迹进行且要保证轨迹间距相等,保证涂层温度场的均匀性。采用示教编程
方法,以设定好的参数方式操作机器人运动到每一个点上,并及时记录机

器人上显示的每个点的坐标,这些点即组成了机器人的运动路径,试验中机器人就会沿这个运动路径喷涂。

4.1.2 曲轴 R 角处沉积涂层温度分析

采用 Flir A20M 型红外热像仪实时监测涂层的表面温度场信息,测温范围为 $0 \sim 350$ ℃,波长范围为 $7.5 \sim 13$ μm,帧频为 50/60 Hz。红外热像仪及测试原理示意图如图 4.2 所示。

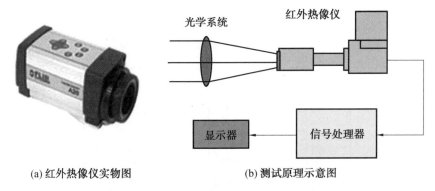

(a) 红外热像仪实物图　　　　　(b) 测试原理示意图

图 4.2　红外热像仪及测试原理示意图

采用 X-350A 型 X 射线应力测定仪进行涂层表面的残余应力测试。选用 CrK α 钯,波长为 0.228 971 nm,对(211)衍射晶面进行分析,用正交相关方法测定峰位移的方向和大小,从而确定试样表面各检测点残余应力的性质和数值,2θ 扫描步距为 0.1°。分别取再制造后曲轴轴颈 R 角圆周方向上每间隔 10 mm 为一个测试点。同理,在轴颈表面也均匀选取测试点,按照顺时针方向进行测试,如图 4.3 所示。

图 4.3　再制造后曲轴轴颈表面残余应力测试示意图

采用环形路径,轴颈表面沉积第五层喷涂结束时 R 角处涂层的瞬态温度约为 230 ℃,明显高于其临近区域温度(约为 100 ℃),这是由于 R 角处涂层的散热受到附近扇板及轴颈的遮蔽效应,导致该位置处热量集中度较大。分析图 4.4(b)可以看出,R 角固定点处涂层温度是先上升后急剧下降,最后逐渐趋于平稳。这是由于红外热像仪的测量视场是固定不变的,这样固定点的实际位置是曲轴在该点处的周线,当喷涂射流接近测量点时,该处的温度会迅速上升,但当系统记录下一热图时,由于曲轴的旋转,测量温度实为该周线上临近位置已沉积涂层的温度。此外,沉积前两层时

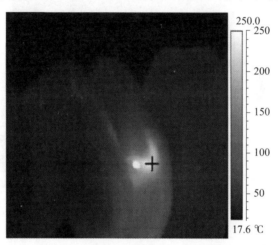

(a) 瞬态红外热图

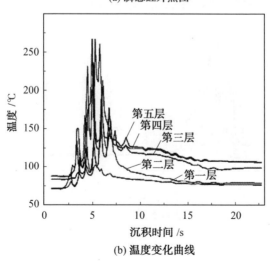

(b) 温度变化曲线

图 4.4　环形路径喷涂 R 角处涂层温度场

涂层表面温度变化比较接近,平均温度约为 80 ℃,喷涂第四层和第五层时涂层的最终沉积温度升高,平均温度约为 125 ℃,这是已沉积涂层热量逐渐累积的结果,说明采用环形路径喷涂时轴颈 R 角处涂层平均温度高于 100 ℃。

如图 4.5(a)所示,采用"Z"字形路径沉积过程中轴颈 R 角固定点处涂层的瞬态温度约为 180 ℃,临近区域涂层温度较低,约为 100 ℃。如图 4.5(b)所示,R 角固定点处涂层的温度变化趋势,与环形路径所得结果类似,

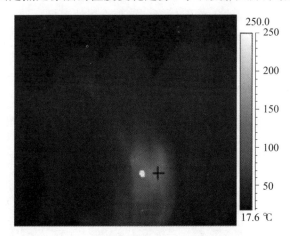

(a) 瞬态红外热图

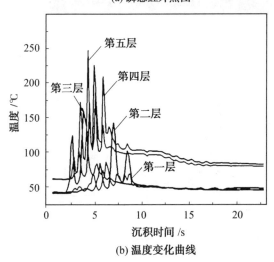

(b) 温度变化曲线

图 4.5 "Z"字形路径喷涂 R 角处涂层温度场

沉积第一层与第二层后该点的温度变化曲线较为平缓,涂层温度约为50 ℃,随着喷涂层增加,涂层累积热量较大,喷涂结束后轴颈 R 角周线上涂层的最终温度约为 100 ℃,说明采用"Z"字形路径喷涂过程中 R 角处每一层的沉积温度变化范围为 50～100 ℃,低于环形路径沉积过程中涂层的温度(75～120 ℃)。

4.1.3　曲轴轴颈沉积涂层温度分析

如图 4.6(a)所示,采用环形喷涂路径,由喷涂过程中轴颈表面瞬态涂层的温度场分布可以看出,沿轴颈整个圆周方向上的温度约为 210 ℃。图4.6(b)为选取轴颈表面一定区域,测量该位置温度随沉积涂层增加的变化曲线,可以看出,随着沉积时间的延长,温度先上升后下降,在完成一遍喷涂的后期温度先上升随后再次下降。出现两个温度峰值的原因是喷枪移到选定区域开始喷涂,高温颗粒沉积到基体或已沉积层表面,瞬间对涂层/基体加热,在曲轴旋转过程中,选定区域偏离轴颈表面,当完成一遍喷涂,喷枪再次回到起始位置又对涂层进行加热,造成温度再次升高,随后涂层冷却,因此温度曲线中时间点在 20 s 之后的平稳段为沉积每一层涂层的实际温度。分析可知,沉积第一层后涂层温度约为 50 ℃,随着沉积层增加,涂层温度升高,喷涂 5 层结束后涂层最终的温度约为 150 ℃。

如图 4.7(a)所示,采用"Z"字形路径喷涂时,可以看出轴颈表面沉积五层涂层后的温度约为 120 ℃。分析图 4.7(b)可知,沉积第一层与第二层过程中涂层的温度变化没有出现先上升后下降的现象,随着喷涂层的增加,热量累积程度较大,才出现温度陡变峰,且第三层和第四层的峰值温度较高,喷涂五层结束后温度下降到 100 ℃。这是由于采用"Z"字形路径的特征是,喷枪起始点是从图 4.7(a)选定区域的左侧开始,结束点为右侧,这样使得涂层的温度集中位置不重合,最终沉积过程中涂层表面温度的变化比较平缓。

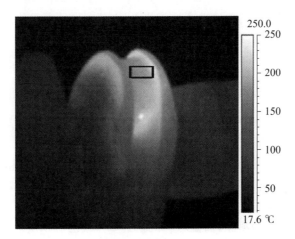

(a) 瞬态红外热图

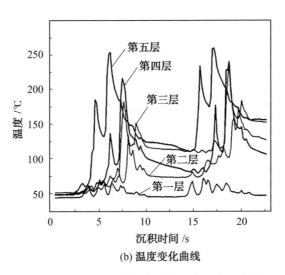

(b) 温度变化曲线

图 4.6 环形路径喷涂轴颈表面涂层温度场

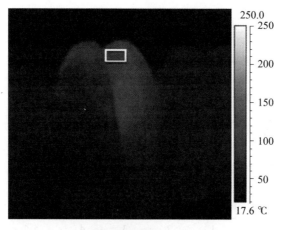

(a) 瞬态红外热图

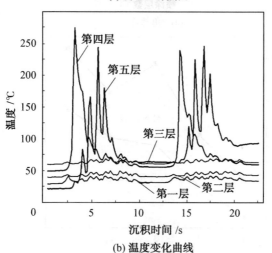

(b) 温度变化曲线

图 4.7 "Z"字形路径喷涂轴颈表面涂层温度场

4.1.4 不同喷涂路径沉积涂层的平均温度分析

为了分析采用不同路径喷涂对轴颈表面涂层温度变化的影响,分别对 R 角和轴颈位置沉积每一层过程涂层的平均温度进行比较。由图 4.8(a) 可以看出,采用环形路径和"Z"字形路径喷涂,在 R 角处沉积第一层温度分别为 90 ℃和 40 ℃,第五层温度分别约为 130 ℃和 95 ℃。由图 4.8(b) 可以看出,轴颈表面涂层温度也随着沉积层的增加而升高,但采用"Z"字形路径沉积第五层的温度(约为 120 ℃)小于环形路径喷涂沉积第五层的温度(约为 160 ℃)。

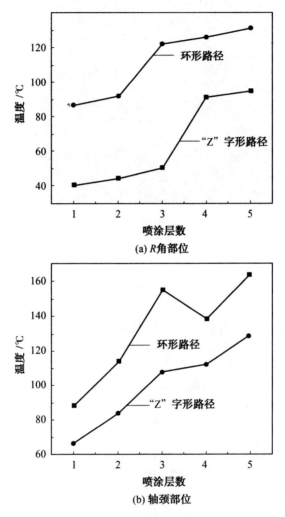

(a) R 角部位

(b) 轴颈部位

图 4.8　不同喷涂路径沉积温度与沉积层数关系

　　分析不同喷涂路径对涂层沉积温度的作用机理:"Z"字形路径的特征在于喷涂过程中曲轴旋转的同时,喷枪在轴颈表面从左到右来回以一定的速度扫过基体表面,粒子束对涂层的加热位置不断变化,且喷涂起始点与终止点不重合,曲轴旋转一周可以完成一个轴颈的一遍喷涂,因此整个喷涂过程中涂层热量的集中程度较小。而采用环形路径喷涂过程是喷枪粒子束垂直于轴颈表面,曲轴旋转一周回到起始点位置,且每一轴颈需要分 4 层喷涂,喷涂每一层的粒子束会对临近的前一层涂层有一定的加热作用,采用"Z"字形路径喷涂过程中,轴颈和 R 角部位沉积每一层的涂层温度都低于环形路径沉积涂层的温度值。较低的温度场分布有利于降低涂层成形过程中的热应力,其之间的映射关系将在 4.2 节中详细研究。

4.2 轴类件表面沉积涂层的热力学模型建立

高速电弧喷涂过程是一个不均匀加热和冷却的热循环过程,喷涂过程中喷涂层在与基体或已沉积层之间存在的不均匀温度场,是形成涂层残余应力的根本原因。基于热喷涂的工艺特点及产生机理,涂层产生残余应力主要有以下几种形式:

(1) 热应力。

在涂层沉积过程中,后续涂层沉积在已处于一定温度的涂层表面上,由于层间温度梯度及喷涂过程结束后,处于一定温度的涂层与基体一起冷却到常温时,涂层与基体因热膨胀系数不同而产生较大的失配应变,从而产生热应力。

(2) 骤冷应力。

在喷涂过程中,单个熔融粒子喷涂到冷的基体或者已经冷却凝固的涂层表面,冷却收缩受到相对冷的基底的约束而产生冷凝应力,称为骤冷应力,可表示为

$$\sigma = CE_{d}\alpha_{d}(T_{c} - T_{s}) \tag{4.1}$$

式中　C ——常数;

　　　E_{d} ——涂层的弹性模量,GPa;

　　　α_{d} ——涂层的热膨胀系数,单位为 $10^{-6}\mathrm{K}^{-1}$;

　　　T_{c} ——喷涂结束时涂层的温度,K;

　　　T_{s} ——室温,K。

(3) 相变应力。

喷涂过程中涂层由高温向低温冷却过程中,金属基体中常常会发生相变,通常相变过程总伴随有体积变化而产生膨胀或收缩,则在相变部位与未相变部位之间产生应力,称之为相变应力。

4.2.1 沉积一层薄层引起的骤冷应力

在求解残余应力时,首先做如下假设与限定:假设轴类件基体是一个空心圆筒,如图 4.9 所示;假设涂层在轴类件表面形成的是一定厚度的圆形薄层,如图 4.10 所示,仅考虑涂层的热变形、弹性和塑性变形,忽略由于

涂层缺陷而引起的残余应力分布；所建立的模型试样尺寸简化为一维的情况，可假设涂层的形成是由大量圆环形薄层连续叠加组成；涂层材料为均匀各向同性弹性体，较小温度变化引起的变形速率较小。

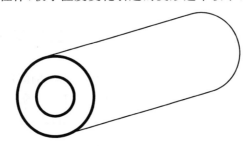

图 4.9　轴类圆筒基体示意图

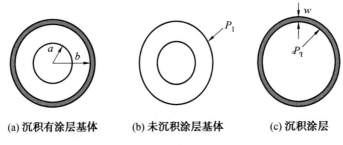

(a) 沉积有涂层基体　　　　(b) 未沉积涂层基体　　　　(c) 沉积涂层

图 4.10　轴类件表面沉积涂层受力截面图

圆轴基体表面沉积一定厚度涂层后，涂层由初始温度 T_{d1} 冷却到沉积温度 T_{d0} 过程中会发生冷却收缩，但受到基体的制约从而产生冷凝失配应变，可表示为

$$\Delta\varepsilon_1 = \alpha_d(T_{d1} - T_{d0}) \tag{4.2}$$

式中　α_d——涂层的热膨胀系数。

由于这个失配应变，涂层在基体圆周方向上会产生应力 $\sigma_{\theta s1}$，在半径方向上产生应力 σ_{rs1}，从而在轴类件圆周上和涂层界面处会对涂层产生压力 P_1，如图 4.10(b) 和 (c) 所示，图 4.10 中 a 为圆筒的内径，b 为圆筒的外径，c 为涂层厚度。

根据平面轴对称弹性分析求解基本方程，应变方程还可以表示为

$$\Delta\varepsilon_1 = \frac{1}{E_d}(\sigma_{\theta d1} - \nu_d\sigma_{rd1}) - \frac{1}{E_s}(\sigma_{\theta s1} - \upsilon_s\sigma_{rs1}) \tag{4.3}$$

式中　E_d 和 E_s——涂层和基体的弹性模量；

　　　ν_d 和 ν_s——涂层和基体的泊松比。

涂层作用在基体半径方向上的应力 σ_{rs1} 及涂层圆周方向上的应力 $\sigma_{\theta s1}$

分别为

$$\sigma_{rs1} = -\frac{b^2 P_1}{b^2 - a^2}\left(1 - \frac{a^2}{r^2}\right), \quad \sigma_{\theta s1} = -\frac{b^2 P_1}{b^2 - a^2}\left(1 + \frac{a^2}{r^2}\right) \quad (4.4)$$

式(4.4)中 $a \leqslant r \leqslant b$，当 $r = b$ 时

$$\sigma_{rs1} = -P_1, \quad \sigma_{\theta s1} = -\frac{(b^2 + a^2) P_1}{b^2 - a^2} \quad (4.5)$$

当涂层厚度相对于基体无限薄时，基体作用在涂层半径方向上的力 σ_{rd1} 近似于零，作用在涂层圆周方向上的力 $\sigma_{\theta d1}$ 可为

$$\sigma_{rd1} \approx 0, \quad \sigma_{\theta d1} = -\frac{P_1}{w} \quad (4.6)$$

将式(4.5)、式(4.6)代入式(4.3)，可得在基体圆周方向上（ $r = b$ 时）相应的应变方程

$$\Delta\varepsilon = \frac{-P_1}{E_d \omega} - \frac{P_1}{E_s}\left(\nu_s - \frac{b^2 + a^2}{b^2 - a^2}\right) \quad (4.7)$$

联立式(4.7)和式(4.2)可求得基体表面沉积第一层涂层在圆周方向上的骤冷残余应力 P_2 为

$$P_2 = \frac{w E_d \nu_d (T_{d1} - T_{d0})(b^2 - a^2)}{E_d(a^2 + b^2) - (b^2 - a^2)(1 + \nu_s w E_d)} \quad (4.8)$$

4.2.2 沉积 n 层薄层后的骤冷应力

在基体表面沉积多层过程中每一层（含已沉积的第一薄层）的初始温度定义为 T_{d1}，且假设每一薄层沉积到基体或已沉积涂层表面后，快速冷却到沉积温度 T_{d0}，且喷涂过程中所有薄层的沉积温度都是固定不变的，涂层的泊松比为一定值 ν_d，则沉积第 i 层与已沉积层之间产生的失配应变为

$$\Delta\varepsilon_i = \alpha_d(T_{di} - T_{d0}) \quad (4.9)$$

由于失配应变在第 $i+1$ 薄层与第 i 薄层之间界面产生的压力为 P_i。此时，对于第 i 薄层作用在第 $i+1$ 薄层圆周方向上的应力 $\sigma_{\theta di}$ 及半径方向上的应力 σ_{rdi} 分别为

$$\sigma_{\theta d(i+1)} = -\frac{2P_i[b + w(i+1)]^2}{[b + w(i+1)]^2 - (b + wi)^2}\left[1 + \frac{(b + wi)^2}{r^2}\right] \quad (4.10)$$

$$\sigma_{rd(i+1)} = -\frac{P_i[b + w(i+1)]^2}{[b + w(i+1)]^2 - (b + wi)^2}\left[1 - \frac{(b + wi)^2}{r^2}\right] \quad (4.11)$$

其中，$b + wi \leqslant r \leqslant b + w(i+1)$。当 $r = b + w(i+1)$ 时，第 i 薄层作用在第 $i+1$ 薄层在圆周方向上的应力 $\sigma_{\theta di}$ 和半径方向上的应力 σ_{rdi} 分别为

$$\sigma_{\theta d(i+1)} = -\frac{P_i\{[b+w(i+1)]^2 + (b+wi)^2\}}{[b+w(i+1)]^2 - (b+wi)^2}, \quad \sigma_{rd(i+1)} = -P_i$$

$$(4.12)$$

针对第 $i+1$ 薄层,认为涂层无限薄,则第 $i+1$ 薄层作用在第 i 薄层在半径方向上的应力 σ_{rdi} 和圆周方向上的应力 $\sigma_{\theta di}$ 分别为

$$\sigma_{\theta di} = \frac{-P_i[b+w(i+1)]}{w}, \quad \sigma_{rdi} = 0 \qquad (4.13)$$

则第 i 薄层与第 $i+1$ 薄层之间弹性应变方程为

$$\Delta\varepsilon_i = \frac{1}{E_d}\big[(\sigma_{\theta d(i+1)} - \sigma_{\theta di}) + \nu_d(\sigma_{rd(i+1)} - \sigma_{rdi})\big] \qquad (4.14)$$

将式(4.10)~(4.13)代入式(4.14)中,得

$$\Delta\varepsilon_i = \frac{P_i}{E_d}\left\{\left\{\frac{b+w(i+1)}{w} - \frac{[b+w(i+1)]^2 + (b+wi)^2}{[b+w(i+1)]^2 - (b+wi)^2}\right\} - \nu_d\right\}$$

$$(4.15)$$

联立式(4.9)和式(4.15)可求出第 i 层后产生的涂层残余应力为

$$P_i = \frac{E_d\nu_d w\{[b+w(i+1)]^2 -}{[b+w(i+1)]\{[b+w(i+1)]^2 - (b+wi)^2\} -} \longrightarrow$$
$$\longleftarrow \frac{(b+wi)^2\}(T_{di} - T_{d0})}{w\{[b+w(i+1)]^2 + (b+wi)^2\} - \nu_d w\{[b+w(i+1)]^2 - (b+wi)^2\}}$$

$$(4.16)$$

其中 $1 \leqslant i \leqslant n$,则圆筒表面共沉积 n 层薄层后,涂层内部产生的总体骤冷残余应力 P_c 为沉积第一层涂层和基体之间产生的骤冷应力与沉积 i 层涂层每层引起的骤冷残余应力之和,即

$$P_c = \frac{wE_d\nu_d(T_{d1} - T_{d0})(b^2 - a^2)}{E_d(a^2 + b^2) - (b^2 - a^2)(1 + \nu_s wE_d)} +$$
$$\sum_{i=1}^{n} \frac{E_d\nu_d w\{[b+w(i+1)]^2 -}{[b+w(i+1)]\{[b+w(i+1)]^2 - (b+wi)^2\} -} \longrightarrow$$
$$\longleftarrow \frac{(b+wi)^2\}(T_{di} - T_{d0})}{w\{[b+w(i+1)]^2 + (b+wi)^2\} - \nu_d w\{[b+w(i+1)]^2 - (b+wi)^2\}}$$

$$(4.17)$$

4.2.3　热应力模型的建立

首先求其温度场,由于轴对称性并且轴向无热流,温度场仅是 r 的函数,且满足定常无热源的热传导方程,即 $\nabla^2 T = 0$,式中 ∇^2 为拉普拉斯算子,在轴对称的柱坐标中的形式为 $\nabla^2 = \dfrac{d^2}{dr^2} + \dfrac{1}{r}\dfrac{d}{dr}$,因此热传导方程可写

成

$$\left(\frac{\mathrm{d}^2}{\mathrm{d}r^2} + \frac{1}{r}\,\frac{\mathrm{d}}{\mathrm{d}r}\right)T = 0 \tag{4.18}$$

该方程的一般解为 $T = A\ln r + B$，由圆筒表面沉积 i 层后涂层表面的沉积温度 T_{di} 和沉积第一层与基体界面之间的温度 T_{d0} 的温度边界条件 $(T)_{r=b} = T_{d0}$、$(T)_{r=b+iw} = T_{di}$ 确定常数 A、B，最后可得

$$T = T_{d0} + (T_{di} - T_{d0})\,\frac{\ln\dfrac{r}{b}}{\ln\dfrac{b+iw}{b}} \tag{4.19}$$

式(4.19)中 $b+iw$ 与 b 分别为表面沉积 i 层后圆筒截面上圆心至涂层表面的半径及圆筒的外径，然后利用平面轴对称热应力问题的一般解，即

$$\sigma_{rdiH} = -\alpha_1 E_1\,\frac{1}{r^2}\int_b^r T\rho\mathrm{d}\rho + D_1 + D_2 \tag{4.20}$$

$$\sigma_{\theta diH} = \alpha_1 E_1\left(-T + \frac{1}{r^2}\int_b^r T\rho\mathrm{d}\rho\right) + D_1 - \frac{D_2}{r^2} \tag{4.21}$$

σ_{rdiH} 和 $\sigma_{\theta diH}$ 分别为圆筒基体表面沉积 i 层薄层后涂层在半径和圆周方向上由于温度梯度产生的应力，且将内外表面无面力的边界条件，即将 $(\sigma_r)_{r=b} = 0$，$(\sigma_r)_{r=b+iw} = 0$ 代入式(4.20)和式(4.21)中，则得

$$D_1 + \frac{D_2}{b^2} = 0 \tag{4.22}$$

$$D_1 + \frac{D_2}{(b+iw)^2} - \alpha_1 E_1\,\frac{1}{(b+iw)^2}\int_b^{b+iw} T\rho\mathrm{d}\rho = 0 \tag{4.23}$$

并由此解得 D_1 及 D_2 分别为

$$D_1 = \frac{\alpha_1 E_1}{(b+iw)^2 - b^2}\int_b^{b+iw} T\rho\mathrm{d}\rho \tag{4.24}$$

$$D_2 = \frac{b^2\alpha_1 E_1}{(b+iw)^2 - b^2}\int_b^{b+iw} T\rho\mathrm{d}\rho \tag{4.25}$$

将式(4.24)、式(4.25)代入式(4.22)和式(4.23)后得应力分量为

$$\sigma_{rdiH} = \frac{\alpha_1 E_1}{r^2}\left(\frac{r^2 - b^2}{(b+iw)^2 - b^2}\int_b^{b+iw} T\rho\mathrm{d}\rho - \int_b^r T\rho\mathrm{d}\rho\right) \tag{4.26}$$

$$\sigma_{\theta diH} = \frac{\alpha_1 E_1}{r^2}\left(\frac{r^2 + b^2}{(b+iw)^2 - b^2}\int_b^{b+iw} T\rho\mathrm{d}\rho - \int_b^r T\rho\mathrm{d}\rho - Tr^2\right) \tag{4.27}$$

将式(4.19)代入式(4.26)和式(4.27)进行积分，并按平面热弹性关系式

$$E_1 = \frac{E_d}{1 - \nu_d^2}, \quad \nu_1 = \frac{\nu_d}{1 - \nu_d}, \quad \alpha_1 = (1 + \nu_d)\alpha_d \tag{4.28}$$

式中 E_d ——涂层材料的弹性模量；

ν_d ——涂层材料的泊松比；

α_d ——涂层材料的热膨胀系数。

对式(4.27)进行系数替换,则得

$$\sigma_{\theta d i H} = \frac{\alpha_d E_d (T_{di} - T_{d0})}{2\ln \dfrac{b + iw}{b}} \left(1 - \ln \frac{b + iw}{r} - \right.$$

$$\left. \frac{b^2}{(b + iw)^2 - b^2} \left\{ \frac{[b + iw]^2}{r^2} + 1 \right\} \ln \frac{b + iw}{b} \right) \tag{4.29}$$

最终可得圆筒表面沉积 i 层薄层后涂层表面产生的热应力为

$$(\sigma_{\theta d i H})_{r = b + iw} = \frac{\alpha_d E_d}{1 - \nu_d} (T_{di} - T_{d0}) \left[\frac{1}{2\ln \dfrac{b + iw}{b}} - \frac{b^2}{(b + iw)^2 - b^2} \right] \tag{4.30}$$

结合式(4.17)和式(4.30)可得圆筒最终沉积 i 层后涂层最终残余应力 σ 为

$$\sigma = \frac{w E_d \nu_d (T_{d1} - T_{d0})(b^2 - a^2)}{E_d (a^2 + b^2) - (b^2 - a^2)(1 + \nu_s w E_d)} + \frac{\alpha_d E_d}{1 - v_d} \frac{T_{di} - T_{d0}}{2\ln \dfrac{b + iw}{b}} \cdot$$

$$\left\{ 1 - \ln \frac{b + iw}{r} \frac{b^2}{(b + iw)^2 - b^2} \left[\frac{(b + iw)^2}{r^2} + 1 \right] \ln \frac{b + iw}{b} \right\} +$$

$$\sum_{i=1}^{n} \{\{ E_d \nu_d w [(b + w(i + 1)]^2 - (b + wi)^2\} (T_{di} - T_{d0}) /$$

$$[b + w(i + 1)]\{[b + w(i + 1)]^2 - (b + wi)^2\} - w\{[b + w(i + 1)]^2 + (b + wi)^2\} -$$

$$\nu_d w \{[b + w(i + 1)]^2 - (b + wi)^2\}\} \tag{4.31}$$

4.3 轴类件表面涂层的热－力映射关系研究

根据 4.1 节和 4.2 节对曲轴表面采用不同喷涂路径制备涂层过程中瞬态温度场的测量结果,以及轴类件表面沉积涂层过程中残余应力建立的理论模型,本节首先将曲轴的形状尺寸参数及涂层沉积过程的温度值代入模型中,进而计算不同沉积层数时对应的理论残余应力值。然后将计算理论残余应力值与实际测得结果进行比较,验证建立的理论模型的准确性。最后建立涂层沉积过程中不同温度与残余应力的映射关系,分析喷涂过程中控制涂层沉积温度在什么范围内涂层表面可以获得较均衡的残余应力分布状态。

4.3.1 理论模型的试验验证

为了准确探究曲轴表面沉积涂层的残余应力分布规律,使预测结果更切合实验结果,将曲轴轴颈的形状尺寸、沉积单层涂层的厚度、涂层的物理性能参数及红外测温仪测得的温度值代入模型中进行计算,见表 4.1。由于试验选择的 FeNiCrAl 涂层为新研制材料体系,其物理性能参数未知,但其化学成分与 3Cr13 马氏体不锈钢丝材成分配比较接近,因此在模型计算过程中代入 3Cr13 马氏体不锈钢的物理性能参数,最终试验结果可以近似指导实验用材料的喷涂工艺。

表 4.1 模型中所用材料的性能参数

材料性能参数	第 i 层	涂层平均温度/℃			
		R 角处		轴颈表面	
		环形路径	"Z"字形路径	环形路径	"Z"字形路径
泊松比 $\nu_d = 0.28$	1	93.2	42.7	88.6	65.2
弹性模量 $E_d = 226$ GPa	2	102.7	44.1	112.7	81.4
热膨胀系数 $\alpha_d = 11.3$ K	3	138.8	52.3	153.4	105.7
每一层涂层厚度 $w = 0.05$ mm	4	143.5	93.6	133.5	108.2
曲轴轴颈半径 $b = 18.5$ mm	5	153.1	96.8	164.2	122.5

如图 4.11(a)所示,随着沉积层厚度的增加,R 角部位涂层表面残余应力升高,理论值与实测值有比较好的吻合,当沉积层厚度小于 0.1 mm 时,残余应力值变化较小,当沉积第三层与第四层时残余应力值陡然上升,随后趋于平稳。同时由图可知,"Z"字形路径喷涂的残余应力低于环形路径试验结果测试值,相差 73～95 MPa。分析轴颈处涂层残余应力与沉积层厚度的关系与 R 角处结果类似,如图 4.11(b)所示,喷涂初期随着沉积层厚度增加涂层残余应力升高,但沉积第四层及第五层时实测残余应力有下降的趋势,采用"Z"字形路径喷涂实验测得残余应力值变化范围为 133.3～178.4 MPa,低于采用环形路径的试验结果(为 223.5～278.6 MPa)。这与采用不同路径时喷涂过程中的喷涂温度有关,由 4.2 节中对沉积第三层、第四层时 R 角处的温度场变化分析可知,环形路径喷涂过程中的温度变化为 138～153 ℃,高于"Z"字形路径的温度变化(为 52～96 ℃),轴颈处第四层及第五层的温度变化范围:环形路径为 133.5～

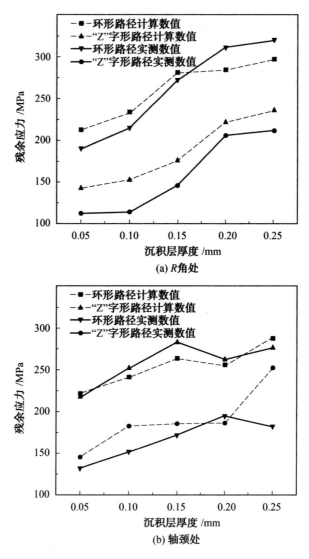

(a) R角处

(b) 轴颈处

图 4.11　不同涂层厚度对轴颈表面沉积层残余应力分布的影响

164.2 ℃，"Z"字形路径为 108.2～122.5 ℃。残余应力与涂层内部累积热量增加有很大关系，随着喷涂温度的升高，后续沉积涂层与已沉积涂层及基体之间的温度梯度增大，涂层之间圆周方向上的压力增大，在涂层冷却过程中引起的收缩应变程度较大，涂层内部热应力起主导作用，从而造成整体残余应力增大。综合比较，采用"Z"字形路径喷涂时，在轴颈处和 R 角处，涂层内部残余应力值都低于环形路径的喷涂试验结果，这与不同路径沉积过程中涂层的散热方式及涂层温度有很大关系,因此采用"Z"字形路径有利于降低涂层内部残余应力,对提高涂层的使用寿命及服役可靠性有很大意义。

同时,比较分析采用模型分析计算的理论残余应力值与实验测得的结果可知,采用不同路径,R角处及轴颈处的理论值都高于试验测试值,出现这种误差的原因有两种:一是,模型中并未考虑材料的性能参数随温度的波动,且理论计算中涂层厚度设定值与试验制备涂层有一定偏差,因此,如果沉积温度过高或者实际中材料性能随着温度变化波动较大,则会对计算结果的精度造成影响;二是,实验喷涂 3Cr13 是马氏体不锈钢材料,涂层在快速冷却过程中会发生马氏体相变,在电弧喷涂高碳钢时,由于马氏体的体积大于奥氏体,马氏体组织的存在使得涂层的体积膨胀,涂层内部产生压应力,部分抵消热应力及骤冷应力,从而降低涂层整体残余应力值。4.2节中建立的理论计算模型未考虑由于相变引起残余应力的影响,根据上述分析,在喷涂由相变引起的残余应力模型建立中应考虑相变应力因素的影响。

4.3.2　理论模型的修正

针对大多数喷涂材料,其残余应力产生机制主要有骤冷应力和热应力两种,采用前面推导的解析模型能够较准确地分析涂层内部的应力状态,但当喷涂碳钢材料时(如 82B 高碳钢,65Mn、Cr13 马氏体不锈钢),喷涂过程中的相变应力会对最终残余应力分布产生较大影响,且在电弧喷涂过程中,马氏体相变是一种非扩散型相变,瞬间就可以完成,因此,可以假设马氏体相变在每一薄层熔滴沉积到基体或已沉积涂层表面上后,迅速降温至沉积温度,沉积阶段完成,忽略其他阶段(包括后续薄层的沉积及整个涂层的冷却阶段)的相变影响,而且模型中也不考虑其他如珠光体、贝氏体等类型的相变,以及由于相变塑性带来的影响。

在骤冷阶段,马氏体转变量 f_m 可用 Koistinen－Marburger 方程表示为

$$f_m = 1 - e^{-k(M_s - T_d)} \tag{4.32}$$

式中　M_s——马氏体转变点温度;

　　　T_d——基体温度;

　　　k——影响因子常量。

对于可发生相变的材料,马氏体应变为

$$\varepsilon_d^{tr} = [\beta_0 + (\alpha_M - \alpha_A)T][1 - e^{-k(M_s - T_d)}] \tag{4.33}$$

式中　β_0 ——0 ℃时马氏体相变体积转变量；

　　　　α_M、α_A ——马氏体和奥氏体热膨胀系数；

由于马氏体相变是发生在沉积每一涂层时的骤冷阶段，因此喷涂过程中，第 $i+1$ 层沉积在第 i 层发生马氏体相变产生的应力为

$$\sigma_d^{tr(ni)} = E_d\{[\beta_0 + (\alpha_M - \alpha_A)(M_s - T_i)][1 - e^{-k(M_s - T_d)}]\} \quad (4.34)$$

式中　T_i ——沉积第 i 层过程中的温度。

结合上式，即可得到对于发生相变的材料涂层完成 i 层涂层后由于相变产生的整体残余应力为

$$\sigma_d^{tr(all)} = E_d\{i\beta_0 + (\alpha_M - \alpha_A)[iM_s - (T_{i-1} + T_i)]\}[1 - e^{-k(M_s - T_d)}]$$
$$(4.35)$$

式(4.35)中，对于基体，忽略任何形式的相变，结合式(4.31)，可知沉积 i 层后涂层整体残余应力为

$$\sigma = \frac{wE_d\nu_d(T_{d1} - T_{d0})(b^2 - a^2)}{E_d(a^2 + b^2) - (b^2 - a^2)(1 + \nu_s wE_d)} +$$

$$\frac{\alpha_d E_d}{1 - \nu_d} \frac{(T_{d1} - T_{d0})}{2\ln\dfrac{b+iw}{b}}\left\{1 - \ln\frac{b+iw}{r} - \frac{b^2}{(b+iw)^2 - b^2}\cdot\right.$$

$$\left.\left[\frac{(b+iw)^2}{r^2} + 1\right]\ln\frac{b+iw}{b}\right\} +$$

$$\sum_{i=1}^{n} \frac{E_d\nu_d w\{[b+w(i+1)]^2 -}{[b+w(i+1)]\{[b+w(i+1)]^2 - (b+wi)^2\} -} \longrightarrow$$

$$\longleftarrow \frac{(b+wi)^2\}(T_{di} - T_{d0})}{w\{[b+w(i+1)]^2 + (b+wi)^2\} - \nu_d w\{[b+w(i+1)]^2 - (b+wi)^2\}}$$
$$(4.36)$$

为了进一步验证考虑了涂层发生马氏体相变引起整体残余应力变化的模型的准确性，将材料的物性参数代入上式中进行理论计算，与试验结果进行比较分析。考虑马氏体相变后涂层残余应力随沉积厚度的变化曲线如图 4.12 所示。

由图 4.12(a)可以看出，当预测模型中代入相变引起应力变化项后，其理论值显著下降，且在沉积涂层初期，由于涂层温度较低，发生马氏体相变量较大，其体积膨胀产生的压应力对降低涂层总体残余应力的作用明显，以"Z"字形路径在 R 角处沉积第一层及第二层时(涂层厚度为 0.05～0.1 mm)的残余应力值可知，如果不考虑相变因素影响，R 角处涂层残余应力计算值为 143.2 MPa，试验测得值为 112.3 MPa，考虑相变后计算值为 107.6 MPa，而沉积第一层时喷涂过程中的平均温度约为 42.7 ℃，可见

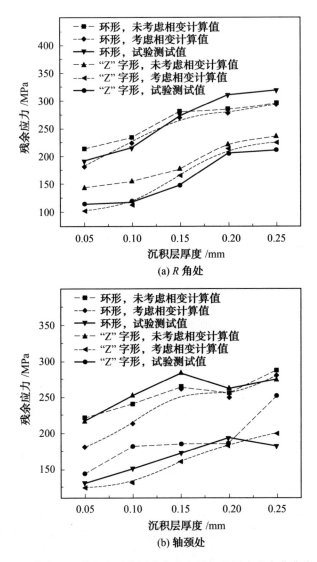

(a) R 角处

(b) 轴颈处

图 4.12 考虑马氏体相变后涂层残余应力随沉积厚度的变化曲线

较低的喷涂温度对降低涂层残余应力,提高马氏体转变量有很大影响。而在喷涂后期,沉积第五层时(涂层厚度为 0.25 mm),涂层温度约 96.8 ℃,这是由于马氏体相变降低残余应力的作用不再明显。

由图 4.12(b)可以看出,考虑相变后计算残余应力分布规律与试验测得的结果在低温沉积阶段比较吻合,随着沉积层数增加,喷涂温度升高,采用"Z"字形路径喷涂轴颈处沉积涂层厚度为 0.25 mm 时,当考虑相变对残余应力降低这一因素时,其理论值为 197 MPa,而试验测得的应力值为 250 MPa,理论值低于试验测得的结果,存在一定误差。这也可能与模型中所用的材料性能参数,以及模型忽略了实际喷涂过程中,涂层中孔隙、氧化物和微裂纹对释放残余应力的作用及喷涂工艺有很大关系。考虑相变对残余应力影响的因素后,其理论值虽然不能和试验测得的结果完全对应,但其变化趋势比较接近。该模型可以较方便地预测涂层残余应力随着沉积层厚度及喷涂温度变化的分布规律,可以指导试验过程中选择合适的喷涂层厚度及控制涂层沉积过程的温度变化。

4.3.3　温度/应力映射关系研究

电弧喷涂的工艺特征是材料高温熔化撞击在基体表面快速冷却凝固形成涂层的过程。根据前述内容的研究结果可知,涂层残余应力的大小及分布规律与喷涂过程中温度场的分布有很大关系。如何建立温度/应力的映射关系,通过温度场特征参量的变化反映涂层的应力分布情况,指导涂层制备工艺,阐述电弧喷涂成形机理,是本节的主要内容。

利用 4.2 节中建立的理论模型可知不同喷涂沉积温度对残余应力的影响,根据 4.1 节中对喷涂过程中温度场的监测结果可知,涂层沉积过程中的平均温度变化范围为 42.7~164.2 ℃,但前述温度场分布仅研究的是沉积层在 5 层范围内的结果,考虑到喷涂温度会随着沉积层数的增加而升高,本节分析将选择的涂层温度变化范围为 20~300 ℃,可以完全涵盖实际喷涂过程中涂层的沉积温度范围,确定涂层沉积厚度为 0.75 mm,沉积每一层涂层厚度为 0.05 mm,涂层材料为 3Cr13,分别将各种物性参数代入式(4.31)中,进而分析不同沉积温度与涂层总体残余应力及由于马氏体相变引起的残余应力之间的对应关系。3Cr13 涂层表面残余应力随沉积温度变化曲线如图 4.13 所示。

由图 4.13 可以看出,涂层表面残余应力值随着沉积温度的升高而增大。同时,当沉积温度低于 100 ℃ 时,残余应力值较低(为 110~120 MPa),且变化平稳;当沉积温度高于 100 ℃ 后,残余应力曲线陡然上升,由马氏体相变产生的压应力对降低涂层整体残余应力的作用减弱,涂层内部热应力逐渐起主导作用。当选择较低的沉积温度时,根据建立的相变残余应力模型[式(4.36)]可知,当沉积每一层的温度越低,即 T_i 值越小,相变引起的残余应力值越大,则会降低涂层整体残余应力值。根据实际喷涂 Cr13 等马氏体不锈钢丝材的结论可知,沉积温度越低,喷涂粒子沉积在处于较低温度时已沉积层表面的冷却速率更大,快速冷却过程中奥氏

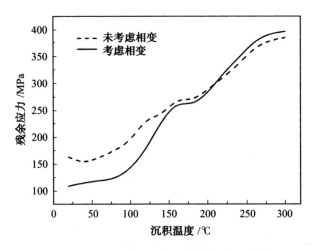

图 4.13 3Cr13涂层表面残余应力随沉积温度变化曲线

体向马氏体的转变量会增多,马氏体的体积要大于奥氏体,材料的体积将增加 1%～1.5%,因此涂层体积膨胀受到限制而产生压应力,会部分平衡熔滴快速冷却过程中由于体积收缩产生的拉应力及涂层与基体之间存在温度梯度而产生的热应力。

根据理论模型预测喷涂具有相变特征的材料时,要保证制备的涂层最终残余应力值较小,喷涂沉积过程温度应控制在 100 ℃以内,从而分析比较本试验中对曲轴喷涂过程中采用两种路径喷涂时的温度范围:采用环形路径及“Z”字形路径喷涂,在 R 角部位沉积涂层的温度范围分别为83.2～123.1 ℃和 42.7～96.8 ℃,在轴颈部位沉积涂层的温度范围分别为88.6～162.2 ℃和 65.2～122.5 ℃。因此可以得出,采用“Z”字形路径喷涂时沉积温度较低,涂层内部可以获得较小的残余应力,从而保证涂层具有较好的服役可靠性。

4.4 典型再制造零件与产品的疲劳寿命评估案例

4.4.1 高速电弧喷涂再制造曲轴的意义

随着国家拉动内需,加大基础设施的建设,北京奥运工程、上海世博会工程、西气东输、南水北调、西部开发等国家大型工程建设需要大量的工程机械重载车辆,2010 年年底国内重载车辆保有量达到 7 300 万辆,已跃居世界汽车产销大国。而大部分重载运输车辆和工程机械专用车辆都存在长时间超负荷运行、工作环境较差、车辆保养不好等问题,使得这些专用设备的关键零部件磨损快、使用寿命缩短。通常关键零部件的失效会造成设备停工维修,需要更换新件或整机报废,2010 年年底汽车报废量接近 400 万辆。这些都造成资源和能源的极大浪费,与国家建设资源节约型、环境友好型社会的政策相悖,因此研究重载车辆关键零部件的再制造具有极大的应用价值和社会意义。

为了建设资源节约型、环境友好型社会和发展循环经济,再制造应运而生。再制造工程是机械维修业进入高级阶段的具体体现,也是实现报废设备再利用、再循环的有效途径之一。国外再制造主要采用尺寸修理法或换件修理法。尺寸修理法也称"减法修理",如曲轴轴颈磨损后,在保证工件强度的前提下,将失效轴颈表面层磨削到可以配合的尺寸,再在缸体上配一定尺寸的轴瓦以完成再制造。换件修理法即将设备中报废的零件更换为新品从而达到维修的目的。为了利用零件的原有资源,节约能源,充分挖掘废旧零部件中蕴含的剩余价值,徐滨士院士在 1999 年率先提出了中国特色的再制造工程,其原则是以废旧设备或零部件为毛坯,以报废设备的零部件为研究对象,采用先进的表面工程技术,对由于表面失效而造成报废的旧品进行修复和强化的过程,可以开启失效零部件的下一个生命周期,最终达到"尺寸恢复、性能提升、变废为宝"的目标。其重要特征是再制造产品的质量和性能要达到或超过新品,成本仅是新品的 50% 左右,节能 60% 左右,节材 70% 以上,对大气污染物排放量降低 80% 以上。

发动机是重载车辆的核心零部件,也是蕴含附加值最大的重要部件。而曲轴被称为发动机的"心脏",质量约为发动机的 10%,成本为整机成本的 10%~20%,所以曲轴的报废将大大降低发动机的再制造价值。采用传统的手工电弧喷涂方式进行再制造修复的工作效率较低、工人的工作条件较差、劳动强度较大,很难满足企业大批量生产的要求,且工人喷涂经验的好坏也影响再制造后曲轴的质量稳定性。采用机器人自动化高速电弧喷涂系统进行曲轴再制造具有效率高、成本低、质量优等优势,它可以制备出优于本体材料性能的表面功能薄层,在恢复零件尺寸的同时,进一步提升了零件的表面性能。因此,针对重载车辆报废曲轴采用热喷涂技术对其进行再制造、再利用,研究曲轴喷涂过程中的新材料、自动化喷涂工艺、涂层性能控制、再制造曲轴的服役可靠性等关键问题,对提高废旧曲轴的再制造效率,延长其使用寿命,使报废零件变废为宝,减少资源和能源浪费,推动我国汽车零部件再制造行业的发展,促进我国经济和社会可持续发展,构建资源节约型和环境友好型社会具有重要的理论价值和社会效益。

4.4.2 高速电弧喷涂再制造曲轴工艺及试验

高速电弧喷涂再制造曲轴工艺流程图如图 4.14 所示。

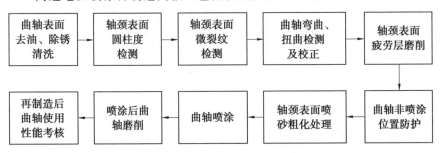

图 4.14 高速电弧喷涂再制造曲轴工艺流程图

曲轴喷涂路径的规划采用离线编程方式,首先在轴颈表面根据形状尺寸划分出关键点,调整喷枪位置至每一个关键点位置,同时记存每一点,在喷涂过程中,喷枪会按照规划的路径连续作业完成喷涂。汽车发动机的曲轴如图 4.15 所示。利用示教再现的方式进行路径规划,当采用环形路径喷涂主轴颈时,在轴颈表面横向均分 4 个关键点,将轴颈圆周方向分 4 道进行喷涂,喷枪垂直于轴颈表面,曲轴旋转一周,完成第一道喷涂,随后喷枪向右偏移一定距离,曲轴反转一周完成第二道喷涂,依次完成整个轴颈表面一层涂层的沉积。当喷涂连杆轴颈时,由于轴颈中心与变位机中心不在同一直线上,因此曲轴旋转的同时喷枪始终与轴颈保持一定距离,跟随轴颈的位置变化而不断调整运动姿态,同理,曲轴旋转 4 周完成一层涂层沉积。曲轴共有 13 个轴颈,每个轴颈喷涂 4 道,即曲轴转动 4 周,所以喷涂一遍需要变位机转动 52 周,冷却时再反转 52 周,恰好喷涂一个循环结束,机器人主体和变位机均回到作业原点位置。

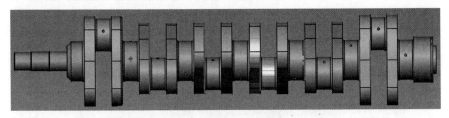

图 4.15 汽车发动机的曲轴

采用"Z"字形路径喷涂主轴颈时,首先在轴颈圆角处沿周向均分出关键点,喷枪在这些关键点倾斜 45°,曲轴旋转时喷枪运行轨迹为左右直线运行且在轴颈两侧倾斜,曲轴旋转 1 周即可完成 1 个轴颈的 1 遍喷涂。喷涂连杆轴颈时,曲轴旋转一定角度,喷枪调整姿态在轴颈左侧倾斜 45°,记存第一个关键点,接着旋转同一角度,喷枪需抬起一定高度在轴颈右侧倾斜45°,保证喷射焰流垂直喷向轴颈圆角处,曲轴不断旋转,喷枪跟踪轴颈且保证距轴颈表面 160 mm,喷涂过程中喷枪在轴颈两侧倾斜,在表面做"Z"字形运行的同时绕曲轴回转成一个椭圆形轨迹。高速电弧喷涂再制造曲轴路径规划过程如图 4.16(a)所示,喷涂过程如图 4.16(b)所示。曲轴再制造前如图 4.17 所示,再制造后如图 4.18 所示。随后对涂层进行后续磨削加工,达到曲轴标准尺寸的要求,进行弯曲疲劳寿命考核。

(a) 路径规划过程　　　　　　　　　(b) 喷涂过程

图 4.16　高速电弧喷涂再制造曲轴过程

图 4.17　曲轴再制造前

图 4.18　曲轴再制造后

4.4.3 曲轴喷涂前后的表面残余应力分析

为了考查采用不同喷涂路径及材料对再制造曲轴表面涂层残余应力的影响,比较分析合适的喷涂工艺,对 4 根曲轴分别采用环形路径、"Z"字形路径喷涂 3Cr13 涂层及本课题研制的 FeNiCrAl 系涂层,并且对新旧曲轴进行残余应力测试,如图 4.19 所示,主要部位是主轴及连轴颈中间、拐角处及油孔四周。

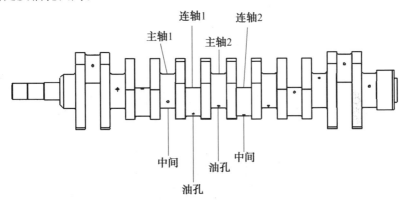

图 4.19 曲轴二维图

图 4.20 所示为 6 根曲轴表面不同位置处残余应力测试结果。可以看出在轴颈 R 角位置及轴颈中间处残余应力以拉应力为主,仅有新品曲轴及采用"Z"字形路径喷涂 FeNiCrAl 涂层在轴颈中部残余应力为压应力;6 根曲轴油孔处基本呈压应力状态。图4.20(a)所示为新旧品曲轴应力测试

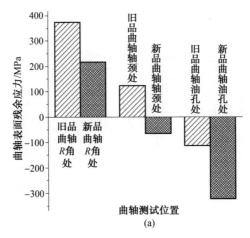

(a)

图 4.20 6 根曲轴表面不同位置处残余应力测试结果

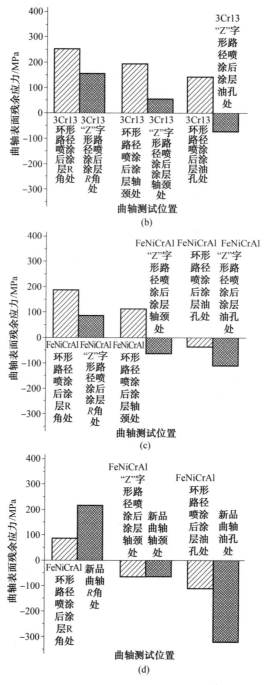

续图 4.20

结果。可以看出,与新品曲轴相比较,旧曲轴在经过长期服役后表面残余应力发生变化,在 R 角处旧曲轴平均残余应力约为 375 MPa,其值是新品曲轴在该位置处的 1.5 倍,且在轴颈处由以前的压应力状态转变为拉应力状态,这与曲轴在运行过程中 R 角位置容易产生应力集中有关。如图4.20(b)所示为曲轴喷涂 3Cr13 涂层表面残余应力结果,与图 4.20(a)相比可以看出,3 个位置点残余应力值均低于旧品曲轴测试值,且无论是轴颈 R 角位置还是轴颈中部,采用"Z"字形路径制备涂层表面残余应力均低于环形路径喷涂结果。这与喷涂前去除应力疲劳层有关,喷涂前曲轴轴颈表面初始状态基本可以认为零应力状态,3Cr13 涂层在沉积过程中会发生马氏体相变,从而部分抵消拉应力使涂层整体残余应力值较低。如图4.20(c)所示,采用"Z"字形路径喷涂 FeNiCrAl 涂层在轴颈及油孔位置处残余应力为压应力状态,在 R 角位置采用环形路径喷涂,其拉应力值约为188 MPa,是采用"Z"字形的路径喷涂结果的 2 倍多,说明采用"Z"字形路径喷涂明显有利于降低涂层表面残余应力值,且在轴颈中部呈压应力状态,与 R 角处拉应力状态相平衡,可以有效避免或减少涂层在使用过程中开裂或剥离的出现。最后分析图 4.20(d)可知,采用 Z 字形路径喷涂FeNiCrAl涂层后的残余应力状态与新品曲轴表面应力状态分布较为接近,都是在 R 角位置呈拉应力状态,在轴颈及油孔处呈压应力状态,但喷涂后曲轴的应力值低于新品曲轴,说明经过再制造后曲轴的性能指标不低于新品。

4.4.4 再制造曲轴弯曲疲劳寿命评估

汽车发动机在工作过程中,承受较大的交变弯曲载荷作用,并且曲轴在发动机中高速旋转运行,其强度高低在很大程度上决定了发动机的可靠性和寿命,曲轴的可靠性是再制造阶段必须考虑的关键问题。曲轴是容易发生疲劳破坏的一种典型构件,其中弯曲疲劳破坏是主要失效形式。因此,采用谐振式曲轴弯曲疲劳台架试验方法考核高速电弧喷涂再制造后的曲轴的弯曲疲劳性能。

采用前述的机器人自动化高速电弧喷涂设备及再制造工艺流程对斯太尔曲轴的连杆轴颈及主轴颈进行了喷涂再制造,磨削加工至规定尺寸后,安装到谐振式曲轴弯曲疲劳台架试验机上,相对主轴颈来说,连杆轴颈在服役过程中更容易疲劳失效,因此本节只对曲轴的连杆轴颈进行了弯曲疲劳试验。

曲轴弯曲疲劳试验台实物图如图 4.21 所示。将再制造后曲轴连杆轴颈紧邻的两个主轴颈装夹在试验机上,利用电动机械激振来考核曲轴的弯曲疲劳性能,试验采用谐振原理,电动机连接有偏心轮安装在主动臂上,试验中电机运行带动偏心轮高速摆动会产生激振,从而使主动臂和从动臂产生受迫振动。因此,装夹在两个摆臂间的曲轴就受到一个对称载荷的作用,谐振可以将偏心轮的激振载荷放大,从而模拟曲轴在工作时的受力情况,试验过程中轴颈表面涂层状态可以由与试验机配套的工业相机动态监测,当曲轴断裂时试验机自动停机。

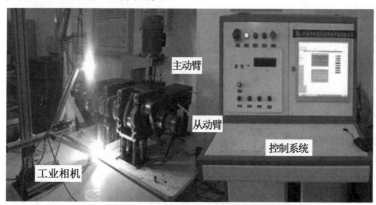

图 4.21　曲轴弯曲疲劳试验台实物图

1. 曲轴疲劳试验的载荷标定

曲轴在弯曲疲劳试验过程中需要加载一定的应力水平,从而轴颈会承受一定的弯矩,但是在试验过程中曲轴瞬时承受的弯矩不能在线读出,需要在试验前预先在曲轴上施加一定的载荷和弯矩,试验过程中则按照这个载荷力的作用动态进行。本试验采用了基于应变法的"静标动测"的原理。首先对曲轴单个轴颈进行静态载荷标定,建立静力矩与应变之间的关系;然后进行动标以确定试验系统工作时的激振频率和曲轴圆角上产生的动应变之间的关系。试验过程产生的弯矩 P_t 与曲轴标准名义弯矩 P_{-1} 的关系为

$$P_t = kP_{-1} \tag{4.37}$$

$$P_{-1} = \lambda RG = \lambda \left(P_z \frac{L_1}{L} \right) G = \lambda \left(\frac{\pi}{4} D^2 P_z \frac{L_1}{L} \right) G \tag{4.38}$$

式中　　D——发动机活塞直径;

　　　　P_z——发动机运行过程中气缸内产生的最大爆发压力;

　　　　λ——支撑系数;

　　　　F——支反力。

该试验系统集成了加速度传感器、可编程控制器（Programmable Logic Controller，PLC）及转速传感器等控制部分，实现了电机转速的全自动控制、动态标定的自动化及曲轴出现裂纹或涂层剥落等失效形式的自动诊断功能。试验过程中，曲轴出现裂纹到失效的过程会造成系统的刚度下降，则振动加速度也随之下降，从而电机转速下降。而通常认为，与标定转速相比，电机转速下降 1 Hz 则曲轴失效，系统通过监测电机转速和加速度的变化情况判断曲轴是否断裂并自动停机。

试验用曲轴材料为 42CrMoA 钢，工作弯矩为 1 921.15 N·m。曲轴试验基本参数见表 4.2。图 4.22 所示为曲轴第 3 拐的试验安装图及应变片粘贴效果图。曲轴第 3 拐的静态和动态主要标定数据分别见表 4.3 和表 4.4。图 4.23 为"静标动测"拟合曲线。其结果为：试验弯矩＝3 073.84 N·m，强化系数＝1.6，圆角应力＝573.58 MPa，试验转速＝2 204.99 r/min，加速度＝10.67g。

图 4.22 曲轴第 3 拐的试验安装图及应片粘贴效果图

表 4.2 曲轴试验基本参数

气缸直径	曲轴半径	主轴颈宽度	曲柄臂厚度	弹性模量	爆发压力	支撑系数
112 mm	67.5 mm	37 mm	28 mm	210 MPa	16 MPa	0.75

表 4.3 静态标定数据

弯矩/(N·m)	应变片 1 的应变值/($\times 10^{-6}$)	应变片 2 的应变值/($\times 10^{-6}$)
1 213.28	816.46	964.34
2 143.63	1 267.28	1 352.43

续表 4.3

弯矩/(N·m)	应变片 1 的应变值/($\times 10^{-6}$)	应变片 2 的应变值/($\times 10^{-6}$)
2 537.64	1 537.61	1 846.52
3 054.37	1 864.84	2 197.64
3 467.82	2 034.67	2 264.37
3 964.53	2 349.51	2 546.83
4 254.13	2 676.54	2 738.49
4 428.46	2 846.54	2 984.67

表 4.4 曲轴第 3 拐的动态主要标定数据

转速/(r·min^{-1})	应变片 1 的应变值/($\times 10^{-6}$)	应变片 2 的应变值/($\times 10^{-6}$)
914.57	75.345	76.547
1 588.57	284.34	311.53
1 679.86	322.08	378.47
1 760.27	403.52	457.58
1 954.15	564.27	615.46
2 065.55	710.46	785.58
2 164.28	867.854	954.76
2 237.64	1 018.46	1 094.67
2 307.13	1 168.54	1 254.37
2 354.57	1 345.85	1 415.46
2 491.15	1 846.13	1 767.64

2. 曲轴疲劳试验结果与分析

根据机械零部件的工作状况不同,在工件的疲劳性能试验中其寿命可以大致分为 3 个区间,即短寿命区、中等寿命区和长寿命区,它们分别指在较高、中等和较低应力水平下工作时试件的疲劳寿命达到 10^4、$10^4 \sim 10^6$ 和 10^6 次循环以上。曲轴是发动机中的关键部件,其工况比较复杂且更换比较麻烦,因此要求其在较低应力水平下工作达到长寿命区。根据《汽车发动机曲轴弯曲疲劳试验方法》(QC—T637—2000)标准中规定,把在一定应力水平下疲劳循环基数 N_0(10^7)作为曲轴的疲劳强度极限。喷涂 FeNi-

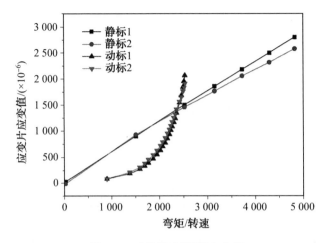

图 4.23 "静标动测"拟合曲线

CrAl 和 3Cr13 再制造曲轴的弯曲疲劳试验数据分别见表 4.5 和 4.6。

表 4.5 喷涂 FeNiCrAl 再制造曲轴的弯曲疲劳试验数据

序号	试验弯矩/(N·m)	安全系数	圆角应力/(MPa)	循环周次/×10⁴	试验结果
1	3 265.95	1.7	597	21.1	涂层剥落
2	2 881.725	1.5	528	74.3	出现剥落
3	2 305.38	1.2	418	1137	通过
4	3 073.84	1.6	563	54.3	出现剥落
5	2 689.61	1.4	487	174.1	出现裂纹
6	2 305.38	1.2	423	384.7	涂层裂纹
7	2 689.61	1.4	495	183.6	出现裂纹
8	2 497.495	1.3	458	348.8	出现裂纹
9	2 305.38	1.2	423	1 034	通过
10	2 689.61	1.4	491	161.5	涂层裂纹
11	2 305.38	1.2	427	635.8	出现裂纹
12	1 921.15	1.0	393	1 027	通过
13	2 305.38	1.2	422	1 107	通过
14	2 305.38	1.2	414	317	出现裂纹
15	1 921.15	1.0	387	1120	通过
16	1 921.15	1.0	382	1 067	通过

表 4.6　喷涂 3Cr13 再制造曲轴的弯曲疲劳试验数据

序号	试验弯矩/(N·m)	安全系数	圆角应力/MPa	循环周次/×10⁴	试验结果
1	2 497.495	1.3	455	37	涂层剥落
2	2 305.38	1.2	424	244	出现剥落
3	1 921.15	1.0	392	410.4	出现裂纹
4	2 305.38	1.2	433	221.7	出现剥落
5	1 921.15	1.0	387	518.8	出现裂纹
6	2 305.38	1.2	432	328	涂层剥落
7	1 921.15	1.0	390	533.5	出现裂纹

由表 4.5 所示的喷涂 FeNiCrAl 涂层后的弯曲疲劳试验结果可知,当加载系数大于 1.3,即试验弯矩高于 2 497.495 N·m 时,疲劳循环周次都没有达到设定的标准基数门槛值 10^7 次;当加载系数为 1.2,试验弯矩为 2 305.38 N·m 时,6 组试验中 3 组通过;当加载系数降低到 1.0 时,3 组试验全部通过。由表 4.6 所示的喷涂 3Cr13 涂层后的弯曲疲劳试验结果可知,当加载系数为 1.3 时,曲轴弯曲循环周次约为 $37×10^4$ 次;当加载系数降低为 1.2 时,3 组试验平均循环周次是 $264×10^4$ 次;当加载系数降低为 1.0 时,3 组试验平均循环周次是 $487×10^4$ 次。

图 4.24 为再制造曲轴层弯曲疲劳试验结束后轴颈表面涂层失效形貌。图 4.24(b)和(c)为加载系数为 1.2,试验弯矩为 2 305.38 N·m 时,弯曲疲劳试验约 244 万次后,3Cr13 涂层出现裂纹和剥离失效后试验终止,主要发生在轴颈 R 角位置,且在其圆周方向上出现裂纹较多,出现大面积严重剥离。图 4.24(d)所示为曲轴喷涂 FeNiCrAl 涂层加载系数为 1.2 时,弯曲疲劳试验约 635 万次后涂层的损伤形貌,在 R 角处仅出现轻微裂纹,剥离现象不明显,比较可知,曲轴喷涂 FeNiCrAl 涂层与基体具有较高的结合强度和服役寿命。

为了精确评价喷涂 FeNiCrAl 涂层曲轴的疲劳极限,对试验结果采用配对升降法进行了统计分析,根据上述试验结果(表 4.5),选取 1 900～2 700 N·m 的低载荷数据,在四级应力水平下作出配对升降图(图 4.25),可以看出终点 13 为越出(即通过考核),可断定依次进行的第 14 个试件的试验弯矩水平必将达到 1 900 N·m,这样,数据点 14 和起点 2 位于同一应力水平上,故该图属于闭合式的升降图。根据疲劳可靠性定义,指定循环基数 N_0 下的中值(50%)可靠度疲劳强度的估算量。取散点图中的有效

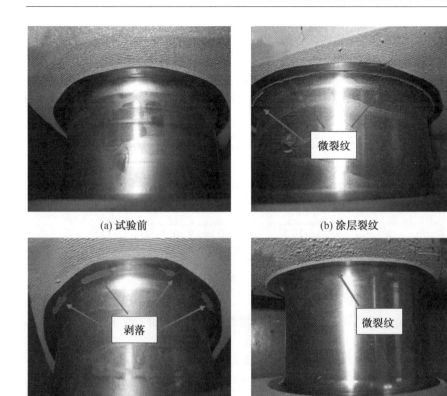

(a) 试验前　　　　　　　　　　(b) 涂层裂纹

(c) 涂层剥落　　　　　　　(d) FeNiCrAl涂层剥落

图 4.24　喷涂 3Cr13 涂层曲轴弯曲疲劳试验后涂层失效形貌

数据可得出曲轴的中值疲劳极限为

$$M_{u-1}/(\text{N} \cdot \text{m}) = (2\ 700 \times 3 + 2\ 300 \times 6 + 1\ 900 \times 3)/12 = 2\ 300$$

由于曲轴的设计工作弯矩 M_{-1} 为 1 921.15 N·m,因此喷涂 FeNi-CrAl 涂层的再制造曲轴平均强度安全系数为

$$n = M_{u-1}/M_{-1} = 2\ 300/1\ 921.15 = 1.197$$

该型号新品曲轴的安全系数为 1.2,因此可知经过再制造后曲轴疲劳寿命可达到设定的疲劳极限 10^7 次循环。

喷涂 FeNiCrAl 再制造后曲轴的弯曲疲劳试验 $P-S-N$ 曲线如图 4.26 所示,其分别选取在 2 497.495 N·m、2 689.61 N·m、2 881.725 N·m、3 073.84 N·m 和 3 265.95 N·m 5 个不同载荷下对应的疲劳寿命数据,对载荷和疲劳寿命取对数后作回归曲线。由图 4.26 可知,过载疲劳特性呈线性关系,试验弯矩增大,寿命下降。由图 4.26 可知,

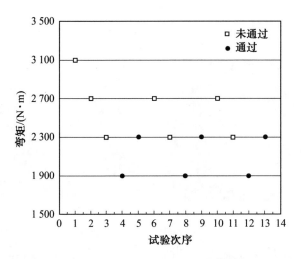

图 4.25　曲轴喷涂 FeNiCrAl 涂层后疲劳试验配对升降图

回归直线相关系数 $R \approx 0.977\,06$，远大于表 4.7 中 $n-2$ 为 3 时的起码值 0.878，且所得数据在正态坐标上呈线性分布，故试验数据符合正态分布，线性拟合有意义。

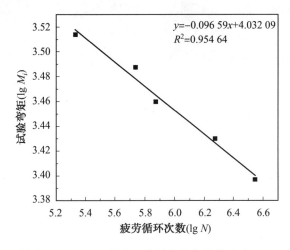

图 4.26　喷涂 FeNiCrAl 再制造后曲轴的弯曲疲劳试验 $P-S-N$ 曲线

表 4.7　相关系数检验表

$n-2$	起码值	$n-2$	起码值	$n-2$	起码值	$n-2$	起码值
1	0.997	6	0.707	11	0.553	16	0.468
2	0.950	7	0.666	12	0.532	17	0.456
3	0.878	8	0.632	13	0.514	18	0.444
4	0.811	9	0.602	14	0.497	19	0.432
5	0.754	10	0.576	15	0.482	20	0.423

3. 曲轴再制造技术应用的经济性评估

分析采用不同喷涂路径再制造曲轴的时间成本,需要喷涂的轴颈共有13 个,其中 7 个主轴颈,6 个连杆轴颈。采用环形路径方式喷涂时,每个轴颈喷涂 4 道,因此喷涂一个轴颈曲轴需要正转 4 周、反转 4 周,共 8 周,喷涂一根曲轴共需要旋转 10^4 周,而旋转一周耗时 0.5 min,则采用环形路径喷涂一根曲轴共需耗时 52 min。当采用"Z"字形路径喷涂一个轴颈过程中,曲轴旋转一周即可完成一个轴颈的一遍喷涂,加之回转一周吹气冷却涂层,曲轴共需旋转 26 周,耗时 13 min。比较得出,采用"Z"字形路径再制造一根曲轴仅需要采用环形路径喷涂耗时的 1/4。为了考核采用不同喷涂材料及不同喷涂工艺再制造曲轴的经济性与环境性,在中国重汽集团复强动力有限公司对再制造后曲轴进行了试车应用,并对其经济性成本进行分析,结果见表 4.8。采用"Z"字形路径喷涂 3Cr13 涂层整个再制造过程所需的费用约为 300 元/根,与采用环形路径喷涂相比单件降低 70 元。而采用"Z"字形路径喷涂 FeNiCrAl 涂层的再制造费用为 175 元/根,与喷涂3Cr13 涂层费用相比降低一半。比较分析,采用 FeNiCrAl 材料喷涂曲轴再制造消耗的粉芯丝材质量仅为制造新品曲轴所需材料的 3% 左右,单根曲轴再制造成本与制造新品相比下降了 93.8%,再制造过程耗时与制造新品曲轴相比节省了 18%。因此,该技术的经济效益和社会效益显著,具有很大的应用推广前景。

表 4.8　机器人自动化高速电弧喷涂再制造单件曲轴经济性评估

项目	材料	耗材/kg	耗时/min	成本/元	再制造费用/元
曲轴新品	42CrMoA	103	—	2 800	—
环形路径	3Cr13	3.5	52	200	370
"Z"字形路径	3Cr13	3.0	13	150	300
环形路径	FeNiCrAl	2.7	52	135	215
"Z"字形路径	FeNiCrAl	2.7	13	135	175

本章参考文献

［1］KROUPA F. Stresses in coatings on cylindrical surfaces［J］. Acta Technical，1994，39：243-274.

［2］TSUI Y C，CLYNE T W. An analytical model for predicting residual stresses in progressively deposited coatings Part 2：Cylindrical geometry［J］. Thin Solid Films，1997，306：34-51.

［3］赵娇玉. 热喷涂涂层残余应力产生及控制因素研究［D］. 沈阳：沈阳工业大学，2009.

［4］徐秉业，刘信声. 应用弹塑性力学［M］. 北京：清华大学出版社，2010：373-375.

［5］MURTHY Y V，VENKATA R G，KRISHNA I P. Numerical simulation of welding and quenching processes using transient thermal and thermal-elastic-plastic formulation ［J］. Computer and Structures，1996，60(1)：131-154.

［6］GEORGE K. Deformation and fracture in martensite carbon steels tempered at low temperatures ［J］. Metallurgical and Materials Transaction，2001，32 B：205-366.

［7］DENG D. FEM prediction of welding residual stress and distortion in carbon steel considering phase transformation effects ［J］. Materials and Design，2009，30：359-366.

［8］陈永雄. 铁基材料电弧喷涂快速再制造成形技术基础研究［D］. 北京：装甲兵工程学院，2010.

［9］周迅. 曲轴弯曲疲劳试验系统的研究与开发［D］. 杭州：浙江大学，2003.

第 5 章 再制造熔覆层疲劳寿命评估研究

5.1 再制造熔覆层的组织分析及性能表征

5.1.1 FV520B 钢基材的组织分析与力学性能

试验材料选用压缩机叶轮叶片材料——FV520B 马氏体沉积硬化不锈钢，主要化学成分为：$w_C \leqslant 0.07\%$，$w_{Si} \leqslant 0.07\%$，$w_{Mn} \leqslant 1.0\%$，$w_P \leqslant 0.03\%$，$w_S \leqslant 0.03\%$，w_{Ni} 为 $5.0\% \sim 6.0\%$，w_{Cr} 为 $13.2\% \sim 14.5\%$，w_{Cu} 为 $1.3\% \sim 1.8\%$，w_{Nb} 为 $0.25\% \sim 0.45\%$，w_{Mo} 为 $1.3\% \sim 1.8\%$，w_{Fe} 为余量。试验板材厚度为 12 mm，并进行热处理以获得良好的力学性能，详尽的热处理过程见表 5.1。

表 5.1　FV520B－I 钢的热处理过程

热处理方式	温度/℃	处理时间/h	冷却方式
固溶	1 050 ± 10	1.5～2.5	空冷
淬火	850 ± 10	1.5～2.5	油冷
时效	480 ± 10	2.0～3.0	空冷

在试验板材上截取样品，并沿垂直于轧制方向打磨抛光，然后用王水溶液（浓盐酸与浓硝酸体积比为 3∶1）腐蚀抛光面，采用 Olympus 金相显微镜对组织形貌进行观测。FV520B－I 钢金相显微组织如图 5.1 所示，以细小均匀的板条状马氏体为主，基体上均匀弥散分布有析出相颗粒，包括富铜相 ε－Cu 及合金化合物 NbC、Mo_2C 等，这些第二相粒子有效钉扎晶界，阻碍晶粒长大，保证了晶粒的细化。FV520B－I 钢的组织形貌及元素成分如图 5.2 所示，可以发现板条状马氏体位向清晰可见，基本相互平行[图 5.2(a)]，且组织内部发现有 MnS 夹杂[图 5.2(b)]，极有可能成为疲劳裂纹的萌生位置；对基体上的弥散颗粒进行元素成分分析，为 Mo 和 Nb 的析出相[图 5.2(d)]，进一步验证了金相显微组织的观测分析。

采用 MTS－1 万能试验机对 FV520B－I 钢进行静载拉伸试验，

图 5.1　FV520B—Ⅰ钢金相显微组织

FV520B—Ⅰ材料静载拉伸试样尺寸如图 5.3 所示。获得了 FV520B—Ⅰ钢基材的应力—应变曲线,如图 5.4 所示,未发现明显的屈服平台,故以塑性应变为 0.2% 对应的应力作为其屈服强度,调质和时效热处理过程使材料

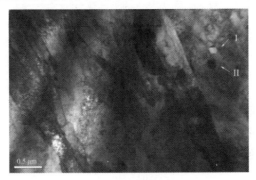

(a) 整体透射照片

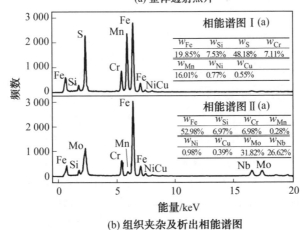

(b) 组织夹杂及析出相能谱图

图 5.2　FV520B—Ⅰ钢的组织形貌及元素成分

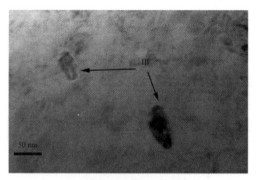

(c) 局部(析出相)组织照片

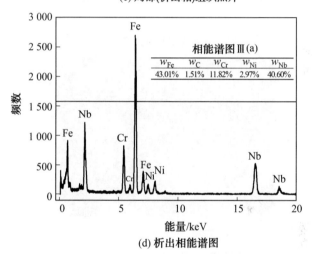

(d) 析出相能谱图

续图 5.2

内部的组织成分、晶粒尺寸及第二相分布发生变化,从而提高了 FV520B－I的抗拉伸性能。观测到的 FV520B－I 钢基材的拉伸断口形貌 如图 5.5 所示,主要为韧窝,细小均匀,表明板材具有良好的韧性。 FVB520B－I 钢的常规力学性能和物理性能见表 5.2。

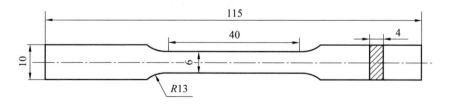

图 5.3　FV520B－I 钢基材静载拉伸试样尺寸

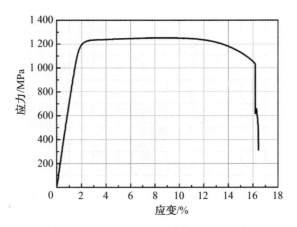

图 5.4　FV520B-Ⅰ钢基材的应力-应变曲线

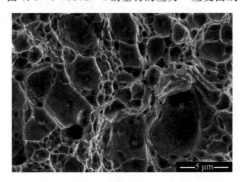

图 5.5　FV520B-Ⅰ钢基材的拉伸断口形貌

表 5.2　FV520B-Ⅰ钢的常规力学性能和物理性能

抗拉强度 R_m/MPa	屈服强度 $R_{p0.2}/MPa$	弹性模量 E/GPa	密度 $\rho/(g \cdot cm^{-3})$	硬度 $(HV_{0.1})$
1 309	1 080	210	7.86	367.5

5.1.2　FV520B 钢再制造熔覆层的制备方法

　　熔覆粉末选用与基体材料相似的 17-4PH 钢,其主要化学成分为:$w_C \leqslant 0.07\%$,$w_{Si} \leqslant 1.0\%$,$w_{Mn} \leqslant 1.0\%$,$w_P \leqslant 0.035\%$,$w_S \leqslant 0.03\%$,w_{Ni} 为 $3.0\% \sim 5.0\%$,w_{Cr} 为 $15.0\% \sim 17.5\%$,w_{Cu} 为 $3.0\% \sim 5.0\%$,w_{Nb} 为 $0.15\% \sim 0.45\%$,w_{Fe} 为余量。图 5.6 所示为熔覆粉末颗粒的形貌和元素分析,粉末粒度为 $50 \sim 100~\mu m$,分布均匀,颗粒呈圆形,具有较好的流动性。

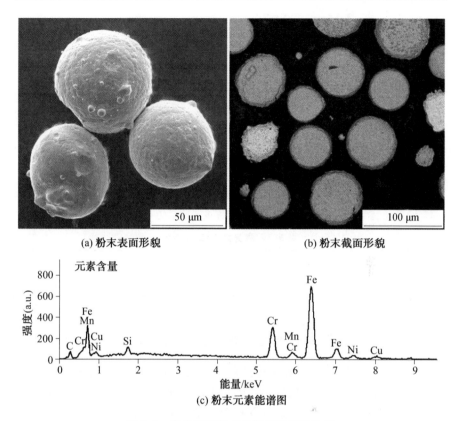

(a) 粉末表面形貌 (b) 粉末截面形貌

(c) 粉末元素能谱图

图 5.6 激光熔覆粉末的形貌和元素分析

试验采用哈尔滨工程大学表/界面科学与技术研究所开发的激光熔覆再制造系统,如图 5.7 所示,送粉方式为同轴送粉,熔覆之前将熔覆粉末在 120 ℃的干燥箱中烘干 2 h。基材厚度为 12 mm,双侧开 90°V 形坡口,熔覆前对坡口进行砂纸打磨,以去除表面铁锈和污染层,并用丙酮除油清洗;采用激光熔覆技术对坡口进行激光熔覆层填充,在进行第二层及以后各层的熔覆之前,对上一层的表面进行打磨,以去除表面氧化层,最终获得具有优异性能的激光熔覆试样。激光熔覆工艺参数直接影响熔覆层的性能与质量,不同的材料拥有不同的最佳熔覆工艺,采用多组试验获得该材料的工艺参数(表 5.3)。

图 5.7　激光熔覆再制造系统

表 5.3　激光熔覆工艺参数

激光功率/kW	扫描速度/(mm · s⁻¹)	送粉量/(g · min⁻¹)	载气流量/(L · h⁻¹)
1.5	4	26.4	182

5.1.3　FV520B 钢再制造熔覆层组织分析与力学性能

采用 D8 型 X 射线衍射仪对激光熔覆粉末与熔覆层的相结构进行分析,激光熔覆层粉末与熔覆层的 XRD 图谱如图 5.8 所示。粉末和熔覆层的结构均以马氏体相为主,没有发现明显的氧化物峰,在熔覆过程中材料有较少的氧化现象。

激光熔覆层焊缝处的金相组织形貌如图 5.9 所示,可以发现熔覆层与基体之间存在明显的组织界限,界面处出现明显的断续白亮带,由平面晶结构组成,因基体与熔覆层之间传热过程及凝固特征而产生;基体热影响区受熔覆温度的影响,由微细板条状马氏体转变为较细的马氏体相,而熔覆层均以粗大的树枝晶为主,晶内及晶间有二次相析出,阻碍位错运动,起到了弥散强化与硬化的作用。熔覆层与基体致密良好的冶金结合,保证了熔覆层具有很高的结合强度。

图 5.10 所示为熔覆层的界面组织形貌。熔覆层界面基本上结合状态良好,很难区分基体与熔覆层,熔覆层组织大多均匀致密[图 5.10(a)];但因基体表面清理不完全,导致部分熔覆层与基体存在微裂纹,在循环加载时,此处微裂纹极易扩展,疲劳裂纹萌生寿命的缩短将导致疲劳寿命大幅度降低[图 5.10(b)];另外,熔覆层因粉末中存在较大或较小颗粒,导致熔覆层存在少量未熔颗粒或过熔颗粒缺陷,根据能谱分析,表明此处缺陷基

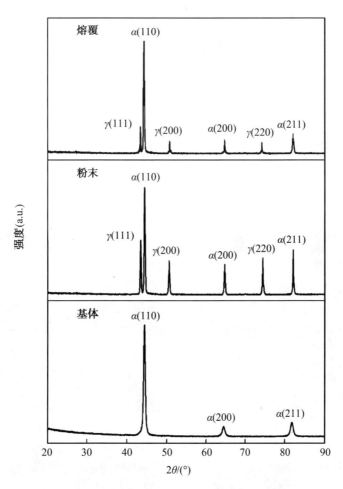

图 5.8　激光熔覆粉末与熔覆层的 XRD 图谱

本发生了严重的氧化现象[图 5.10(c)和(d)]，疲劳裂纹将会在此类缺陷处萌生与扩展，导致疲劳寿命有一定程度的下降。

对熔覆层熔合线处采用透射电镜（TEM）观测其组织形貌，如图 5.11(a)所示，并对基体及熔合线基材的衍射花样[图 5.11(b)和(c)]进行分析，可以发现熔合线处形态发生转变，微细的板条状马氏体在重新熔化并冷却过程中形成粗大马氏体，并有奥氏体残余。这是由于基体经过激光高温后呈现较高的熔池温度梯度，直接空气冷却导致部分组织形成残余奥氏体相。

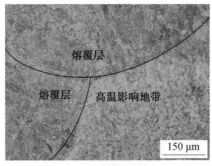

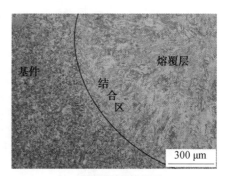

(a) 熔覆层间位置

(b) 熔覆层/基体界面

图 5.9　激光熔覆层焊缝处金相组织形貌

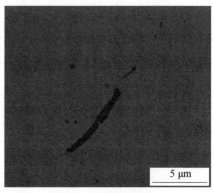

(a) 界面结合良好的熔覆层界面

(b) 存在明显缺陷的熔覆层界面

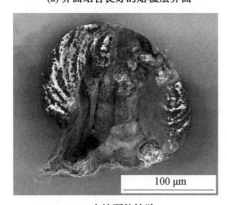

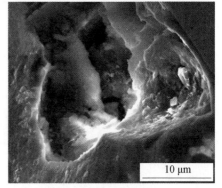

(c) 未熔颗粒缺陷

(d) 过熔颗粒缺陷

图 5.10　熔覆层的界面组织形貌

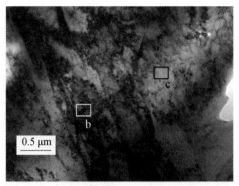

(a) 熔合线形貌

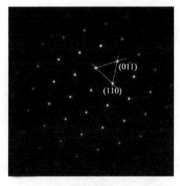

(b) 衍射花样1

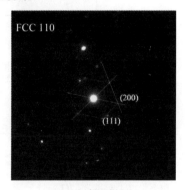

(c) 衍射花样2

图 5.11 熔覆层界面 TEM 分析

采用显微硬度计进行测定,测试载荷 1 N,加载 15 s,平均显微硬度值取 5 次测量的平均值。试样测试前按金相制样标准进行打磨和抛光。熔覆层硬度分布曲线如图 5.12 所示,熔覆层硬度平均值为 $HV_{0.1}$ 316.4,从熔覆层至基体,硬度逐渐增大;界面区域的硬度发生明显变化,硬度较基体降低较大,较熔覆层略有增大。这是由于界面在熔覆过程中基体发生熔化、结晶,板条状马氏体发生相变,硬度降低。

对 FV520B-I 钢再制造熔覆试样进行静载拉伸试验,试样尺寸参照图 5.3,将激光熔覆区域置于试样中心,获得再制造熔覆试样的应力—应变曲线如图 5.13 所示,屈服强度约为 1 000 MPa,抗拉强度近 1 200 MPa,略低于基材试样的力学性能。可以发现,试样发生屈服后很快进入颈缩阶段,应变量明显降低,这是由于基材在激光熔覆过程中,冷却速度较大,界面区域形成脆性相,再制造试样的塑性与韧性明显降低。再制造熔覆试样的断口形貌如图 5.14 所示,熔覆区域的等轴韧窝,其直径和深度较基材小。

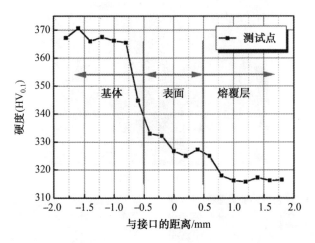

图 5.12　熔覆层硬度分布曲线

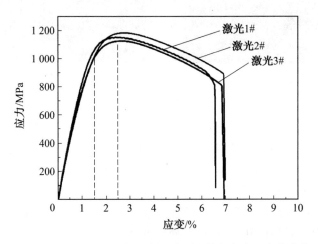

图 5.13　FV520B-I 钢再制造熔覆试样的应力-应变曲线

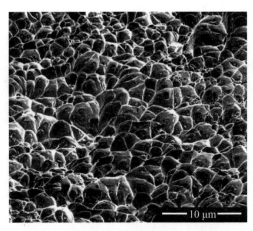

图 5.14 再制造熔覆试样的断口形貌

5.2 再制造熔覆试样的高周疲劳寿命评估研究

再制造叶轮静强度达标后,能否经受住流道内复杂气动载荷的长期作用,还需要分析再制造试样的抗疲劳性能。目前常用的疲劳寿命预测方法有名义应力法和局部应力应变法。前者是以名义应力作为控制参数的疲劳寿命预测方法,更适合进行高周疲劳寿命的预测。结构的疲劳寿命设计分为无限寿命设计和有限寿命设计两种。无限寿命法的依据是疲劳极限,当构件所受外界疲劳载荷的最大应力幅在考虑安全系数的因素下仍然低于构件的疲劳极限时,认为构件的疲劳寿命是无限的,该设计理论的初衷是保证零件能够长期安全服役。有限寿命法的依据是 $S-N$ 曲线,不同的工况下应力在寿命曲线上对应不同的设计寿命。再制造叶轮参照新品叶轮常用的无限寿命设计理论,利用与叶轮再制造部位具有相似残余应力状态的光滑标准试样,成组法测定 $S-N$ 曲线,并得到再制造部位所能承受的疲劳极限值,只有当再制造叶轮所受的最大异常气动载荷小于该疲劳极限时,再制造叶轮的服役安全性才可得到保证。

5.2.1 试样制备与试验方法

1. 试样制备

FV520B－S 基材选用弧形板状疲劳试样,具体尺寸如图 5.15(a)所示,用于对称应力状态下($R=-1$)的疲劳试验;其余疲劳试样采用平行段板状疲劳试样,焊缝位于平行段中间位置,尺寸如图 5.15(b)所示,试样厚度为 4 mm。再制造试样不进行消应力处理,保持原始应力状态。

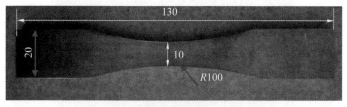

(a) 弧形板状疲劳试样

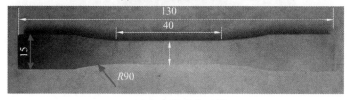

(b) 平行段板状疲劳试样

图 5.15　疲劳试样尺寸图(单位:mm)

2. 试验方法

由于叶轮在实际工况下承受较大的离心力,所以应考虑平均应力对疲劳寿命的影响。通过再制造叶轮的静力学分析可知,额定转速三力耦合(离心应力、气动静压和残余应力)作用下叶根再制造大型开式叶轮所承受的最大应力约为 691.83 MPa,叶根再制造部位应力约为 500.5 MPa。试验选取的平均应力为 700 MPa,高于叶轮所承受的最大应力,能更苛刻地考核叶根再制造区的疲劳强度。

获得 FV520B-S 在 700 MPa 平均应力下疲劳极限有两种方法:一种是先测定对称应力状态下的 $S-N$ 曲线,然后通过 Gerber、Goodman 或 Soderberg 等模型将对称应力下的疲劳极限进行经验转换;另一种是直接试验测定平均应力为 700 MPa 时的 $S-N$ 曲线。试验采用 MTS 809 疲劳试验机,对称应力状态设定平均应力为零,初始疲劳循环应力幅设为 50% 抗拉强度附近,约 560 MPa,以 20 MPa 为梯度递减或递增直到找到疲劳极限(循环 10^7 次不断裂),至少有 5 个应力梯度,作出 $S-N$ 曲线图;在非对称平均应力下,设定平均应力为 700 MPa,初始疲劳循环应力幅值选取标准是最大应力接近材料屈服极限,然后以 20 MPa 为梯度递减或递增直至疲劳极限出现,并保证有至少 5 个应力水平,然后利用经平均应力修正的 Basquin 公式拟合出非对称应力状态下的 $S-N$ 曲线。

5.2.2 基材对称应力 $S-N$ 曲线及断口形貌

在对称应力状态下,常用 Basquin 公式描述 $S-N$ 曲线,其表达式有两种形式,一种是幂函数式

$$S^a N = C \tag{5.1}$$

式中　a、C——与材料和应力比等相关的参数。

Basquin 公式的另一种表达形式为

$$\sigma_a = \sigma'_f (2 N_f)^b \tag{5.2}$$

式中　σ'_f——疲劳强度系数,它近似等于经过颈缩修正后的材料真实拉伸断裂强度,适用于大多数金属材料;

b——疲劳强度指数,对于大多数金属材料来说,其值在 $-0.12 \sim -0.05$ 范围内。

在双对数坐标系中,材料的应力幅与疲劳寿命间通常呈线性关系。

S 级热处理 FV520B(FV520B-S)是叶轮的基材,有必要先对其疲劳性能进行测定,为再制造试样的疲劳性能优劣提供横向对比参照。抗拉强度为 1 127 MPa 的 FV520B-S 在对称应力下的 $S-N$ 曲线如图 5.16 所示,曲线表达式为

$$\lg \sigma_a = 2.957 - 0.036\ 5\lg N_f \tag{5.3}$$

曲线上存在疲劳极限,其值约为 500 MPa,与企业提供的完全硬化状态抗拉强度为 1 158 MPa 的 FV520B 在室温下的疲劳极限一致,如图 5.16 所示。

如图 5.17 所示,完全时效 FV520B 虽然拉伸断裂强度最低(926.6 MPa),但在室温条件下,它的疲劳极限相对于标准状态和完全硬化 FV520B 最高,约为 650 MPa,完全硬化的 FV520B 虽然抗拉强度最高,但疲劳极限相对最小,因此 FV520B 并不是静强度越高对应的疲劳极限就越高。FV520B 的疲劳极限随温度的升高而下降,如图 5.17 所示,关系式为

$$\sigma_{-1} = 567.6 - 0.434T \tag{5.4}$$

FV520B-S 基材在对称应力下的疲劳断口可见明显的疲劳裂纹源、裂纹扩展区和瞬断区,具有典型的贝纹线和河流花样,如图 5.18 所示。疲劳源均位于断口表面,其上存在细小的台阶状形貌,无夹杂,判定裂纹在驻留滑移带上萌生。

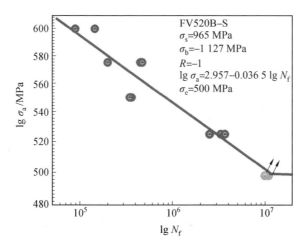

图 5.16　抗拉强度为 1 127 MPa 的 FV520B－S 在对称应力下的 $S-N$ 曲线

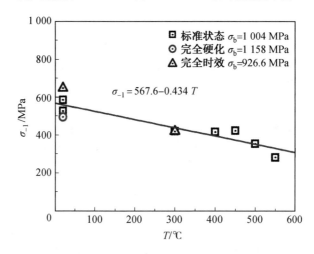

图 5.17　不同热处理 FV520B 疲劳极限随温度变化的规律($R=-1$)

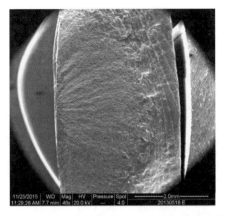

图 5.18 FV520B－S 基材宏观和微观断口形貌

5.2.3 基材非对称应力 $S-N$ 曲线及断口形貌

再制造叶轮所承受的静载荷包括离心应力、气动静压和初始残余应力,气动动载荷主要是尾流激振、旋转失速和喘振等引起的气流波动。在实际疲劳试验中,静载荷充当平均应力,疲劳应力幅模拟气动载荷的作用。叶轮载荷简化模型如图 5.19 所示。

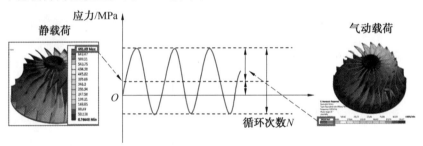

图 5.19 叶轮载荷简化模型

$$\Delta\sigma = \sigma_{\max} - \sigma_{\min}, \quad \sigma_{\mathrm{m}} = \frac{\sigma_{\max} + \sigma_{\min}}{2}, \quad \sigma_{\mathrm{a}} = \frac{\sigma_{\max} - \sigma_{\min}}{2} \quad (5.5)$$

其中,平均应力也可用应力比 $R(\sigma_{\min}/\sigma_{\max})$ 来表示,相同平均应力下,随着应力幅的变化,R 也是变化的。

前面已经通过试验测得抗拉强度为 1 127 MPa 的 FV520B－S 基材在对称应力状态下的 $S-N$ 曲线,疲劳极限约为 500 MPa,并且企业还提供了不同热处理 FV520B 对称应力状态下的疲劳极限,根据平均应力对材料疲劳极限的影响规律(图 5.20),通过对称应力下的疲劳极限,转换获得更接近实际工况的非对称应力疲劳极限。

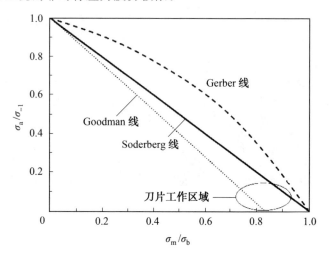

图 5.20　平均应力对材料疲劳极限的影响

对称应力状态下的疲劳极限向非对称应力状态下疲劳极限转化的典型经验模型为

Gerber 模型：

$$\sigma_a = \sigma_{-1}\left[1 - \left(\frac{\sigma_m}{\sigma_b}\right)^2\right] \tag{5.6}$$

修正的 Goodman 模型：

$$\sigma_a = \sigma_{-1}\left(1 - \frac{\sigma_m}{\sigma_b}\right) \tag{5.7}$$

Soderberg 模型：

$$\sigma_a = \sigma_{-1}\left(1 - \frac{\sigma_m}{\sigma_s}\right) \tag{5.8}$$

式中　σ_{-1}——对称应力下疲劳极限；

　　　σ_s——材料屈服强度；

　　　σ_b——材料抗拉强度。

对工程常用合金材料来说，Soderberg 模型预测的结果相对最保守；对于具有较大脆性的金属材料，修正的 Goodman 模型预测结果很好，但对延性合金来说，预测也偏于保守；Gerber 模型对预测延性合金在正平均应力下的疲劳行为通常具有相对较高的精度。对不同批次的 FV520B－S 的非对称应力下疲劳极限预测结果见表 5.4。

表 5.4 对不同批次的 FV520B－S 非对称应力下疲劳极限预测结果

预测模型 材料特性/MPa	Gerber 模型 σ_a/MPa	修正的 Goodman 模型 σ_a/MPa	Soderberg 模型 σ_a/MPa
$\sigma_{-1} = 500$，$\sigma_m = 700$ （$\sigma_s = 965$，$\sigma_b = 1\ 127$）	307.5	189.4	137.3
$\sigma_{-1} = 525$，$\sigma_m = 700$ （$\sigma_s = 743$，$\sigma_b = 1\ 030$）	282.4	168.2	30.4

对于两种不同拉伸性能参数的 FV520B－S，根据 Gerber 模型预测的应力幅 σ_a 叠加平均应力 σ_m 后得到的最大应力幅 σ_{max} 均高于材料的屈服强度 σ_s，由于 FV520B－S 的应变强化效果比较好，随着拉－拉疲劳循环载荷的不断提高，材料不断得到强化，因此最大应力幅 σ_{max} 高于材料的屈服强度 σ_s 是合理的。但对于对称应力状态（$R = -1$）来说，最大应力幅值不可能超过屈服强度，其疲劳极限必定小于材料弹性极限，即在拉－压载荷作用下即使应力幅在弹性范围内也可能出现疲劳破坏。这些现象均可以用 Bauschinger 效应来解释，即当金属材料在经过少量塑性应变（$<1\%\sim 4\%$）后若进行同方向加载（如拉－拉载荷），则金属的弹性极限和屈服强度将会提高；若进行反方向加载（如拉－压载荷），则其弹性极限和屈服强度将会降低。Bauschinger 效应在疲劳交变载荷作用下不可避免会出现。Gerber 模型预测的结果比较危险，而 Soderberg 模型预测的结果又过于保守，因此修正的 Goodman 模型可预测出较为可靠的疲劳应力幅极限，其预测结果表明，在 700 MPa 平均应力下 FV520B－S 可承受 180 MPa 左右的应力幅而不发生破坏。

通过具体试验测定了不同批次 FV520B－S 在平均应力为 700 MPa 下的 $S-N$ 曲线，如图 5.21 所示。

由于 Basquin 公式仅适用于平均应力为零的情况，Morrow 考虑平均应力对材料寿命的影响，对经典的 Basquin 寿命预测公式进行了修正，得到如下关系式：

$$\sigma_a = (\sigma'_f - \sigma_m)(2N_f)^b \tag{5.9}$$

两边取对数可得

$$\lg \sigma_a = [\lg(\sigma'_f - \sigma_m) + b\lg 2] + b\lg N_f \tag{5.10}$$

因此，在双对数坐标系下 σ_a 和 N_f 仍然呈线性关系。

对任何 $\sigma_m \neq 0$ 的情况，材料疲劳的疲劳寿命 N_f 可由平均应力为零时的材料寿命进行计算，关系式为

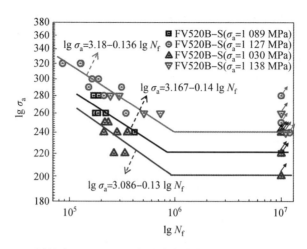

图 5.21　不同批次 FV520B－S 在平均应力为 700 MPa 下的 S－N 曲线

$$N_{f} = \left(1 - \frac{\sigma_{m}}{\sigma_{f}}\right)^{\frac{1}{b}} \cdot N_{f} \quad (R = -1) \tag{5.11}$$

由不同批次 FV520B－S 平均应力为 700 MPa 下的 S－N 曲线可知（图 5.21），与平均应力为零时的 S－N 曲线的明显不同之处在于，曲线的斜线部分最大寿命通常很短，一般不超过 10^{6} 次就会出现一个"平台"，这与该热处理工艺下的 FV520B 具有较好的应变时效硬化特性有关，因此对于应变强化效果较好（通常应力－应变曲线所示的屈强比较高）的金属，可用 10^{6} 次循环未断作为判断疲劳极限的依据。而对于无应变强化特性，或者效果不明显的材料，通过 10^{6} 次循环后曲线仍不断下降，此时要把至少 10^{7} 次循环未断时的最大应力幅作为疲劳极限。

抗拉强度 σ_{b} 为 1 127 MPa 和 1 138 MPa 的 FV520B－S 的 S－N 曲线斜线段的表达式为

$$\lg \sigma_{a} = 3.18 - 0.136 \lg N_{f} \tag{5.12}$$

线性拟合相关系数 R 为 －0.856，疲劳极限应力幅对应 S－N 曲线平行段约为 240 MPa；抗拉强度 σ_{b} 为 1 089 MPa 的 FV520B－S 的 S－N 曲线斜线段的表达式为

$$\lg \sigma_{a} = 3.167 - 0.14 \lg N_{f} \tag{5.13}$$

线性拟合相关系数 R 为 －0.820，疲劳极限应力幅约为 220 MPa；抗拉强度 σ_{b} 为 1 030 MPa 的 FV520B－S 的 S－N 曲线斜线段的表达式为

$$\lg \sigma_{a} = 3.086 - 0.131 \lg N_{f} \tag{5.14}$$

线性拟合相关系数 R 为 －0.502，疲劳极限应力幅约为 200 MPa，因此

在 700 MPa 平均应力下,FV520B－S 最低可承受 200 MPa 的循环应力幅而不发生破坏。表 5.4 所示的非对称应力状态疲劳极限转换模型预测结果表明,修正的 Goodman 模型具有较高的预测精度(σ_b 为 1 127 MPa 时,预测疲劳极限应力幅为 189.4 MPa,σ_b 为 1 030 MPa 时,预测疲劳极限应力幅为 168.2 MPa),尽管稍偏于保守。由前面再制造叶轮的动力学仿真结果可知,再制造叶轮在非共振条件下气动载荷引起的交变应力幅值在 30 MPa 以内,因此在不引起叶轮共振的情况下 FV520B－S 材质的叶轮具有较高的安全裕度,理论上可无限期安全服役,但受腐蚀、磨损和外物冲击耦合作用而引起叶轮局部出现高应力集中的缺陷时,也可能在非共振的条件下发生高周疲劳破坏;大型开式叶轮在尾流激振谐响应共振条件下,位于叶片弯曲棱边的中部位置循环应力幅最大可达到 246 MPa 左右,超过了 700 MPa 平均应力下 FV520B－S 的疲劳极限应力幅,因此共振可引起叶轮的高周或低周疲劳破坏。

FV520B－S 在非对称应力状态下的断口可见明显的裂纹源区、裂纹扩展区和瞬断区,河流花样清晰,具有典型的疲劳断裂特征,如图 5.22 所示。裂纹扩展区相对平均应力为零时的断口要小,这是由于试样所受的最大应力要远远大于 $R=-1$ 条件下的最大应力,裂纹来不及扩展充分就被拉伸断裂。裂纹源均位于试样表面或棱边应力集中处,裂纹萌生后扩展初期比较缓慢,裂纹张开的距离很小,在交变载荷作用下裂纹的两个面相互摩擦、挤压,形成了裂纹源区的光滑平面。

 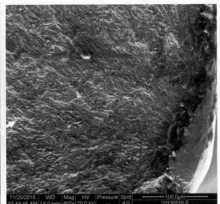

(a) 试样疲劳断口形貌　　　　　　　　(b) 图(a)的局部放大图

图 5.22　FV520B－S 非对称应力状态下宏观和微观疲劳断口形貌

5.2.4 再制造试样非对称应力 $S-N$ 曲线及断口形貌

1. FV520B－Ⅰ手弧焊非对称应力 $S-N$ 曲线及断口形貌

抗拉强度 σ_b 为 1 278 MPa 的 FV520B－Ⅰ手弧焊材的 $S-N$ 曲线斜线段的表达式为

$$\lg \sigma_a = 2.848 - 0.069\ 8\lg N_f \tag{5.15}$$

线性拟合相关系数 R 为 -0.753,疲劳极限应力幅对应 $S-N$ 曲线平行段约为 240 MPa,如图 5.23 所示,远远高于正常的气动交变载荷引起的应力幅,因此在不考虑共振、腐蚀、磨损和外物冲击等极端工况的理想条件下,FV520B－Ⅰ手弧焊叶轮可无限期安全服役。

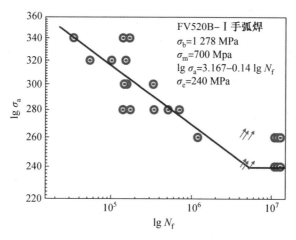

图 5.23 FV520B－Ⅰ手弧焊材在平均应力为 700 MPa 时的 $S-N$ 曲线

对于无缺陷的焊接试样,裂纹均萌生于试样表面的 PSB 带,但焊缝不可避免会存在气孔和夹杂等缺陷,焊缝断口上气孔和球形脆性夹杂直径可达 300 μm 以上,如图 5.24 所示,使得试样局部形成很高的应力集中,脆性夹杂断裂或气孔周围萌生裂纹,造成试样疲劳断裂。断口可见清晰的撕裂棱,为典型的准解理断裂特征,说明焊缝材料脆性较大。

2. 未热处理 MIG 焊 FV520B 非对称应力 $S-N$ 曲线及断口形貌

未热处理 MIG 焊 FV520B 在平均应力为 700 MPa 时的 $S-N$ 曲线斜线段的表达式为

$$\lg \sigma_a = 3.188 - 0.195\lg N_f \tag{5.16}$$

未热处理 MIG 焊 FV520B 存在疲劳极限,对于 $S-N$ 曲线的平行段,如图 5.25 所示,疲劳极限应力幅约为 100 MPa,即未热处理的 MIG 堆焊

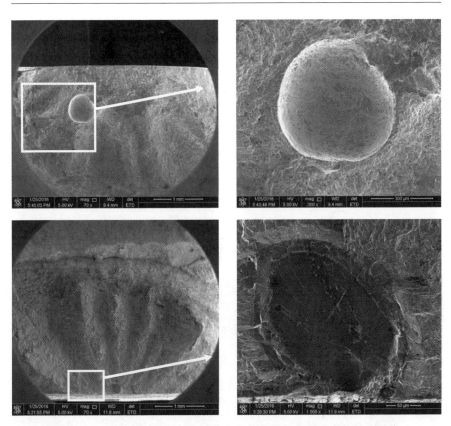

图 5.24 FV520B-I 焊材非对称应力状态下的宏微观疲劳断口形貌

再制造叶轮叶根,虽然存在较大的残余应力,但在额定转速离心力 700 MPa 下仍然能够承受 100 MPa 的应力幅而不发生破坏,非共振条件下的气动载荷在 30 MPa 以下,所以在不考虑叶轮共振应力的前提下,MIG 焊修复的叶根缺陷大型开式叶轮可长期安全运行。由于焊缝可承受的应力幅极限比基材低约 140 MPa,因此在再制造叶轮启动阶段的安全性和寿命有所下降,再制造叶轮在正常运行后应尽量减少启停机次数。

若 MIG 焊工艺控制不佳,焊缝处也会常常出现大型的脆性球状夹杂等缺陷。MIG 堆焊 FV520B 在非对称应力状态下的宏观和微观疲劳断口形貌如图 5.26 所示,MIG 焊缝断口,位错在夹杂处聚集,微裂纹形核,若夹杂强度较高,微裂纹扩展时将绕过夹杂使其与基体脱黏;若夹杂较脆,微裂纹扩展时将切断夹杂。焊缝缺陷将显著降低焊接试样的疲劳寿命,因此 MIG 焊在修复叶轮时要严格控制工艺参数,焊后要进行无损检测,以提高再制造叶轮服役的可靠性。

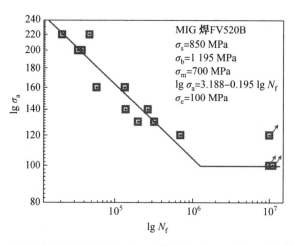

图 5.25　未热处理 MIG 焊 FV520B 在平均应力为 700 MPa 时的 $S-N$ 曲线

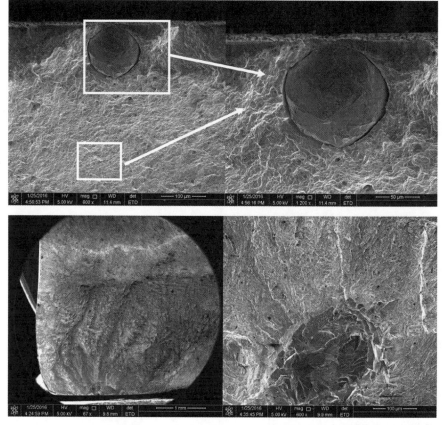

图 5.26　MIG 堆焊 FV520B 在非对称应力状态下的宏观和微观疲劳断口形貌

3. 未热处理的激光熔覆 FV520B 非对称应力 $S-N$ 曲线及断口形貌

当激光熔覆工艺较好,没有大型的气孔和夹杂缺陷时,未热处理的激光熔覆 FV520B 在 700 MPa 平均应力下的 $S-N$ 曲线如图 5.27 黑三角所示,在双对数坐标系下,根据 Basquin 公式拟合得到 $S-N$ 曲线方程为

$$\lg \sigma_a = 3.142 - 0.148 \lg N_f \tag{5.17}$$

曲线对应的疲劳极限约为 125 MPa,比 MIG 焊材的疲劳极限高 25 MPa,说明未热处理的激光熔覆 FV520B 的疲劳性能要优于 MIG 焊,该疲劳极限高于叶轮额定转速下的最大气动载荷,因此激光熔覆再制造叶轮在不考虑腐蚀、外物冲击和共振载荷的理想状态下可长期安全服役。与 MIG 焊的论述相似,由于相比叶轮基材熔覆区的材料疲劳性能有所下降,在再制造叶轮的启停机阶段,当尾流激振频率接近再制造叶轮共振频率时引起的较大应力、应变幅波动可能会对熔覆区造成疲劳损伤,因此要尽量减少再制造叶轮的启停次数,并重点监测启停机阶段的振动异常信号。若对熔覆区进行局部低温消应力处理,或者通过激光冲击引入残余压应力并细化熔覆区表层晶粒,则熔覆区材料可承受的疲劳极限应力幅会得到较大提高,裂纹形成寿命得以延长,激光再制造叶轮的服役安全性将进一步提升。

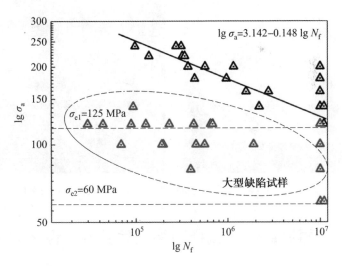

图 5.27　未热处理的激光熔覆 FV520B 在 700 MPa 平均应力下的 $S-N$ 曲线

激光熔覆 FV520B 在非对称应力状态下的宏观和微观疲劳断口形貌如图 5.28 所示。不稳定熔覆工艺造成了未熔等缺陷,试样疲劳寿命将大大降低,且寿命数据分散性很大。如图 5.27 中椭圆区内寿命数据所示,激

光熔覆试样的疲劳极限降至 60 MPa,此时再制造叶轮甚至都难以通过超转强度考核,在再制造叶轮启停机阶段熔覆缺陷处极易萌生裂纹导致低周疲劳破坏,因此废旧叶轮在完成激光熔覆再制造后不但要利用着色或磁粉探伤等常规无损检测手段排查表面缺陷,还要利用非线性超声、工业 CT 等无损检测技术排查熔覆区域内部的重大缺陷。

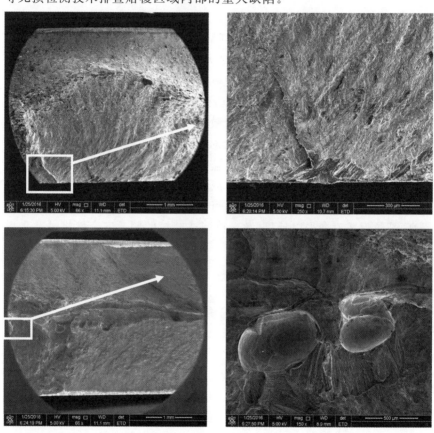

图 5.28　激光熔覆 FV520B 在非对称应力状态下的宏观和微观疲劳断口形貌

5.3　再制造熔覆试样超高周疲劳寿命评估研究

5.3.1　超声波疲劳试验系统

虽然早在 1950 年 Manson 就采用共振原理实现了 20 kHz 的机械加载,随着高性能计算机与数据采集技术的广泛推广,超声波疲劳试验技术得到了突飞猛进的发展。目前,日本岛津公司已形成成熟的超声波疲劳试验系统的生产与销售网,试验的研究数据也是基本基于此试验系统获得的;国内也有部分厂商研发超声波疲劳试验系统,并对试验方法加以扩展,超声波疲劳试验系统实物图如图 5.29 所示。

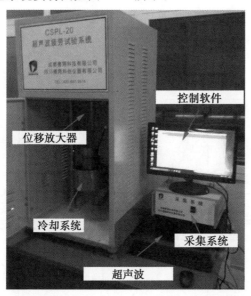

图 5.29　超声疲劳试验系统实物图

超声疲劳试验系统的核心部分主要包括:

①超声波发生器。将 50 Hz 的交变电信号转变为 20 kHz 的可调交频电信号,给试验系统提供激振电源。

②压电陶瓷换能器。将 20 kHz 的电信号转换为 20 kHz 的超声机械振动,振动幅值与超声电源的输出电压相关,但输出位移的幅值仍很小(纳米级),基本无法满足试验要求。

③位移放大器。将换能器的输出位移幅值放大到试验所需的位移范围,并传递到疲劳试样上;位移放大器的设计不仅需要满足试验要求,还应满足 20 kHz 的谐振要求。

④试验控制系统与检测系统。控制系统包括计算机控制软件和数据采集卡,控制系统通过计算机设置试验参数及控制试验机启停,通过数据采集卡读取记录试验过程及结果;检测系统用于监测、记录试验过程,一般主要用于检测位移放大器输出端的位移幅值,以确定位移放大器的放大系数。

图 5.30 所示为超声疲劳试验系统及其位移分布曲线。在位移放大器的输出端位置（C 横截面），其位移幅值最大（A_0），应力幅值为 0。其中，位移幅值 A_0 与电源电压和放大器放大系数呈正比关系。通过检测系统的标定，可以准确确定放大系数，即可获得 A_0 与电压之间的线性关系。采用有限元方法或解析法，在确定满足试验共振条件的试样形状与尺寸之后，获得试样中的最大应力值 σ_{max} 及试样振动输入端的最大位移，由于位移放大器能量输出端与试样能量输入端之间的连续性，两处的振动位移幅值相同。因此，疲劳试样的振动位移应力系数 C_S 满足下式：

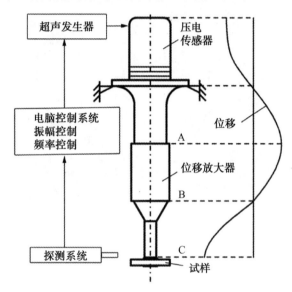

图 5.30　超声疲劳试验系统及其位移分布曲线

$$\sigma_{max} = A_0 C_S \tag{5.18}$$

式中，C_S 的大小与材料的动态弹性模量、密度及试样的几何形状尺寸有关，单位为 MPa/μm。疲劳试样加工定形后，其振动模态即可确定，C_S 也可以认为是常量。通过控制疲劳试样的输入端振动位移幅值，即可实现不同应力水平下的疲劳试验要求。

超声疲劳试样采用砂纸打磨、抛光，表面粗糙度达到要求（$Ra = 0.8~\mu$m），以去除试样表面的加工缺陷。在试验过程中，采用冷却水对试样进行完全冷却，以避免试样的温升对材料超高周疲劳性能研究的影响。对于循环周次超过 2×10^9 的未断裂试样，超声试验直接停止。

5.3.2　再制造熔覆试样超高周拉压疲劳行为研究

基材超声板状拉压疲劳试样的几何形状如图 5.31 所示,两端为方板,中部轮廓曲线为指数剖面。采用解析法可获得满足系统谐振要求的试样尺寸(mm)为:$b_1 = 3, b_2 = 16, L_1 = 18.65, L_2 = 22.15, R_0 = 30, w = 6.5$。试样加工磨削后表面粗糙度 Ra 达到 $0.8\ \mu\text{m}$。

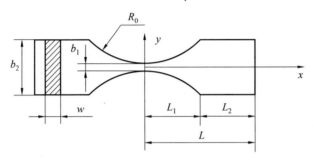

图 5.31　基材超声板状拉压疲劳试样的几何形状

对于再制造熔覆试样,采用厚 15 mm 的板材,在板材两侧对称开 90°V 形坡口,深度为 7 mm,采用激光熔覆技术将 V 形坡口填充,如图 5.32(a)所示。熔覆过程导致板材发生热变形,在板材的上下面进行对称后加工,使得再制造板材厚度加工至试验尺寸 6.5 mm,如图 5.32(b)所示。为了使得再制造熔覆层在试验过程中承受最大的拉压应力,关于熔覆层对称加工疲劳试样,如图 5.32(c)所示,试样几何尺寸及表面粗糙度与基材一致。

FV520B-I 钢基材和再制造熔覆试样板状拉压疲劳寿命曲线如图5.33所示。对于 FV520B-I 钢基材试样,在 10^8 循环周次以下,疲劳寿命随着应力的降低而增加,而在此寿命以上,出现传统疲劳研究的试验平台,具有传统疲劳寿命曲线特征。下降阶段的试验数据可以采用 Basquin 方程描述,疲劳寿命 $S-N$ 曲线为

$$N\sigma_{\max}^{12.14} = 7.08 \times 10^{39} \tag{5.19}$$

对于再制造熔覆试样,其疲劳寿命数据点分为两个区域。根据图5.34的断口形貌分析可知,其中图 5.33 中的△数据点对应激光熔覆层层内及界面结合状态良好的再制造试样,此区域的疲劳寿命相比基材试样有所下降,疲劳强度降低超过 25%;但整体来看疲劳寿命仍随着应力的增加而降低,在双对数坐标中,疲劳寿命与最大应力呈线性关系,采用 Basquin 方程进行拟合,可得到此类数据点的寿命曲线为

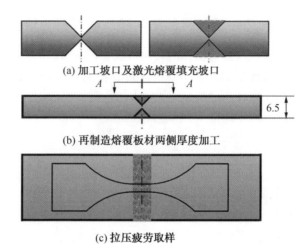

图 5.32　再制造熔覆试样的制备过程

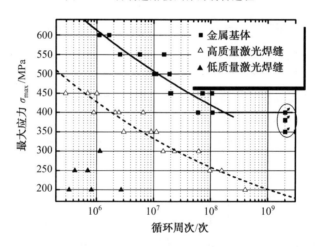

图 5.33　FV520B－Ⅰ钢基材和再制造熔覆试样板状拉压疲劳寿命曲线

$$N\,\sigma_{\max}^{9.19} = 1.52 \times 10^{30} \tag{5.20}$$

如图 5.33 中虚线所示。图 5.33 中▲数据点则对应再制造熔覆层存在明显缺陷的试样,基本无法进行疲劳试验,即使在 200 MPa 低应力的交变载荷作用下,循环次数也很难达到 3×10^6,此类明显缺陷是由激光过程中工艺不成熟所致,在实际工程中应绝对避免。

对图 5.33 中▲数据点的疲劳形貌进行观测。可见此类试样的再制造熔覆层存在明显的缺陷,断口形貌在界面处两侧呈现完全不一样的特征,界面至试样表面的熔覆层呈现瞬断的形貌,在熔覆层的氧化区域发现有明显的二次裂纹萌生；结合界面至试样中心的基体组织则出现疲劳裂纹扩展的特征。分析认为，包括熔覆层/基体结合界面的氧化物区域、熔覆层层内过熔颗粒及气孔等在内的缺陷，在应力作用下，断裂直接在缺陷处的熔覆层发生，此过程的循环周次几乎不存在；熔覆层发生断裂以后，基体组织将主要承受交变的拉压应力，此时试样的试验段在同一应力水平下，熔覆层界面处的氧化区域处必然承受局部的高应力集中，疲劳裂纹在此处扩展，并沿着最大应力的试验段向试样中心扩展，但局部高应力使得基体组织瞬间被撕裂，呈现不太明显的裂纹扩展现象，最终导致疲劳试样断裂。

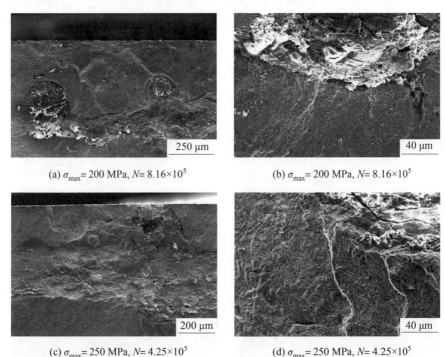

(a) $\sigma_{max}= 200$ MPa, $N= 8.16\times10^5$

(b) $\sigma_{max}= 200$ MPa, $N= 8.16\times10^5$

(c) $\sigma_{max}= 250$ MPa, $N= 4.25\times10^5$

(d) $\sigma_{max}= 250$ MPa, $N= 4.25\times10^5$

图 5.34　存在明显缺陷再制造熔覆试样的疲劳失效断口形貌

对结合状态良好的再制造熔覆试样（图 5.33 中的△数据点）的失效形貌进行观测（图 5.35）。可以发现疲劳裂纹源均在再制造熔覆试样的熔覆层界面处，结合界面至试样中心的基体组织内部呈现裂纹扩展特征，与图5.34 的断口特征相似；结合界面至试样表面的熔覆层组织虽未发现明显的裂纹扩展迹象，但也未呈现明显的撕裂特征，这与图 5.34 的断口特征有很大的区别。这是由于两种再制造试样的疲劳裂纹虽然皆因界面的局部应力集中而萌生，但结合状态良好的再制造试样使得裂纹很难发生瞬间断

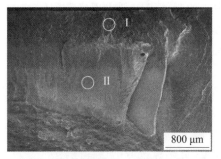

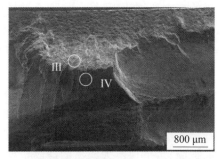

(a) 断口形貌及熔覆层内、远界面基体元素区域 I 的化学成分，σ_{max}=200 MPa，N=4.06 × 10^8 次

(b) 断口形貌及熔覆层界面、近界面基体元素区域 III 的化学成分，σ_{max}=250 MPa，N=1.58 × 10^8 次

区域 I 的化学成分

	质量分数%	体积分数%
C	5.33	15.50
Si	0.68	0.84
Fe	57.68	36.07
Cu	4.14	2.28
O	15.88	34.66
Cr	12.47	8.37
Ni	3.83	2.28

区域 III 的化学成分

	质量分数%	体积分数%
C	4.39	9.01
Si	0.40	0.35
Cr	7.94	3.76
Ni	2.60	1.09
O	43.99	67.76
Ca	0.39	0.24
Fe	40.29	17.78

区域 II 的化学成分

	质量分数%	体积分数%
Si	0.34	0.67
Fe	76.67	75.86
Cu	1.91	1.66
O	43.99	67.76
Cr	16.30	17.32
Ni	4.78	4.50

区域 IV 的化学成分

	质量分数%	体积分数%
O	1.20	4.02
Cr	13.86	14.30
Fe	78.42	75.34
Si	0.32	0.61
Mn	1.00	0.97
Ni	5.21	4.76

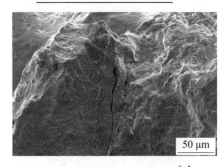

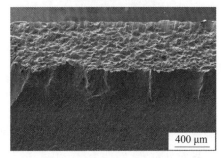

(c) σ_{max}=250 MPa，N=1.58 × 10^8 次

(d) σ_{max}=300 MPa，N=6.22 × 10^7 次

图 5.35　结合状态良好的再制造熔覆试样的失效形貌

裂,疲劳寿命也就随之大大提升。对再制造熔覆层的各个区域的元素含量进行分析,可以发现整个熔覆层界面区域都存在一定的氧化组织,这是由于熔覆层在制备过程中发生高温熔化、凝固而生成一定含量的氧化组织;近界面的基体在此过程也会出现熔融现象,从而发生轻微的氧化现象;而熔覆层与基体的结合界面因异质材料的加入使得此处的氧化现象更为严重,这也是导致疲劳裂纹在此处萌生与扩展的一个主要原因。另外,熔覆层制备过程在异质材料结合区域必然产生较大的残余应力,这也成为疲劳裂纹萌生和扩展的主要原因。综上所述,对于此类再制造试样,因组织的不连续性及残余应力而在熔覆层结合界面萌生了多个疲劳裂纹源,而熔覆层界面较差的综合性能使得疲劳裂纹更易沿着界面扩展,同时多个裂纹源也会向基材略有扩展;当裂纹扩展到一定尺寸时,裂纹尖端处的局部应力超过基材和熔覆层的断裂强度,从而发生瞬间断裂。

5.3.3 再制造熔覆试样超高周弯曲疲劳行为研究

根据三点弯曲疲劳试样,设计了双悬臂梁超声疲劳试样。采用 ABQUS 有限元软件对其进行模态和谐响应分析,获得满足谐振要求的试样几何尺寸。超声弯曲疲劳试样几何形状如图 5.36 所示,获得超声疲劳试样的一阶弯曲振动模态的谐振频率 19.827 kHz,相比标准频率(20 kHz)其误差为 0.865%,在最大容限误差 2.5% 以内。并获得试样的应力位移系数为 31.86 MPa/μm。

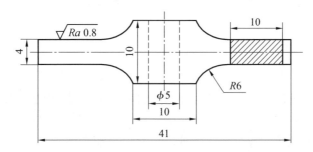

图 5.36 超声弯曲疲劳试样几何形状

对于超声弯曲疲劳再制造熔覆试样,采用厚 15 mm 的板材,为了使得在激光熔覆层的位置处承受最大弯曲应力,首先按照图 5.37 的超声弯曲试样形状与尺寸,在板材特定位置(两端)双侧开 90°V 形坡口,深度为 7 mm,如图 5.37(a)所示;采用激光熔覆工艺填充 V 形坡口,如图 5.37(b)所示;最后在图 5.37(c)的位置按照图 5.36 加工满足超声谐振要求的试样

[图 5.37(c)中灰线]，与基材试样一致。

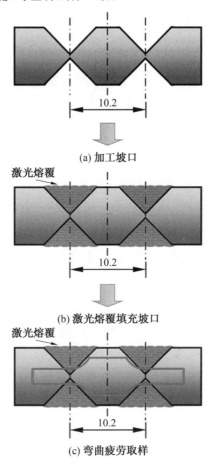

(a) 加工坡口

(b) 激光熔覆填充坡口

(c) 弯曲疲劳取样

图 5.37 超声弯曲疲劳再制造熔覆试样制备过程

FV520B－Ⅰ钢基材和再制造熔覆试样超声弯曲疲劳寿命曲线如图 5.38所示。对于 FV520B－Ⅰ钢基材试样，疲劳寿命随着应力的降低而提高，并不存在传统的疲劳极限特征。而对于再制造熔覆试样，数据点同样可分为两个区域。两个区域中△数据点对应激光熔覆层及界面结合状态良好的再制造试样，此区域的疲劳寿命与基材试样（■数据点）非常相似，只是略有下降；▲数据点则对应激光熔覆层存在明显缺陷的试样，此试样疲劳裂纹极易在缺陷处萌生与扩展，弯曲疲劳寿命较基材试样明显下降。忽略存在明显缺陷再制造试样的数据点，基于 Basquin 方程式对图 5.38中的△数据点进行拟合，获得其疲劳寿命的 $S-N$ 曲线（图 5.38 中实线）；

采用同样的方法拟合基材试样数据点,获得疲劳寿命的 $S-N$ 曲线(图 5.38虚线)方程。

基材试样:

$$N \sigma_{\max}^{11.92} = 3.10 \times 10^{39} \quad (5.21a)$$

再制造熔覆试样:

$$N \sigma_{\max}^{16.58} = 1.84 \times 10^{51} \quad (5.21b)$$

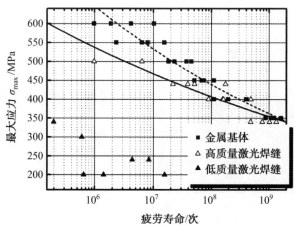

图 5.38　FV520B-I 钢基材和再制造熔覆试样超声弯曲疲劳寿命曲线

根据数据可以发现,再制造熔覆试样的弯曲疲劳性能较基体只是略有下降,甚至在超高周阶段非常相近,这与拉压试验结果有明显的区别。这是由于弯曲疲劳试样的最大应力出现在圆角连接处,并且从表面至试样中心应力逐渐降低,直至中心应力为零;并不像拉压疲劳试样,最大应力的截面均承受相同的交变应力。对图 5.38 中▲数据点的疲劳形貌进行观测,存在明显缺陷再制造熔覆试样的疲劳失效形貌如图 5.39 所示。表面形貌的观测结果表明:虽然再制造熔覆层的微观缺陷与试样表面的应力集中区存在一定距离,弯曲应力有所降低,但疲劳裂纹仍均在缺陷处萌生并扩展,并且在疲劳过程中,熔覆层表征时很难发现的微观缺陷在疲劳过程中被放大,成为宏观裂纹源,并沿最大应力纵向两侧扩展。

断口形貌的观测结果进一步验证,此类试样的疲劳裂纹均萌生与扩展于再制造熔覆层的缺陷处,包括熔覆层/基体界面结合处[图 5.39(c)和(d)]、熔覆层层间结合处[图 5.39(e)]及熔覆层内的未熔或过熔颗粒[图 5.39(f)]。在循环弯曲应力的作用下,再制造熔覆试样内部缺陷处存在明显的应力集中,在此处疲劳裂纹极易萌生,随之疲劳裂纹沿最大剪切应力

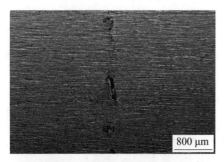

(a) 表面形貌, σ_{max}=200 MPa, N=1.56 × 10^7 次

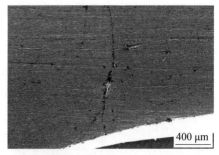

(b) 表面形貌, σ_{max}=240 MPa, N=8.40 × 10^6 次

(c) 断口形貌, σ_{max}=200 MPa, N=1.42 × 10^6 次

(d) 断口形貌, σ_{max}=240 MPa, N=8.40 × 10^6 次

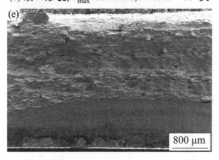

(e) 断口形貌, σ_{max}=200 MPa, N=1.56 × 10^7 次

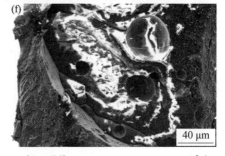

(f) 断口形貌, σ_{max}=300 MPa, N=6.02 × 10^5 次

图 5.39　存在明显缺陷再制造熔覆试样的疲劳失效形貌

向基体逐渐扩展,呈现明显的裂纹扩展区;而熔覆层呈现瞬间断裂的形貌,未发现明显的裂纹扩展现象,这是由于再制造熔覆层与基体材料相比力学性能较差,在弯曲应力集中的作用下从内部明显缺陷处沿着熔覆层与基体的结合界面瞬间被撕裂。

　　结合状态良好的再制造熔覆试样的失效形貌如图 5.40 所示。表面形貌的观测结果表明,疲劳裂纹沿熔覆层与基体的结合界面纵向(最大应力方向)扩展,未发现明显的组织缺陷,裂纹扩展平缓。断口形貌进行观测发现,裂纹萌生位置均在内部的熔覆层界面处,熔覆层形貌与基体形貌存在明显的区别:基体内部裂纹扩展迹象明显,熔覆层界面无明显撕裂特征,未发现明显裂纹扩展迹象。对失效断口的各个区域进行能谱分析,可以发现熔覆层存在一定的氧化现象,甚至在高温作用下近界面的基体发生了轻微的氧化现象,而在界面处的熔覆层氧化现象严重,O元素的质量分数甚至高达50%。通过以上分析,可以认为在循环弯曲应力作用下,熔覆层界面虽然未承受最大的应力集中,但在界面处的组织不连续性区域和残余应力的双重影响下成为疲劳裂纹源,萌生疲劳裂纹。萌生的疲劳裂纹在应力的作用下沿着最大剪切应力方向向基体扩展,同时又沿着熔覆层界面向表面扩展;当基体被疲劳裂纹贯穿时,试样即沿着熔覆层界面发生断裂。

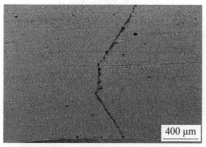

(a) 表面形貌, σ_{max}=440 MPa, N=3.90×10^7 次　　(b) 表面形貌, σ_{max}=340 MPa, N=1.33×10^9 次

区域 I 的化学成分

	质量分数%	体积分数%
C	4.17	12.90
Si	0.42	0.56
Fe	66.22	41.37
Cu	2.96	1.73
O	13.86	32.16
Cr	11.55	8.25
Ni	4.82	3.05

(c) 断口形貌及熔覆层元素区域 I 的化学成分, σ_{max}=400 MPa, N=4.82×10^8 次

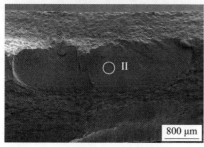

区域 II 的化学成分

	质量分数%	体积分数%
C	1.88	8.13
Cr	12.99	12.95
Ni	3.86	3.41
Si	0.48	0.89
Fe	77.58	72.01
Cu	3.20	2.61

(d) 断口形貌及基体元素区域 II 的化学成分, σ_{max}=400 MPa, N=1.63×10^8 次

图 5.40　结合状态良好的再制造熔覆试样的失效形貌

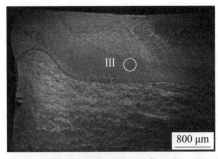

区域Ⅲ的化学成分

	质量分数%	体积分数%
C	2.39	9.62
Cr	0.55	0.95
Fe	72.59	62.76
Cu	3.63	2.76
O	2.41	7.26
Cr	14.04	13.04
Ni	4.39	3.61

(e) 断口形貌及近界面基体元素区域Ⅲ的化学成分, σ_{max}=340 MPa, N=1.33×10⁹ 次

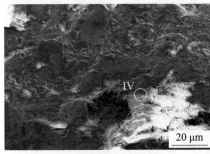

区域Ⅳ的化学成分

	质量分数%	体积分数%
C	7.95	15.17
Mg	0.34	0.32
Ca	0.75	0.43
Fe	36.58	15.02
O	45.27	64.89
Si	0.71	0.58
Cr	5.95	2.62
Ni	2.45	0.96

(f) 断口形貌及熔覆层界面处元素区域Ⅳ的化学成分, σ_{max}=400 MPa, N=1.76×10⁸ 次

续图 5.40

5.3.4　再制造熔覆试样超高周疲劳寿命评估

1. 引入再制造修正系数

在工程实际应用中,往往根据简单试验方法的试验数据,通过引入修正系数来完成复杂试验方法(包括加载方式、试验材料等)的疲劳极限预测,即定义修正系数为两种试验方法的疲劳极限比值,此方法虽不能给出理论基础的支撑,但可以方便快捷地评估不同试验方法的疲劳极限。对此方法进行继承和发展,定义修正系数为两种试验方法在同循环周次寿命下应力水平的比值,为方便确定修正系数的具体数值,近似认为是两种试验方法在 10⁷ 周次疲劳寿命的条件下疲劳极限的比值;再基于简单试验方法的疲劳寿命 Basquin 拟合公式,建立复杂试验方法的疲劳寿命预测公式。超高周疲劳寿命预测公式的计算过程见表 5.5。

表 5.5 超高周疲劳寿命预测公式的计算过程

参考疲劳寿命 Basquin 拟合公式	再制造修正系数		疲劳寿命预测公式
基材拉压疲劳 $N\sigma_{max}^{12.14} = 7.08 \times 10^{39}$	$\lambda_{RT} = \dfrac{\sigma_{W-再拉压}}{\sigma_{W-基拉压}}$	再制造试样 拉压疲劳	$N'_{再拉} = \dfrac{7.08 \times 10^{39} \times \lambda_{RT}^{12.14}}{\sigma_{max}^{12.14}}$
基材弯曲疲劳 $N\sigma_{max}^{11.92} = 3.10 \times 10^{39}$	$\lambda_{RB} = \dfrac{\sigma_{W-再弯曲}}{\sigma_{W-基弯曲}}$	再制造试样 弯曲疲劳	$N'_{再弯} = \dfrac{3.10 \times 10^{39} \times \lambda_{RB}^{11.92}}{\sigma_{max}^{11.92}}$

2. 超声拉压疲劳

根据再制造熔覆试样与基材试样拉压疲劳的寿命曲线可以发现,再制造试样的疲劳寿命较基材明显降低,分析认为再制造熔覆试样的界面不连续性及残余应力分布是导致这一现象的主要原因。将此类原因简化为再制造修正系数 λ_{RT} 来建立寿命预测公式,可基于基材拉压疲劳寿命曲线公式获得再制造熔覆试样的疲劳寿命预测公式,可得 $\lambda_{RT} = 0.66$,详见表5.5。采用此预测公式对再制造熔覆试样的拉压疲劳寿命数据进行预测计算,见表5.6,其中预测误差 E_r 为

$$E_r = \frac{\lg N'_{弯曲} - \lg N_{exp}}{\lg N_{exp}} \times 100\% \tag{5.22}$$

采用数理统计学方法对预测误差值进行整体分析,对于一组预测误差值,基于样本数据的标准差概念,定义预测精度 D 的计算公式为

$$D = \sqrt{\frac{\sum\limits_{i=1}^{n} E_{rmi}^2}{n}} \tag{5.23}$$

则该模型的预测精度较好,为 6.34。

表 5.6 基于基材拉压疲劳试验的再制造熔覆试样拉压疲劳寿命预测误差计算结果

σ_{max}/MPa	N_{exp}/次	$N'_{弯曲}$/次	E_r	σ_{max}/MPa	N_{exp}/次	$N'_{弯曲}$/次	E_r
450	7.02×10^5	2.59×10^5	-7.41	350	3.01×10^6	5.47×10^6	4.01
450	2.93×10^5	2.59×10^5	-0.98	350	1.12×10^7	5.47×10^6	-4.41
450	1.01×10^6	2.59×10^5	-9.84	300	2.32×10^7	3.56×10^7	2.52
400	8.93×10^5	1.08×10^6	1.4	300	6.22×10^7	3.56×10^7	-3.12
400	2.47×10^6	1.08×10^6	-5.61	300	1.47×10^7	3.56×10^7	5.35
400	2.12×10^6	1.08×10^6	-4.62	250	9.73×10^7	3.25×10^8	6.56
400	6.52×10^6	1.08×10^6	-11.45	250	1.58×10^8	3.25×10^8	3.82
350	9.04×10^6	5.47×10^6	-3.13	200	4.06×10^8	4.88×10^9	12.55

3. 超声弯曲疲劳

采用上述方法,引入弯曲疲劳的再制造修正系数 λ_{RB},基于式(5.21a)和式(5.21b),可获得 λ_{RB} 的取值为 0.88。则基于基材弯曲疲劳的寿命公式可推导出再制造熔覆试样的弯曲疲劳寿命预测公式,详见表 5.5。采用此公式即可获得再制造熔覆试样的弯曲疲劳寿命预测值,并对预测误差进行计算,见表 5.7。对该模型的预测精度进行计算,为 5.95,预测精度好,可便捷地指导疲劳寿命的预测及验证。

表 5.7　基于基材拉压疲劳试验的再制造熔覆试样拉压疲劳寿命预测误差计算结果

σ_{max} /MPa	N_{exp} /次	$N'_{弯曲}$ /次	E_r	σ_{max} /MPa	N_{exp} /次	$N'_{弯曲}$ /次	E_r
500	9.79×10^5	4.49×10^6	11.04	400	1.57×10^8	6.41×10^7	-4.74
500	6.38×10^6	4.49×10^6	-2.25	400	1.63×10^8	6.41×10^7	-4.93
440	2.18×10^7	2.06×10^7	-0.34	400	4.82×10^8	6.41×10^7	-10.09
440	3.90×10^7	2.06×10^7	-3.65	340	4.78×10^8	4.45×10^8	-0.36
440	5.12×10^7	2.06×10^7	-5.13	340	7.63×10^8	4.45×10^8	-2.64
440	1.76×10^8	2.06×10^7	-11.3	340	1.02×10^9	4.45×10^8	-4.0
400	8.92×10^7	6.41×10^7	-1.8	340	1.33×10^9	4.45×10^8	-5.21

5.4　再制造压缩机叶轮构件寿命评估研究

大型压缩机的转子由主轴和叶轮两部分组成,是压缩机的核心部件,也是保证压缩机组稳定运行的关键部件。在压缩机正常运转过程中,转子主轴主要承受转子自重引起的接触交变载荷,而高速旋转的叶轮则承受离心力载荷及气流振动引起交变载荷,静力载荷与交变载荷的非正常协同作用会加快转子发生疲劳损伤,从而缩短其使用寿命。随着工业水平的发展,对压缩机的各种设计参数也提出更高的要求,转子可靠性和耐久性的核心问题是特征载荷下多物理场的单一作用和耦合作用对转子力学响应行为的影响变化规律。

5.4.1　压缩机叶轮力学响应分析

1. 叶轮的静力学分析

研究的叶轮材料为 FV520B,其弹性模量为 210 GPa,泊松比为 0.3,密度为 7 860 kg/m³,屈服极限为 1 010 MPa,强度极限为 1 200 MPa。

叶轮旋转载荷作用下有限元建模分析过程如下：

(1)边界条件。

为了防止产生刚体位移,限制两个主轴端面的周向位移,同时对主轴孔内部面进行全自由度约束。

(2)载荷条件。

由于该叶轮的额定速度为 1 451.7 rad/s,其离心力的影响远大于气流的影响,因此在静力学分析中不考虑气流的影响,只需考虑旋转速度载荷。

(3)网格划分。

利用自适应网格技术完成叶轮整体的网格划分,单元尺寸为 25 mm,单元类型为 SOLID92 的 10 节点四面体三维实体单元,总共 77 800 个单元、143 883 个节点。

旋转速度载荷下叶轮内部的应力应变分布状态如图 5.41 所示。由图 5.41 可以看出叶轮中的应力和应变均呈圆周对称分布,叶片与盖板连接处存在应力集中,最大应力位于叶片与盖板连接处的最外侧边缘处,最大应力值为 763.54 MPa,最大应变值为 3.825×10^{-3},整个叶轮的应力和应变由叶轮中心向边缘处增大。从计算结果看,最大应力值小于叶轮材料的屈服强度,说明在恒定工作离心力作用下,叶轮材料不会发生断裂失效,即叶轮发生的断裂失效不会是因材料的强度不够造成的。另外,由于叶片前倾后弯的外形结构的特点,底部材料多于上部材料,导致其质心靠近叶轮边缘,相应的惯性也比较大,因此形成的离心力也比较大。离心力会对叶轮产生比较大的弯曲力矩,从而使该处的应力高于叶片其他位置。叶片与盖板连接的连续区域作为高应力区,越靠近叶轮底部边缘处,一旦出现裂纹、腐蚀等缺陷,越容易发生疲劳失效。

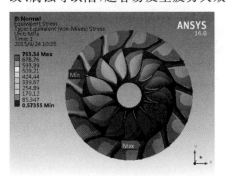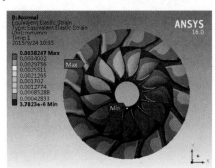

图 5.41 旋转速度载荷下叶轮内部的应力应变分布状态

2. 气动载荷作用下叶轮内部应力状态分析

（1）几何模型。

利用 NXUG 对叶轮进行建模，为了形成封闭流道，虚拟增加叶轮上壳体，建立叶轮流场三维模型。叶轮的主要参数：叶轮半径 450 mm，叶轮出口宽度 34 mm，出口安放角 34°，叶片 13 个。

利用 UG 建立的叶轮流场三维模型如图 5.42 所示。将建立好的叶轮模型导入 FLUENT 软件中完成边界条件和相关参数的设置。

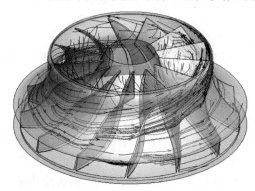

图 5.42　利用 UG 建立的叶轮流场三维模型

（2）控制方程。

假设工作介质为连续不可压缩气体，叶轮内部三维气体流动为典型的湍流流动，流场平均变量控制方程和相关的模拟理论湍流模式理论，采用三维雷诺时均动量方程和 $k-\varepsilon$ 两方程湍流模型，基于 SIMPLE 算法对连续相流程进行模拟。

时均形式连续方程为

$$\frac{\partial \rho}{\partial t} + \frac{\partial \rho}{\partial x_i}(\rho u_i) = 0 \tag{5.24}$$

时均形式动量方程为

$$\frac{\partial}{\partial t}(pu_i) + \frac{\partial}{\partial x_j}(pu_i u_j) = -\frac{\partial p}{\partial x_i} + \left(\mu \frac{\partial u_i}{\partial x_j} - p \overline{u'_i u'_j}\right) + S_i \tag{5.25}$$

式中　ρ——密度；

　　　t——时间；

　　　u_i、u_j——第 i、j 点时的速度；

　　　p——作用于微元体上的压力；

　　　S_i——动量守恒方程广义源相。

（3）边界条件。

叶轮涵道内壁面无滑移,给定旋转速度为 1 451.7 rad/s,进口压力为 0.1 MPa,进气口流量为 7.2 kg/s。

FLUNENT 软件对叶轮流场状态的分析结果如图 5.43 所示,由图 5.43可以看出,气体对流道产生的压力是围绕主轴孔中心均匀分布的,叶片压力面与吸力面的压力沿径向呈增大趋势,压力面上每一个点的压力均大于吸力面上对应点的压力,沿整个径向方向压力面与吸力面的压力差在 40～80 kPa,在叶片进口处的压差最大,因此在该区域容易产生气蚀破坏。

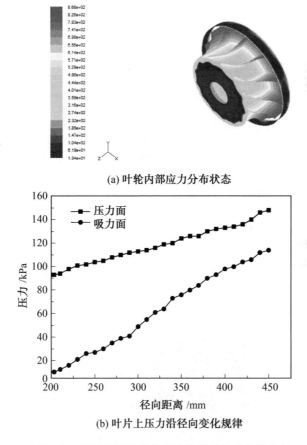

(a) 叶轮内部应力分布状态

(b) 叶片上压力沿径向变化规律

图 5.43　FLUNENT 软件对叶轮流场状态分析结果

叶轮内部气流速度分布与轨迹图如图 5.44 所示。由图 5.44 可以看出,叶轮内部流体速度从进气口到出气口逐渐增大,从速度的轨迹线可以看出 1 处为入口,3 处为出口。迹线颜色表征速度,入口 1 处速度小,出口

3 处速度增大。由其速度轨迹线还可以发现其内部有回流扰动作用的存在,这也是叶片交变载荷的重要来源。

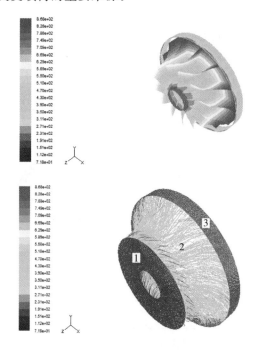

图 5.44　叶轮内部气流速度分布与轨迹图

　　为了研究不同流量下叶片上的压力波动情况,取叶轮叶片压力面上进口区、中部、出气口区的 3 个典型位置进行正常压力 Q 和 1.2Q 流量下压力波动监测,叶片压力面典型的监测点位置如图 5.45 所示。压力面典型

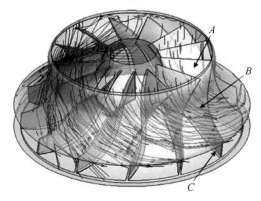

图 5.45　叶片压力面典型的监测点位置

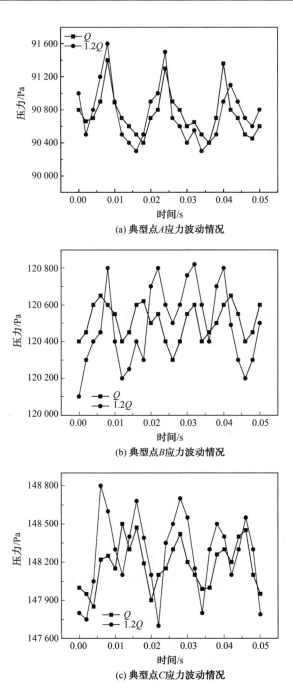

(a) 典型点A应力波动情况

(b) 典型点B应力波动情况

(c) 典型点C应力波动情况

图 5.46 压力面典型位置不同流量压力周期变化规律

位置不同流量压力周期变化规律如图 5.46 所示。由 5.46 图可以看出,叶片进气口、中部、出气口区域气流波动明显,无特定规律,但是又各有不同:A 点的压力波动范围在 1 000 Pa 左右,非定常的气流波动对叶片进口区域的交变作用比较明显;B 点的压力波动范围在 300 Pa 左右,压力变化幅值相对较小,气流对叶片中部的交变作用比较小;C 点的压力波动范围在 600 Pa 左右,气流对叶片出口处的交变作用比较明显。当流量变为 1.2Q 时,叶片 3 个典型位置处的气流波动显著增大,其中进口处的波动幅值最大,气流导致的大波动循环会引起叶轮应力集中处部位发生低周疲劳,长期在非正常工况下工作,会极大地缩短叶轮的使用寿命。

3. 气动载荷作用下叶轮内部应力状态分析

(1)几何建模。

利用 UXUG 完成几何模型建立,导入 ANSYS 中完成模态分析有限元模型的建立。

(2)控制方程及基础理论。

多自由度无阻尼系统的自由振动方程为

$$[M]\{\ddot{u}\} + [K]\{u\} = 0 \tag{5.26}$$

式中　[M] ——质量矩阵;

$\{\ddot{u}\}$ ——刚度矩阵;

[K] ——节点加速度向量;

$\{u\}$ ——位移向量。

假设叶片各点的振动频率和相位相同,那么叶片的振动模态方程为

$$[k_{\mathrm{s}}]\{\varphi_{\mathrm{i}}\} = \omega_{\mathrm{i}}^2 [M]\{\varphi_{\mathrm{i}}\} \tag{5.27}$$

(3)网格划分。

采用自适应网格对模型进行网格划分。

(4)边界条件。

约束条件如图 5.47 所示,对叶轮上下端面和主轴孔进行约束。

采用 Block Lancoz 法,提取了叶轮前 30 阶的模型振型与响应频率,前 30 阶叶轮振动特征统计表见表 5.8。由表 5.8 可以看出叶轮的频率集中在二重频率,个别是单重频率。叶轮的振动特征以弯曲为主,个别阶次为扭转。前 13 阶的叶轮的固有频率非常接近,最大应力位于叶片前缘处。从 14 阶开始,叶轮的固有频率明显增大,叶轮振动以高阶弯曲振动为主,最大挠度在叶尖和叶片与盖板的连接处,最大应力位于叶片与盖板连接处外缘。叶轮的激振频率计算公式为

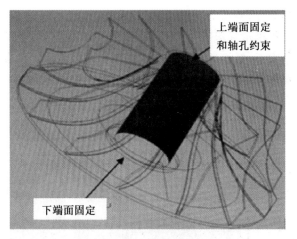

图 5.47 约束条件

$$f = n/60 \times N \tag{5.28}$$

式中 f ——频率；

　　　n ——转速；

　　　N ——整数倍。

由式(5.28)计算可得,从 14 阶到 30 阶,叶轮的固有频率与激振频率的避开率不足 5%,一旦长时间冲刷,就会造成质量减少或者有异物黏着,极易发生共振破坏。

表 5.8　前 30 阶叶轮振动特征统计表　　　　　　　　　　Hz

阶次	1	2	3	4	5	6	7	8	9	10
频率	1 251.2	1 251.2	1 252	1 252.2	1 252.2	1 254.8	1 254.8	1 262.1	1 262.1	1 269
特征	弯曲	弯曲	扭转	弯曲	弯曲	弯曲	弯曲	弯曲	弯曲	弯曲
阶次	11	12	13	14	15	16	17	18	19	20
频率	1 269	1 272.9	1 272.9	2 590.1	2 590.1	2 590.7	2 590.8	2 663.1	2 696.9	2 696.9
特征	弯曲	弯曲	弯曲	局部弯曲	局部弯曲	局部弯曲	扭转	扭转	局部弯曲	局部弯曲
阶次	21	22	23	24	25	26	27	28	29	30
频率	2 788.5	2 788.6	2 832.5	2 838	2 838.1	2 859.8	2 859.8	3 033.4	3 033.4	3 087.6
特征	局部弯曲	局部弯曲	扭转	局部弯曲	局部弯曲	局部弯曲	局部弯曲	局部弯曲	局部弯曲	局部弯曲

前 30 阶叶轮应力与阶次之间的变化规律如图 5.48 所示。由图 5.48 可以看出叶轮内部的应力最大值小于 200 MPa。从叶轮静力分析、流场分

析等综合分析来看,两者共同形成的等效应力仍然小于叶轮的屈服应力,因此认为在压缩机正常运行过程中,叶轮表面不会发生塑性变形,在定常气动力载荷作用下,低能量交变的应力长期作用可能使叶片表面发生高周疲劳断裂。而在非定常气动力载荷作用下,高能量的交变应力可能使叶片发生低周疲劳破坏。

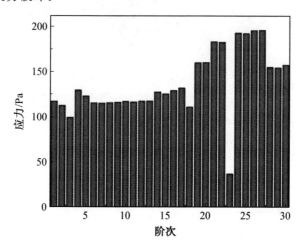

图 5.48　前 30 阶叶轮应力与阶次之间的变化规律

4. 离心力刚度矩阵对叶轮振动的影响

几何建模、网格划分、边界条件处理与模态分析相同,只考虑离心力刚度矩阵对叶轮振动特性的影响,不考虑气体振动与主轴振动的影响。

离心刚度矩阵与叶轮频率的变化规律见表 5.9。由表 5.9 可以看出,在只考虑离心刚度矩阵的情况下叶轮的频率随着转速的增加出现较为明显的下降趋势,根据公式可知离心刚度矩阵随着转速的增加而增加,但是总的等效刚度行列式是不断降低的,所以导致频率出现了降低的现象。这是由于离心力产生的旋转软化效应使得叶轮的频率发生了变化。

表 5.9　离心刚度矩阵与叶轮频率的变化规律　　　　　　　　　Hz

转速 阶次	0 r/min	3 000 r/min	6 000 r/min	9 000 r/min	13 800 r/min
1	1 251.2	1 131.5	975.3	737.4	275.3
2	1 251.2	1 005.9	833.4	599	430.1
3	1 252	1 121.7	1 090.8	1 037.1	997.7
4	1 252.2	1 252.1	1 252	1 251	1 249
5	1 252.2	1 250.9	1 249.7	1 251.5	1 252.6

5. 几何刚度矩阵对叶轮振动的影响

几何建模、网格划分、边界条件处理与模态分析相同,只考虑几何刚度矩阵对叶轮振动特性的影响,不考虑气体振动与主轴振动的影响。

几何刚度矩阵与叶轮频率变化的规律见表 5.10。由表 5.10 可以看出,不同转速下的叶轮频率明显高于静频频率,随着转速的增高,叶轮的前三阶频率不断增长,这是由于离心力的刚化作用,使得一阶频率提高了59%,几何刚度对叶轮频率的改变影响很大。这种由于离心力使得叶片径向刚度增加从而引发刚度矩阵发生变化的现象称为应力刚化现象,这也符合模态分析中叶轮动力学方程中对几何刚度矩阵的描述。

表 5.10　几何刚度矩阵与叶轮频率变化的规律　　　　　　　　Hz

转速 阶次	0 r/min	3 000 r/min	6 000 r/min	9 000 r/min	13 800 r/min
1	1 251.2	1 251.2	1 461	1 769.4	1 983.1
2	1 251.2	1 253.9	1 269.4	1 275.7	1 290.2
3	1 252	1 270.5	1 289.6	1 304.5	1 321.5
4	1 252.2	1 281.3	1 289.5	1 297.2	1 333.7
5	1 252.2	1 301.7	1 353.3	1 384.7	1 393.3

离心刚度和几何刚度对叶轮振动的影响,在低阶模态下,离心刚度对叶轮频率的影响要大于几何刚度的影响,而到了 4 阶和 5 阶模态时,离心刚度对频率的影响弱于几何刚度矩阵,说明随着转速的增加,离心力增大,应力刚化效应作用明显,应力刚化效应使得叶轮的固有频率升高,其固有频率高于静频时的固有频率,考虑离心力对叶轮频率的影响不可忽略。

6. 超速预加载工艺对叶轮力学行为的影响分析

叶轮是离心式压缩机的核心部件,是保证压缩机组稳定运行的关键部件。压缩机叶轮出厂前必须要经过超速预加载工艺,这一工艺使一部分材料在加载过程中发生塑性变形,从而增大材料在受力变形时的弹性范围,提高材料的屈服点和承载能力,达到自增强的效果,提高叶轮的承载能力;另外,经过超速预加载后,叶轮产生有利的残余应力,在正常工作转速下,这些残余应力与正常工作转速的应力叠加,将使正常工作转速下的应力峰值降低。利用 ANSYS 软件,忽略气动力和主轴的作用力,只考虑叶片受到的离心力对实际叶轮进行有限元模拟,得到了正常加载和超速预加载过程的应力与应变分布规律。

（1）几何建模和有限元模型。

在 ANSYS 软件中导入利用 UG 软件建好的叶轮三维造型，从而完成有限元模型的建立。

（2）边界约束条件。

主轴孔固定约束。

（3）作用载荷。

载荷为绕 Z 主轴转动惯性力，额定工作转速为 1 451.7 r/s，超转转速为 1 669.5 r/s，叶轮正常加载与超速加载的载荷条件分为 5 个分析步分别按表 5.11 进行加载设置。

叶轮在正常加载与超速预加载过程中内部的应力与应变分布云图如图 5.49 所示，正常加载和超声预加载的应力应变结果分别见表 5.12 和表 5.13。

表 5.11　正常加载与超速预加载设置

时间/s	正常加载转速/(r·s^{-1})	超速预加载转速/(r·s^{-1})
0	0	0
1	1 451.7	1 669.5
2	0	0
3	0	1 451.7
4	0	0

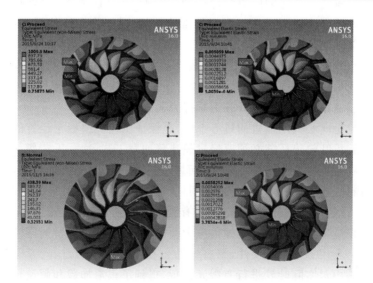

图 5.49　叶轮在正常加载与超速预加载过程中内部的应力与应变分布云图

表 5.12 正常加载的应力应变结果

载荷/MPa	最大残余应力/MPa	最大等效塑性应变
1 451.7	879	0.004 188

表 5.13 超速预加载应力应变结果

载荷/MPa	最大残余应力/MPa	最大等效塑性应变
1 669.5	1 163	0.005 538 6
0	255	0.005 538 6
1 451.7	554	0.005 538 6
0	255	0.005 538 6

通过表 5.12 和表 5.13 对比分析可以看出,在正常工作状态时,叶轮最大应力为 879 MPa,最大应力出现的位置为盖盘与叶轮前缘的倒角处。叶轮在超速预加载过程中,有利的残余应力与正常加载下的应力叠加使得最大应力降低到 554 MPa,比没有超速预加载的叶轮减少了 325 MPa,大约减少了 37%。同时在整个超速预加载过程中等效塑性应变值不变,即没有产生新的塑性应变。

为了进一步验证有限元分析结果规律的正确性,对经过超速预加载的叶轮解剖,远离解剖面用 XRD 测量叶片的残余应力。选取实际叶轮一部分进行实验验证。利用 XRD 在远离切面处的叶片上选取 10 个点,每个点测两三次取平均值,得到了叶片沿径向方向的残余应力分布图。叶片实物及叶片表面残余应力分布曲线如图 5.50 所示。由图 5.50 可以看出,叶片上残余应力为压应力,沿径向方向数值逐渐增大,叶轮边缘处数值最大。这与利用有限元分析结果的残余应力分布变化规律相同。

7. 启停机极端工况对叶轮力学行为的影响分析

在叶轮启停机过程中离心式压缩机叶轮高速旋转时承受巨大的离心力,由于在启停过程中,离心力随叶轮速度的变化而变化,在到达额定转速时,离心力趋于稳定,一次启停相当于一个小的加载周期,单次或者间隔时间比较长的启停机不会导致叶轮发生破坏,但是频繁的多次启停机,相当于多个加载周期连续加载。图 5.51 给出了启停机过程中单个记载周期和多次加载周期的示意图。

假设叶片在法向平面和旋转平面上的振动不耦合,将旋转力学模型中公式分解为法向平面和旋转平面的两个特征方程:

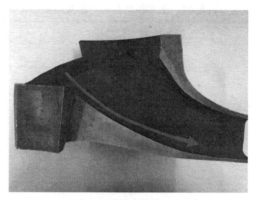

(a) 叶片实物图

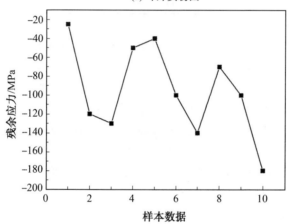

(b) 叶片表面残余应力分布曲线

图 5.50　叶片实物及叶片表面残余应力分布曲线

$$[K_1 + \Omega^2 D - (\omega_y^2 + \Omega^2)m]q_1 = 0 \tag{5.29}$$

$$(K_2 + \Omega^2 D - \omega_z^2 m)q_1 = 0 \tag{5.30}$$

式中　ω_y——xy 平面的固有频率；

　　　ω_z——xz 平面的固有频率。

当旋转臂各向同向（$K_1 = K_2$）时，ω_y 与 ω_z 之间的关系可表述为

$$\omega_z^2 = \omega_y^2 + \Omega^2 \tag{5.31}$$

从式(5.31)可以看出，叶轮垂直方向的固有频率要大于水平方向的固有频率，法向平面的固有频率更容易达到叶轮的固有频率，从而引起叶轮发生共振，发生低周疲劳破坏。

为了对启停机过程中叶轮内部损伤位置进行确定，采用 ANSYS 和

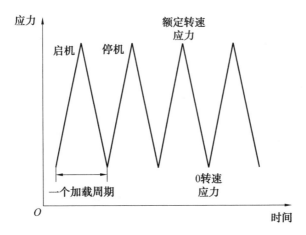

图 5.51　启停机过程中单个记载周期和多次加载周期的示意图

SE－SAFE 软件相结合对叶轮启停机过程的疲劳损伤进行分析。

叶轮损伤云图如图 5.52 所示。从图 5.52 可以看出，在启停机过程中，叶轮损伤量最大的位置为叶片沿脊线方向的中部位置，当加载周次为 300 次时，疲劳寿命降低，可见启停机次数对寿命的影响很大。

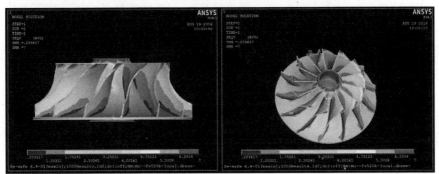

图 5.52　叶轮损伤云图

5.4.2　压缩机叶轮构件模拟工况综合试验平台研发

1.压缩机叶轮构件模拟工况综合试验平台技术原理

叶轮在高速旋转的过程中，叶轮主要承受离心力、离心力引起的沿叶片曲线走向的剪切力、叶轮内部气体造成的静力弯矩，气流激振造成的动力弯矩等作用，通过叶轮特征载荷对叶轮的力学性能的影响研究可以确定，叶轮入口处的边缘属于危险区域，易发生疲劳破坏。叶轮边缘简化力学模型，如图 5.53 所示，叶片载荷主要包括 离心力 F（与接触面共面的力

F' 和离心力对接触面造成的弯矩 M)、输出气压波动引起的扭矩 T_1、压缩机启停及其他极端条件下的附加扭矩 T_2。

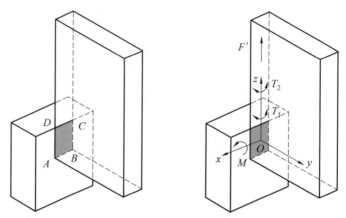

图 5.53　叶轮边缘简化力学模型

简化力学模型中叶轮入口危险截面的应力分布情况如图 5.54 所示。图 5.54(a)所示为由拉力 F(离心力)分解到截面 $ABCD$ 内引起的剪应力；图 5.54(b)所示为拉力 F(离心力)对截面 $ABCD$ 造成的弯矩作用下的应力分布；图 5.54(c)为风场变化(包含正常工作下或极限状态下)对截面造成的扭矩 T_1、T_2 作用下的应力分布。根据上述对截面 $ABCD$ 的应力分析可知，最容易发生损坏的位置在界面的边缘连接处，即应力极值易发生在 A、B、C、D 各点及其附近区域。

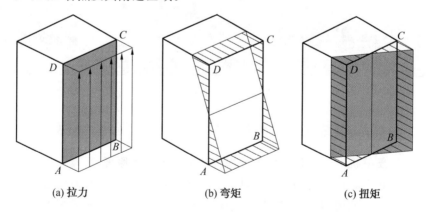

(a) 拉力　　　　　　(b) 弯矩　　　　　　(c) 扭矩

图 5.54　简化力学模型中叶轮入口危险截面的应力分布情况

根据上述对叶轮受力形式、危险截面应力分布、应力幅及危险点的分析判断可知，为了能够最大限度地模拟叶片正常工况条件，采用如图 5.55

所示危险区应力场相似模拟结构对叶轮入口边缘处相似处理。图 5.55 所示试件的载荷加载方式的确定原则为：

①试件的试验区域的形状完全模拟真实叶片形状，并通过竖直向上的拉力来模拟离心力作用，实现离心拉应力和离心造成的弯曲应力的模拟。

②风场变化的模拟，试件的 A 板上施加变化的风压，模拟叶轮在正常工作条件下的叶片表面的压力波动。

③叶轮在启停等极限条件下，叶轮表面的风压差值非常大，一般风机难以实现。本试验平台通过电机驱动曲柄滑块机构，曲柄滑块机构驱动夹持在试件上部分的直板弹簧，进而在试件上实现周期性变化的扭曲应力。

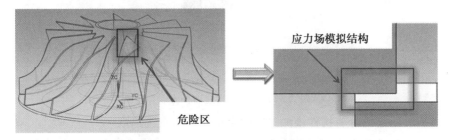

图 5.55　危险区应力场相似模拟结构

根据设计出的试件形状和载荷加载形式（图 5.56），利用有限元分析得到了试件内部的应力应变分布结果（图 5.57），发现试件最大应力区域位于试件根部，也就是利用力学相似和几何相似模拟的叶轮入口边缘处的位置，最大等效应力未超过材料的屈服强度。

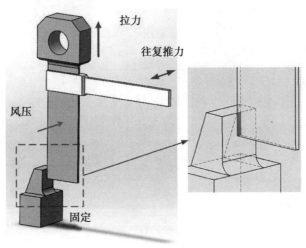

图 5.56　设计出的试件形状和载荷加载形式

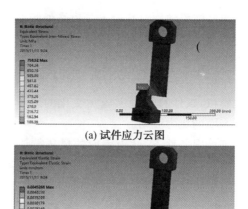

(a) 试件应力云图

(b) 试件应变云图

图 5.57 试件应力应变分布云图

2. 压缩机叶轮构件模拟工况综合试验平台系统组成

试验机的整体结构设计如图 5.58 所示,该试验机主要由高精度静力学加载系统、高压风场模拟系统和测控系统三部分组成。

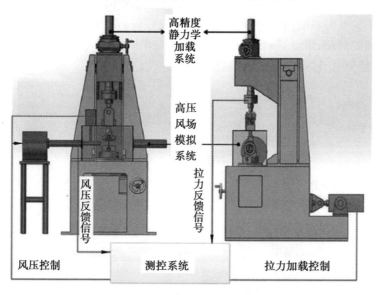

图 5.58 试验机的整体结构设计

本试验机可以模拟空气压缩机叶片在实际工况中存在的各向载荷,通过高压风场来模拟空气压缩机中叶轮风场工况,模拟和评价叶轮在高压风场作用下的服役情况,通过静态的拉力来模拟空气压缩机叶轮的离心力作用,准确地模拟和评价叶轮在离心力作用下的服役情况,同时利用测控系统能够设定和采集实验过程中的各项参数以供研究分析,为建立模拟工况下叶轮构件级的试样疲劳寿命预测模型提供较准确的物理条件,其主要功能如下:

①通过对叶轮入口处力学分析和载荷分类,利用力学几何相似性和力学相似性原理,结合有限元模拟确定了试件的形状和载荷加载形式,来模拟实际工况下叶轮热点结构处的疲劳损伤变化及寿命演变规律。

②高精度静力学加载系统通过高精度电动伺服系统与杠杆的加载原理相结合的方式,实现静态拉应力的准确加载,同时结合端面推力球主轴承的承载特点,保证在垂直拉力的平面内能够实现往复摆动,该系统可以较好地模拟出叶片所受的离心力载荷,在试验件试验区域形成与叶片受到离心作用下危险区域相同的应力状态,建立叶轮在离心力作用下的静态力学模型,较准确地模拟和评价叶轮在高精度静力作用下的服役情况。

③高压风场载荷既能提供稳定的恒压风场,角度可调,也能提供周期性变化风场,频率可调,压力可调,同时还能利用往复直线运动装置模拟极端条件下空气对叶轮的作用。通过对上述两种工况的模拟,模拟和评价叶轮在高压风场作用下的服役情况,建立模拟高压风场作用下叶轮受力模型,对叶轮在高压风场作用下的性能进行评价。

④测控系统可实现风压、拉力载荷、扭矩、试验次数等特征参量的在线实时检测和显示,根据需求调取所需要的数据,为叶片的疲劳性能分析提供理论数据支持。整个试验机能够实现故障报警和自动停机,在自动运行过程中,当载荷超限、试件断裂和控制器故障等设定参数超出停机条件所设定的极限值时,能够实现自动停机。

5.4.3　再制造叶轮构件疲劳失效表征与机理分析

再制造结构特征重建的位置和形状如图5.59所示,采用V形槽切除疲劳裂纹区域,然后利用激光熔覆原位填充成型完成试件的再制造。将熔覆好的试件在叶轮模拟工况综合试验平台上进行试验,得到具有再制造结构特征的叶轮试件的多轴失效试件。

再制造叶轮构件失效的断口形貌如图5.60所示。由图可以看出,疲劳主裂纹位于激光熔覆的热影响区,具有明显的局部特征,分析认为由于热影响区组织较基体组织大,裂纹驱动力被这些较大的晶粒组织所承受,

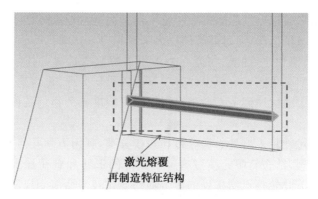

图 5.59　再制造结构特征重建的位置和形状

材料受力不均匀,裂纹易萌生于热影响区表面。

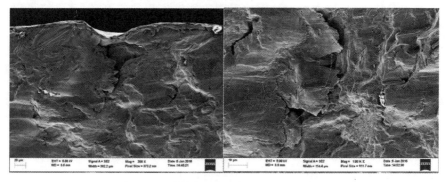

图 5.60　再制造叶轮构件失效的断口形貌

再制造叶轮构件热影响区附近平行区域失效的断口形貌如图 5.61 所示。由图可以看出,激光熔覆层的分界并不明显,在这个观察区域有大量的已经产生但是并未发生扩展的二次裂纹,同时发现了与热影响区相同的现象:在断口区域均出现擦痕和破碎,断裂纹路出现不连续分布,分析认为剪切应力分量是造成这种现象的主要原因。再制造特征试件多轴疲劳断口形貌主要特点为:疲劳裂纹的萌生位置具有典型的局部性特征(位于热影响区);热影响区晶粒组织粗大,在循环应力的作用下,该区域裂纹形核速度较基体和熔覆区域要快很多,热影响区是影响再制造构件疲劳寿命的关键区域。

5.4.4　再制造叶轮构件多主轴疲劳寿命预测研究

由试验获得的 FV520B 激光熔覆构件疲劳相关参数,见表 5.14。

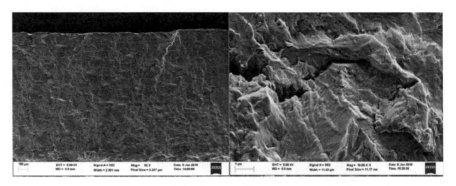

图 5.61 再制造叶轮构件热影响区附近平行区域失效的断口形貌

表 5.14 FV520B 激光熔覆构件疲劳相关参数

σ'_f /MPa	σ'_f	b	ε'_f	c
1 360	0.002 9	-0.12	$-0.139\ 8$	-0.7

为了能够确定试件内部的应力应变大小和分布,利用有限元软件对载荷作用下试件应力应变进行了分析。首先对构件施加一个 750 MPa 的预应力,研究不同模拟应力幅值下损伤平面处应力应变变化。表 5.15 给出了同一预应力下不同应力幅值的试件上部分与下部分连接的平面处的应力应变的变化规律。

表 5.15 不同位移量试件内部应力应变变化规律

应力幅值 /MPa	ε_{eq} /(mm·mm^{-1})	ε_1 /(mm·mm^{-1})	ε_2 /(mm·mm^{-1})	ε_3 /(mm·mm^{-1})
100	0.002 578 7	0.001 724 9	0.000 380 79	$-7.064\ 2\times10^{-9}$
90	0.003 041 6	0.001 942 7	0.000 481 46	$-7.534\ 9\times10^{-9}$
80	0.003 524 9	0.002 167	0.000 581 59	$-4.110\ 8\times10^{-9}$
70	0.004 027 1	0.002 321 9	0.000 624 13	$-4.204\ 1\times10^{-9}$
60	0.004 526 8	0.002 601 5	0.000 782 54	-4.339×10^{-9}

基于 Von Mises 屈服理论的多轴等效应变疲劳寿命预测方法将最大剪切应变 γ_{max} 和垂直于临界面的法向应变 ε 参量拟合成一个等效应变幅值,等效应变幅值作为多轴疲劳的主要损伤参量,认为它决定着试件的疲劳寿命的关键参量,其寿命预测表达式为

$$\frac{\Delta\varepsilon_{eq}}{2} = \frac{\sigma'_f}{E}(2N_f)^b + \varepsilon'_f(2N_f)^c \tag{5.32}$$

式中 $\Delta\varepsilon_{eq}/2$——等效应变幅值，$\Delta\varepsilon_{eq}/2 = \sqrt{(\Delta\varepsilon/2)^2 + (\Delta\gamma/2)^2/3}$。

考虑到叶轮正常工况下有平均应力的存在，对 Von Mises 屈服理论的多轴等效应变疲劳寿命预测方法进行修正，其修正公式为

$$\frac{\Delta\varepsilon_{eq}}{2} = \frac{\sigma'_f - \sigma_m}{E} (2N_f)^b + \varepsilon'_f (2N_f)^c \qquad (5.33)$$

式中 $\Delta\varepsilon_{eq}/2$——等效应变幅值，$\Delta\varepsilon_{eq}/2 = \sqrt{(\Delta\varepsilon/2)^2 + (\Delta\gamma/2)^2/3}$。

考虑再制造特征对叶轮寿命的影响，对具有再制造特征 Von Mises 屈服理论的多轴等效应变疲劳寿命预测方法再次引入修正参数 K，有

$$K = \frac{\sigma_R}{\sigma_{sub}} \qquad (5.34)$$

式中 σ_R——带再制造特征的试件疲劳极限；

  σ_{sub}——叶轮基体材料试件疲劳极限。

修正后的 Von Mises 屈服理论的多轴等效应变疲劳寿命预测方法表达式为

$$\frac{\Delta\varepsilon_{eq}}{2} = \frac{\sigma'_f - \sigma_m}{E} \left(\frac{2N_f}{K}\right)^b + \varepsilon'_f \left(\frac{2N_f}{K}\right)^c \qquad (5.35)$$

式中 N_f——引入再制造特征的循环寿命；

  K——再制造特征修正参数。

基于修正的 Von Mises 屈服理论的多轴等效应变预测疲劳寿命与实测寿命的对比结果，如图 5.62 所示。从图 5.62 可以看出，基于平均应力修正的 Von Mises 屈服理论的多轴等效应变疲劳寿命预测在引入再制造特征修正参数后，其寿命与未引入再制造特征时寿命出现了明显的下降，但是数据分散性不大，大部分数据点在小于 1.5 倍因子以内，而整体控制在 2 倍因子以内，并且预测寿命仍偏于安全，说明引入再制造特征参数修正后的基于平均应力修正 Von Mises 屈服理论的多轴等效应变疲劳寿命预测能够较好地预测再制造叶轮构件的疲劳寿命。

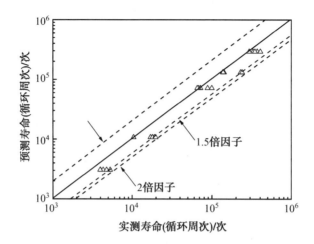

图 5.62 基于修正的 Von Mises 屈服理论的多轴等效应变预测疲劳寿命与实测
寿命对比结果

本章参考文献

[1] FAN J，GUO X，WU C，et al. Influence of heat treatments on mechanical behavior of FV520B steel [J]. Experimental Techniques，2015，39(2)：55-64.

[2] 牛靖，董俊明，薛锦. 沉淀硬化不锈钢 FV520(B)的析出硬化及韧性[J]. 机械工程学报，2007，43(12)：78-83.

[3] 王金南，付鹏飞. 316 不锈钢电子束焊接热处理复合接头组织及力学性能[J]. 材料热处理学报，2016，37(5)：150-155.

[4] 张建斌，余冬梅. 钛及钛合金的激光表面处理研究进展[J]. 稀有金属材料与工程，2015，44(1)：247-254.

[5] 韩彬，李美艳，王勇. 激光熔覆铁基合金涂层的高温氧化性能[J]. 2011，38(8)：1-6.

[6] 刘洪喜，陶喜德，张晓伟，等. 机械振动辅助激光熔覆 Fe－Cr－Si－B－C涂层的显微组织及界面分布形态[J]. 光学精密工程，2015，23(8)：2192-2202.

[7] FAN J L，GUO X L，WU C W，et al. Research on fatigue behavior evaluation and fatigue fracture mechanisms of cruciform welded joints [J]. Materials Science and Engineering A，2011，528：8417-

8427.

[8] 李胜，曾晓雁，胡乾午. 高硬度激光熔覆专用 Fe 基合金强韧化机理[J]. 焊接学报，2008，29(7)：101-104,118.

[9] 金坤文，李必文，程强，等. 核阀密封面激光熔覆无钨低碳中钴合金粉末[J]. 金属热处理，2014，39(2)：77-81.

[10] 张玉波. 再制造压缩机叶轮静-动力学特性分析与疲劳性能评估研究[D]. 北京：装甲兵工程学院，2016.

[11] 姚卫星. 结构疲劳分析[M]. 北京：国防工业出版社，2003.

[12] 张小丽，陈雪峰，李兵，等. 机械重大装备寿命预测综述[J]. 机械工程学报，2011，47(11)：100-116.

[13] 李舜酩. 机械疲劳与可靠性设计[M]. 北京：科学出版社，2006.

[14] 赵少汴，王忠保. 抗疲劳设计[M]. 北京：机械工业出版社，1997.

[15] SCHIVE J. Fatigue of structures and materials in the 20th century and the state of the art [J]. International Journal of Fatigue,2003，25：679-702.

[16] SURESH S. Fatigue of materials [M]. 2nd ed. Cambridge：Cambridge University Press，1998.

[17] 郑修麟，材料的力学性能[M]. 西安：西北工业大学出版社，2007.

[18] 麻栋兰. 大型离心压缩机叶轮可靠性研究[R]. 大连理工大学项目研究报告，2007.

[19] CHU Q L, ZHANG M, LI J H. Failure analysis of impeller made of FV520B martensitic precipitated hardening strainless steel[J]. Engineering Failure Analysis，2013，34：501-510.

[20] ZHANG M, LIU Y, WANG W Q, et al. The fatigue of impellers and blades [J]. Engineering Failure Analysis，2016，62：208-231.

[21] NIE D F, CHEN X D, FAN Z C, et al. Failure analysis of a slot-welded impeller of recycle hydrogen centrifugal compressor [J]. Engineering Failure Analysis，2014，42：1-9.

[22] ZHANG M, CHU Q L, LI J H, et al. Failure analysis of a welded impeller in coke oven gas environment [J]. Engineering Failure Analysis，2014，38：16-24.

[23] 钟群鹏，赵子华. 断口学[M]. 北京：高等教育出版社，2005.

[24] KOSTER M, NUTZ H, FREEDEN W, et al. Measuring techniques for the very high cycle fatigue behaviour of high strength

steel at ultrasonic [J]. International Journal of Materials Research, 2012, 103(1): 106-112.

[25] BACKE D, BALLE F, EIFLER D. Fatigue testing of CFRP in the very high cycle fatigue (VHCF) regime at ultrasonic frequencies [J]. Composites Science and Technology, 2015, 106:93-99.

[26] ZHANG M, WANG W Q, WANG P F, et al. Fatigue behavior and mechanism of FV520B-I welding seams in a very high cycle regime [J]. International Journal of Fatigue, 2016, 87: 22-37.

[27] SANDHU SS, SHAHI A S. Metallurgical, wear and fatigue performance of Inconel 625 weld claddings [J]. Journal of Materials Processing Technology, 2016, 233: 1-8.

[28] 唐维维, 王弘. 超声弯曲疲劳试验方法及其应用[J]. 力学与实践, 2008, 30(6): 43-46.

[29] 申景生, 李全通, 吴晓峰, 等. 钛合金超高周弯曲振动疲劳性能试验 [J]. 钢铁钒钛, 2011, 32(3): 12-15.

[30] DING G, XIE C, ZHANG J, et al. Modal analysis based on finite element method and experimental validation on carbon fibre composite drive shaft considering steel joints [J]. Materials Research Innovations, 2015, 19(S5): 748-753.

[31] AGHDAM N J, HASSANIFARD S, ETTEFAGH M M, et al. Investigating fatigue life effects on the vibration properties in friction stir spot welding using experimental and finite element modal analysis [J]. Strojniski Vestnik-Journal of Mechanical Engineering, 2014, 60(11): 735-741.

[32] ZIENKIEWICZ O C, ZHU J Z. A simple error estimator and adaptive procedure for practical engineering analysis [J]. International Journal for Numerical Methods in Engineering, 1987, 24: 337-357.

[33] ZIENKIEWICZ O C, ZHU J Z. The super convergent path recovery and posteriori error estimates [J]. Computer Method in Applied Mechanics and Engineering, 1992, 31: 1365-1382.

[34] ZHOU P Y. On the exension of reynolds method of finding apparent stress and the nature of turbulence [J]. Chinese Journal of Physics, 1940, 4(1): 1-33.

[35] PATANKAR S V, SPALDING D B. A calculation procedure for

heat, mass, and momentum transfer in three-dimensional parabolic flows[J]. International Journal of Heat and Mass Transfer, 1972, 5 (15): 1787-1806.

[36] 王福军. 计算流体力学分析－CFD 软件原理及应用[M]. 北京：清华大学出版社, 2004, 10-55.

[37] GRIMES R G, LEWIS J G, SIMON H D. A shifted block lanczos algorithm for solving sparse symmetric generalized eigenporblems [J]. SIAM Journal Analysis Application, 1994, 15(1): 228-272.

[38] 张文. 转子动力学基础[M]. 北京：科学出版社, 1990.

[39] 徐秉业, 刘信声. 应用弹塑性力学[M]. 北京：清华大学出版社. 1995.

[40] 徐忠. 离心式压缩机原理[M]. 北京：机械工业出版社, 1990: 57-117.

[41] 西安交通大学透平压缩机教研室. 离心式压缩机强度[M]. 北京：机械工业出版社, 1980: 27-76.

[42] 关振群, 宋洋, 杨树华, 等. 离心式压缩机叶轮静强度分析方法[J]. 大连理工大学学报, 2011, 51(2): 157-162.

第 6 章　再制造薄膜疲劳寿命评估研究

6.1　纳米尺度 MEMS 薄膜疲劳性能测试方法分析

连续刚度测试法（动态载荷测试法）和纳米冲击法是基于纳米压痕技术的两种测试薄膜疲劳性能的方法。为了解两种测试方法对纳米尺度 MEMS 薄膜疲劳性能测试与定量表征的优劣，现使用这两种方法对薄膜进行分析。动态载荷测试法可以用来测量储存模量和损失模量随高频循环加载次数的变化。储存模量表示交变应力作用下材料储存并可以释放的能量，反映的是薄膜材料的弹性变形能力；损失模量是指材料在发生形变时，由于塑性形变（不可逆）而损耗的能量大小，反映材料塑性形变的能力。在高频循环加载的过程中，储存模量和损失模量会随着材料的变形逐渐下降，直至发生疲劳现象时会趋于稳定。对于纳米冲击测试法，根据测试过程中压痕深度的变化来判断薄膜材料的疲劳破坏情况。

6.1.1　连续刚度测试

近年来发展起来的连续刚度测试法，是通过测量接触刚度的变化来研究薄膜的疲劳行为。接触刚度是零件结合面在外力作用下，抵抗接触变形的能力，对损伤变形非常敏感。例如，Li 等利用 Nano Indenter Ⅱ所配备的 CSM 选件提供的正弦高频载荷进行纳米疲劳测量，并定义当循环周次达到某阈值时，接触刚度突然变化，说明疲劳损伤已经发生。CSM 法测得 20 nm 厚的 DLC 薄膜的接触刚度变化曲线如图 6.1 所示。由图可以看出，20 nm 厚的 DLC 薄膜，在频率为 45 Hz、平均载荷为 10 μN、载荷幅值为 8 μN 时，刚度值在循环 0.75×10^4 次处突然降低，表明薄膜发生疲劳破坏。

试验中所输入的正弦高频载荷，由作者团队自主研发设计的设备提供，其他设备很难达到此试验的要求。由于设备的局限性，很少有类似的试验研究。Hysitron 公司的低载荷原位纳米力学测试系统 Tribo Indenter，配备的纳米尺度动态力学分析仪（Dynamic Mechanical Analysis, DMA）可以测试材料的黏弹或具有时间相关的行为，获得材料在不同频率和载荷下的存储模量和损失模量。本节利用压痕仪的 DMA 模块进行薄

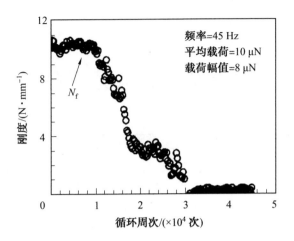

图 6.1　CSM 法测得 20 nm 厚的 DLC 薄膜的接触刚度变化曲线

膜疲劳测试。

针对 $(Fe-Co-Ni)_5(Ti-Zr-Al)_{95}$ 薄膜、$(Fe-Co-Ni)_{10}(Ti-Zr-Al)_{90}$ 薄膜和 $(Fe-Co-Ni)_{15}(Ti-Zr-Al)_{85}$ 薄膜这 3 种高熵合金薄膜进行动态载荷测试,选择测试条件为:准静态载荷为 $1\sim10$ μN,动态载荷幅值为 5 μN,加载速率为 12 m/s,频率 45 Hz,测试时间为 420 s,总循环周次为 1.89×10^4 次。测试得到的高熵合金薄膜刚度—时间曲线如图 6.2 所示。由图可见,测试出现了与 Li 等研究类似的疲劳现象。当高熵合金薄膜中 Fe—Co—Ni 元素的质量分数分别为 5%、10% 和 15% 时,其接触刚度分别为 16.81 N/mm、16.82 N/mm 和 16.89 N/mm,相差很小。随着循环加载的继续,3 种薄膜分别在测试时间为 297 s、315 s 和 321 s 时发生疲劳破坏,循环周次分别为 1.336×10^4 次、1.417×10^4 次和 1.445×10^4 次,薄膜的疲劳寿命增加。

对其损失模量和损失刚度进行分析,随着时间的增加,变化趋势都相同,即都是在不断的波动过程中下降,并且在 N_f 左右的时候变化趋于平稳。储存模量表示交变应力作用下材料储存并可以释放的能量,反映的是薄膜材料的弹性成分,在动态载荷的作用下,使得铜薄膜从弹性变形到塑性变形,存储模量也不断下降,最终变形破坏,存储模量趋于稳定。损失模量是指材料在发生形变时,由于塑性形变(不可逆)而损耗的能量大小,反映材料塑性形变的能力。随着载荷的输入,受挤压产生的位错开始形核并向晶体内部扩散,进一步产生位错,运动消耗更多能量,由于损耗的能量增加,薄膜材料的损失模量必然会不断下降,直至破坏,损失模量变化趋于平稳。

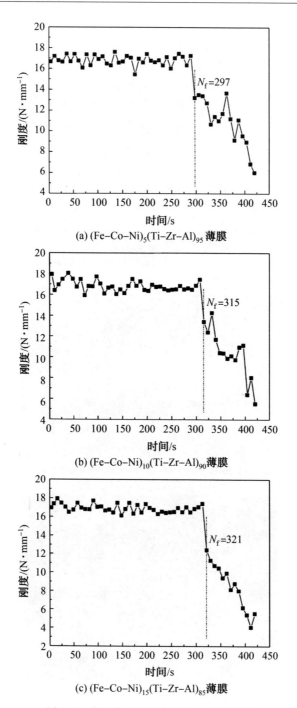

图 6.2　高熵合金薄膜的刚度－时间曲线

发生疲劳破坏后高熵合金薄膜的 SEM 压坑形貌如图 6.3 所示。每种薄膜的疲劳压坑周围变形和分层现象明显,通过挤压后形成环形裂纹和放射型裂纹。随着 Fe、Co、Ni 元素含量的增加,材料的破坏程度有所降低。

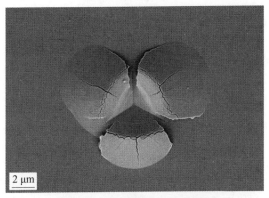

(a) (Fe–Co–Ni)$_5$(Ti–Zr–Al)$_{95}$ **薄膜**

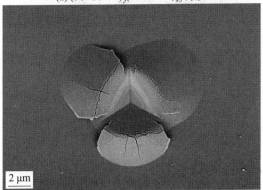

(b) (Fe–Co–Ni)$_{10}$(Ti–Zr–Al)$_{90}$ **薄膜**

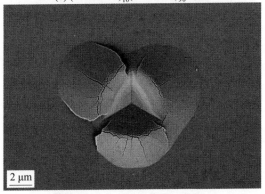

(c) (Fe–Co–Ni)$_{15}$(Ti–Zr–Al)$_{85}$ **薄膜**

图 6.3　发生疲劳破坏后高熵合金薄膜的 SEM 压坑形貌

6.1.2 纳米冲击法测试

使用纳米力学测试系统对 3 种高熵合金薄膜进行了纳米冲击测试,试验参数如下:压头为半径 25 μm 的金刚石球形压头,试验时间为 300 s,加载载荷分别为 1 mN、5 mN 和 10 mN,冲击频率为 0.5 Hz,冲击开始前用 1 mN 的静力加载 120 s,冲击结束后同样的静力加载 120 s。

高熵合金薄膜在不同冲击荷载下的深度—时间曲线和(利用扫描电镜拍摄的)压坑形貌,如图 6.4～6.6 所示。由前面的纳米硬度测试可知,3 种薄膜的硬度相近,但在不同的冲击载荷条件下,薄膜的疲劳情况大有不同。当测试载荷为 1 mN 时,$(Fe-Co-Ni)_5(Ti-Zr-Al)_{95}$ 高熵合金薄膜在测试时间为 220 s 时发生了疲劳破坏,表现为深度—时间曲线中的压入深度发生突变。观察其压坑形貌,有明显的垂直于环形压坑的纵向裂纹。压坑周围的薄膜材料发生褶皱与堆积。$(Fe-Co-Ni)_{10}(Ti-Zr-Al)_{90}$ 薄膜发生了类似的疲劳破坏情况。而元素配比为 $(Fe-Co-Ni)_{15}(Ti-Zr-Al)_{85}$ 薄膜在测试过程中,压坑的深度并没有发生变化,观察其压坑形貌,果然没有发生疲劳破坏现象。

当测试载荷为 5 mN 时,3 种薄膜都出现了不同程度的疲劳破坏情况。由深度—时间曲线可知,3 种薄膜发生疲劳破坏的时间分别为 98 s、122 s 和 158 s。观察疲劳压坑的形貌,压坑的直径明显增加,约为 10 μm,在压坑的周围出现了垂直的放射型裂纹,薄膜材料发生分层、堆积和剥落。当测试载荷增加到 10 mN 时,薄膜材料发生疲劳破坏的时间明显缩短,3 种薄膜发生疲劳破坏的时间分别为 48 s、55 s 和 62 s。薄膜材料在冲击开始后,很快发生疲劳破坏。3 种薄膜材料均出现大面积的分层与剥落,并可以明显地看到在剥落坑的边缘有环形的裂纹。

冲击载荷的增加,加快了薄膜的破坏,致使薄膜材料从出现裂纹到发生层状剥落。随着 Fe、Co、Ni 质量分数的增加,薄膜材料发生疲劳破坏的时间有所增加,这与 3 种薄膜的微观结构与内部的应力状态有直接的关系。3 种高熵合金薄膜都为多晶结构,Fe、Co、Ni 等元素质量分数的增加,导致晶格畸变严重,晶粒尺寸增加,薄膜内压应力变大。当薄膜材料内部存在残余压应力时会增大材料的硬度,材料抵抗外力的作用增强。在相同的冲击测试条件下,$(Fe-Co-Ni)_{15}(Ti-Zr-Al)_{85}$ 薄膜抵抗疲劳破坏的能力最强。

经过对纳米尺度高熵合金薄膜的疲劳性能测试,发现纳米冲击测试技术可基于测试过程中压痕深度的变化,判断材料的失效时间和疲劳寿命。

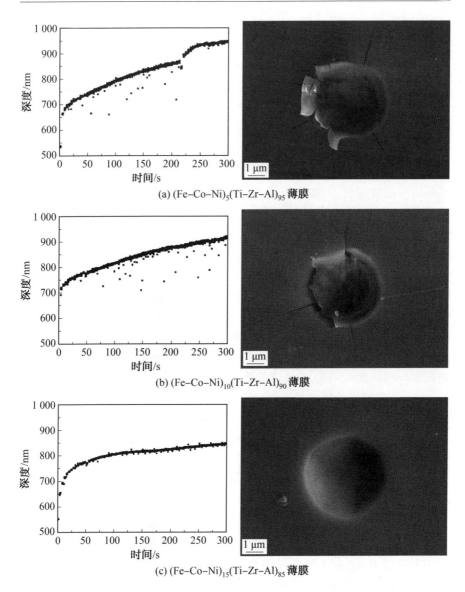

(a) (Fe–Co–Ni)$_5$(Ti–Zr–Al)$_{95}$薄膜

(b) (Fe–Co–Ni)$_{10}$(Ti–Zr–Al)$_{90}$薄膜

(c) (Fe–Co–Ni)$_{15}$(Ti–Zr–Al)$_{85}$薄膜

图 6.4　高熵合金薄膜在冲击载荷 1 mN 时的深度－时间曲线和压坑形貌

当测试载荷发生变化时,薄膜的初始压痕深度、疲劳破坏时的压痕深度以及发生疲劳破坏的时间都会发生变化,并没有一个参考量作为标准对其寿命进行定量计算。在测试过程中,加载条件对测试结果的影响较大,对于力学性能差异较小的薄膜,利用冲击法很难得到其疲劳性能的差异性。动态载荷测试技术是基于薄膜材料在测试过程中刚度的变化对薄膜的疲劳

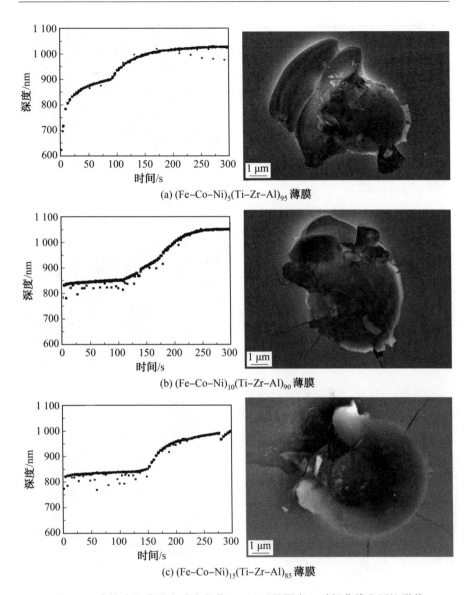

(a) (Fe–Co–Ni)$_5$(Ti–Zr–Al)$_{95}$ **薄膜**

(b) (Fe–Co–Ni)$_{10}$(Ti–Zr–Al)$_{90}$ **薄膜**

(c) (Fe–Co–Ni)$_{15}$(Ti–Zr–Al)$_{85}$ **薄膜**

图 6.5 高熵合金薄膜在冲击载荷 5 mN 时的深度－时间曲线和压坑形貌

性能的影响进行判断的。接触刚度值是薄膜材料的本征属性,当薄膜材料确定,其刚度值即为定值,并不会因为改变测试条件而发生变化。刚度值为疲劳破坏的敏感量,可以更加直观地了解材料的破坏时间。因此,动态载荷测试技术更适用于薄膜材料的疲劳性能的定量表征。

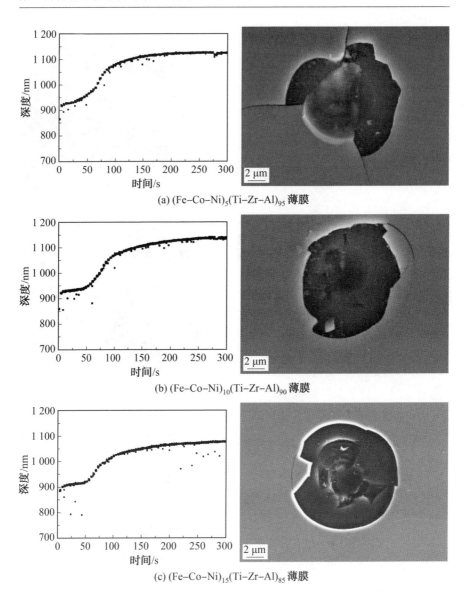

(a) (Fe–Co–Ni)₅(Ti–Zr–Al)₉₅ **薄膜**

(b) (Fe–Co–Ni)₁₀(Ti–Zr–Al)₉₀ **薄膜**

(c) (Fe–Co–Ni)₁₅(Ti–Zr–Al)₈₅ **薄膜**

图 6.6　高熵合金薄膜在冲击载荷 10 mN 时的深度—时间曲线和压坑形貌

6.2　再制造薄膜动态加载疲劳性能研究

　　纳米级薄膜材料的厚度、晶体结构、残余应力及基体材料性质等因素在一定程度上都会对薄膜的性能有所影响。当薄膜材料的膜基性质差异较大时,会强化压入过程中凹陷和凸起变形的程度。对于软膜/硬基结构的薄膜材料,由于基体相对较硬,在压入过程中会限制软膜材料的向下变形,只能向上流动,因此变形模式为凸起。对于硬膜结构,基体相对较软,有利于硬膜的向下变形,所以其变形模式为凹陷。为分析膜/基结构对薄膜材料力学性能的影响,以及不同结构薄膜材料的疲劳失效机制和变形规律,下面选择 MEMS 常用的软膜/硬基 Cu/Si 薄膜和硬膜/软基 TiN/Si 薄膜进行研究。

6.2.1　软膜/硬基 Cu/Si 薄膜的疲劳性能分析

在单面抛光的单晶 Si⟨100⟩和双面抛光的 NaCl 基底上,采用直流磁控溅射方法制备 5 种不同厚度的铜薄膜。制备前 Si 基底经高纯度丙酮清洗之后,采用 Ar 离子清洗数分钟,NaCl 单晶片只用 Ar 离子清洗。磁控溅射的本底真空度为 2×10^{-4} Pa,直流偏压为 20 V,Ar 气压力为 0.5 Pa,溅射速率为 20 nm/min。溅射靶材为纯度 99.999 9% 的 Cu 靶。制备的样品厚度分别为 20 nm、100 nm、500 nm、1 000 nm 和 2 000 nm。

利用纳米压痕仪的纳米尺度力学分析模块测试得到的 4 种不同厚度铜薄膜的存储刚度－时间曲线,如图 6.7 所示。测试中准静态载荷为 1～10 μN,动态载荷幅值为 5 μN,加载速率为 25 m/s,频率为 45 Hz,测试时间为 420 s,总的循环周次为 1.89×10^4 次。接触刚度是零件结合面在外力作用下抵抗接触变形的能力,对损伤变形非常敏感。

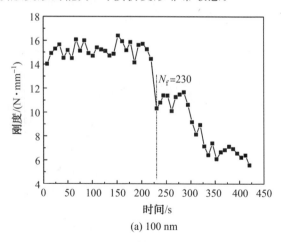

图 6.7　不同厚度铜薄膜的存储刚度－时间曲线

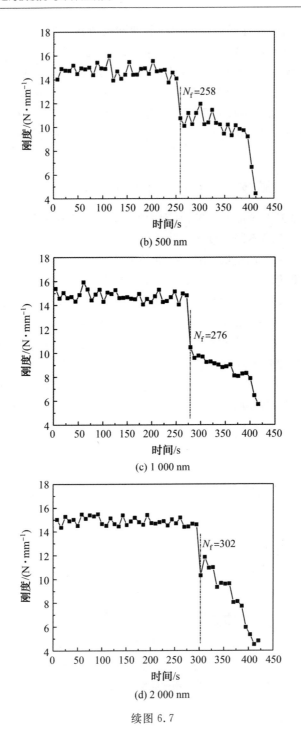

(b) 500 nm

(c) 1 000 nm

(d) 2 000 nm

续图 6.7

对于 100 nm 厚的 Cu 薄膜,初始阶段薄膜的存储刚度值基本不变,保持在 15 N/mm 左右,在一个较小的范围内浮动;当测试进行到第 230 秒时,共循环加载 1.035×10^4 次,刚度突然降到 10.2 N/mm,此时薄膜开始发生疲劳破坏,并定义此时薄膜的失效循环周次 N_f 为薄膜的疲劳寿命;随着加载次数的继续增加,刚度值持续加速下降,当达到第 350 秒时刚度已经接近于 5 N/mm,此时由于塑性形变而损耗的能量已经下降很多。随着 Cu 薄膜厚度的变大,薄膜发生疲劳破坏的时间相应的延后,疲劳寿命增加。500 nm、1 000 nm 和 2 000 nm 厚薄膜的循环周次分别为 1.161×10^4 次、1.242×10^4 次和 1.359×10^4 次。

分析其损伤机理发现,疲劳损伤一般伴随着界面裂纹的传递与增殖,且残余压应力的存在会导致薄膜的分层与剥离。高的结合强度和低的残余压应力是高疲劳寿命的保障。疲劳裂纹的形成依赖于薄膜的硬度与断裂韧性,对于具有高的强度与断裂韧性的薄膜,裂纹很难形成与扩展,所以一般具有较高的疲劳寿命。

1. 残余应力的产生

薄膜应力一般分为生长应力(又称内应力)和外部诱导应力,内应力受到材料沉积温度和生长室的条件等因素影响,而外部诱导应力多由薄膜生长后物理环境变化引起。内应力又包括热应力和本征应力,磁控溅射过程的原理是 Ar 离子的轰击作用,此时薄膜与基体都倾向于形成本征压应力。本节中的各薄膜均表现为压应力,而且,磁控溅射制备薄膜过程常常伴随热应力的形成,当薄膜的热膨胀系数大于基体时,薄膜中会存在热张应力;反之,则为热压应力。

Cu 薄膜的热膨胀系数大于单晶硅(4.8×10^{-8} ℃$^{-1}$),Cu 薄膜与单晶硅热膨胀系数绝对值的差值较大,所以单晶硅基体上的 Cu 薄膜存在较大的热拉应力分量。随着薄膜厚度的增加,由热膨胀系数差异而引起的薄膜与基底之间的界面应力,对薄膜内应力的影响会逐渐减弱。所以薄膜内应力的绝对值随薄膜厚度的增加逐渐减小。而且,对于不同厚度的 Cu 薄膜,在薄膜很薄时,薄膜中存在缺陷并含有大量的小晶粒,与块状材料相比,薄膜的晶粒比表面积较大。但当薄膜厚度增加时,Cu 薄膜内部晶界扩散使晶粒长大,缺陷减少,晶粒比表面积变小,而拉应力变大,这样会使薄膜内部整体应力松弛。残余压应力减小对于应力值的影响因素,除以上影响因素外,还包括基体表面状态、基体晶体取向等。试验用单晶硅表面为机械抛光,对应力值有降低的效果,由于这些因素对应力值的影响较小,所以先不做说明。

2. 残余应力对纳米硬度的影响

连续刚度法测得的薄膜硬度值,并不能完全反映 Cu 薄膜本身的硬度值,而是薄膜－基体这个组合在当前的测试条件下得到的硬度值,因为整个压痕阶段它都会受到基体的影响,只是在薄膜厚度 1/10～1/7 处影响较小;无论是薄膜部分还是基体部分,它们本身自己都有表面,表面的性能和其内部性能是大不一样的,特别是本节所使用的单晶硅表面,是经过抛光形成表面硬化层的,薄膜越薄受到基体硬化层的影响越严重,测量的误差也会越大;薄膜内部应力的存在,会对薄膜的力学性能产生影响,曲率法的测试结果得到这 4 种薄膜中都存在残余压应力,而压应力的存在会使纳米硬度和弹性模量的测量值比真实值大一些。因此,薄膜越厚,基体对薄膜力学性能的影响越小。

3. 残余应力对疲劳性能的影响

薄膜越厚,其抗冲击能力越强,在动态载荷的作用下有较长的疲劳寿命。虽然薄膜的疲劳寿命随薄膜厚度的增加而增加,但是在此试验中,薄膜疲劳寿命的增加并没有与薄膜厚度的增加量呈正比关系。例如,单晶硅基体上 1 000 nm 厚的 Cu 薄膜的疲劳寿命并不是 100 nm 厚的薄膜寿命的10 倍,其主要原因是内部存在残余压应力。

首先,动态载荷进行加载时,疲劳源大多位于薄膜表面,但是由于较薄薄膜内部存在残余压应力,会抵消部分载荷应力,从而提高其疲劳寿命。其次,较薄薄膜的表面粗糙度较小,薄膜表面萌生裂纹的诱因减少。此时较高的表面残余压应力会阻碍裂纹在表面萌生,而将其挤入到内部的薄弱区域,这个区域往往是残余拉应力区。内部萌生裂纹时,局部载荷应力降低,同时位错滑移受到约束,提高了局部抗力,因此其表面疲劳强度必然提高。最后,当薄膜表面产生疲劳裂纹源时,只要裂纹的深度小于一定的表面硬化层深度,裂纹尖端将仍然存在一定的残余压应力区域。此时残余压应力不仅可以有效降低控制疲劳裂纹扩展的应力强度因子,而且可以增加疲劳裂纹的闭合效应,使裂纹张开的临界应力增加,从而使薄膜表面的疲劳强度增加。

对于 Cu/Si 薄膜的力学性能,可以利用分子动力学模拟对试验进行验证。采用 Lammps 软件进行分子动力学模拟,原子间的相互作用通过 Lennard－Jones(L－J)势来表现,模拟过程中使用到的时间步长根据模拟需要选择为 2.97 fs(1 fs$=10^{-15}$ s)。为了解加载条件对 Cu 薄膜疲劳性能的影响,本节设定两种变化因素,分别为加载速度和加载压头的尺寸。在加载过程中通过输出文件记录下每一次原子的位置,以及 Cu 薄膜基体上的载荷－位移曲线,从载荷－位移曲线上可以直接观察到弹塑性变形的各个阶段,结合模拟得到模型图来分析薄膜基体的变形机制。其具体方法是在压头移动的 y 方向上选取一个晶格常数作为单位长度,记录下基体在不同的压头压入深度加载方向上的受力总和。

在区域尺寸为 $20a_0 \times 10a_0 \times 0.5a_0$、压头半径为 $5a_0$、加载速率为 24 m/s时得到的载荷－位移曲线,如图 6.8 所示。图中横坐标表示位移(压头压入深度),单位是 nm。最终压头的压入深度为 1.8 nm。纵坐标表示在加载的 y 方向上长度为一个晶胞长度 a_0 上的基体表面的受力总和,单位是 nN。从图中可以看出,载荷的变化过程是先上升,达到一定深度之后出现转折开始下降。这说明 Cu 薄膜在最初是处于弹性变形阶段,载荷逐渐变大。随着压入深度的增大,经过一段时间之后,基体最终达到屈服阶段开始发生塑性变形,载荷出现下降的趋势。

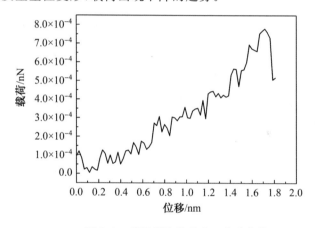

图 6.8　模拟提取的载荷－位移曲线

4. 压头尺寸对薄膜力学性能的影响

利用 Minimize 软件实现能量最小化的模拟时,先对基体模型进行固定,压头在基体上方一段距离处开始向下移动加载,压头的初始速度为零。在模拟中设置压头的移动规律是每向下移动 0.02 nm,能量最小化一次,得到最后作用在基体上的力,整个压头向下加载的深度为 0.68 nm,在卸载时压头每上移 0.01 nm 实现一次最小化。这是模拟中设置的参数,将参数代入 L－J 势函数的相关量纲计算公式,可以算出模拟的实际值,分别是压头每压入 0.047 nm 实施一次能量最小化,最后加载的深度为 1.59 nm,卸载时,压头每上移 0.023 nm 实现一次最小化,直至基体上作用力为零时停止卸载。重复压头的加载和卸载过程,记录下每一次能量最小化时原子的坐标位置、基体受到的作用力,以及整个系统的动能、势能和总能量等。

为了比较压头尺寸大小对动态加载行为的影响,本次模拟比较了 3 个不同半径的球形压头的加载作用下薄膜的变形情况,半径大小(R)分别为 $4a_0$、$6a_0$ 和 $8a_0$。

(1) 一次加载。

图 6.9 是 3 种不同尺寸压头在 Cu 薄膜表面首次加卸载的载荷-位移曲线。其中横坐标表示位移(压头压入深度),纵坐标表示在 y 方向上长度为一个晶胞长度 0.361 nm 的 Cu 薄膜基体上受到的载荷。通常,载荷-压痕曲线分为 3 个不同的响应阶段,即加载初期阶段的纯弹性变形,紧接着是位移跳跃后的弹塑性变形,最后为卸载过程中的弹性响应。由图可以看出,曲线的趋势与理论值相吻合,卸载过程中当压入深度达到 1.2 nm 左右时载荷变为零,说明薄膜在加载过程中已经发生了塑性变形且无法恢复。随着压头半径的增大,Cu 薄膜基体在压入相同位移时基体表面受到的载荷会加强,且卸载越快完成,说明薄膜变形范围越大。

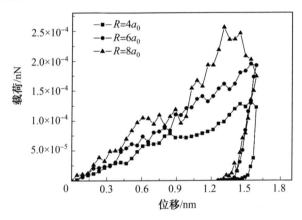

图 6.9　3 种不同尺寸压头在 Cu 薄膜表面首次加卸载的载荷-位移曲线

(2)多次循环加载。

在疲劳测试中,需要在薄膜材料的表面施加循环载荷,但材料在每一次加载过程中的变形情况却很难获得。利用分子动力学模拟了单次和多次加载条件下的材料变形和力学性能演化情况。本次模拟过程中,Cu 薄膜的加卸载过程被循环了 4 次,每次循环时保持加载深度不变。3 种不同尺寸压头在 Cu 薄膜基体上加载时得到的载荷-位移曲线,如图 6.10 所示。为了便于观察,在作图时将第三、四次循环的曲线依次向右平移一段距离。

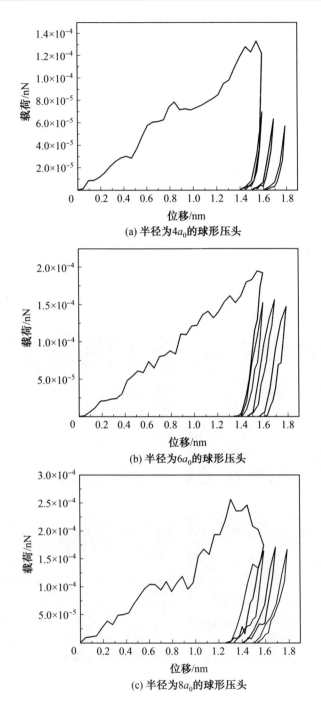

图 6.10 3 种不同尺寸压头在 Cu 薄膜基体上加载时得到的载荷－位移曲线

　　由图 6.10 可以看出,在第二次循环时,加载过程中薄膜受到的载荷远小于第一次循环加载时受到的载荷,这是因为经过第一次加载循环后,Cu薄膜的相变和塑性变形导致接触位置的位错增殖,位错密度增大,不同方向的位错发生交错,使得晶体内部产生残余应力,以致在之后的循环加、卸载过程中位错的运动变得较难。

　　图 6.11 是压头半径为 $4a_0$ 时,不同压入深度的加载过程模型图。当压头还未接触 Cu 薄膜基体表面,位于基体上方 0.14 nm 处时[图 6.11(a)],基体距离压头较远,受力为零,基体没有变化;当压头压入基体,下降了 0.18 nm 时[图 6.11(b)],原子排列出现明显的崩塌现象,基体表面受力增大,发生弹性变形;随着压头深入基体,基体受力持续增大,直至发生塑性变形,同时出现大量层错和位错变形,并在受力表面形成台阶[图 6.11(c)]。卸载过程中基体会出现微小的上升变化,反映出卸载过程中的弹性响应。图 6.11(e)和图 6.11(f)是后两次循环基体表面的模型图,可以发现位错基本上没有发生变化,这与前文的分析一致,因为薄膜已经发生了塑性变形,位错增殖与运动变得较难。

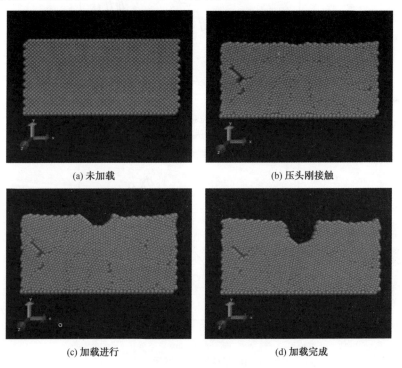

(a) 未加载　　　　　　　　　　(b) 压头刚接触

(c) 加载进行　　　　　　　　　　(d) 加载完成

图 6.11　压头半径 $4a_0$ 时,不同压入深度的加载过程模型图

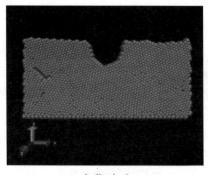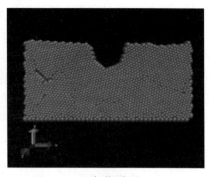

(e) 加载2次后　　　　　　　　　　(f) 加载3次后

续图 6.11

注:图(a)(b)(c)(d)是第一次循环过程的模型图;图(e)(f)分别是后两次循环卸载后的模型图

图 6.12 所示是 3 种不同尺寸的压头在循环加载深度为 1.59 nm 时的三维模型图。由图可以看出,每一种压头下方薄膜的变形规律基本一致。

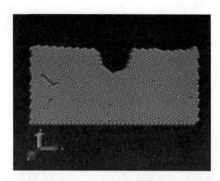

(a) $R=4a_0$

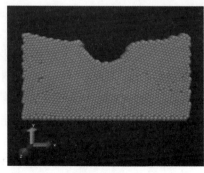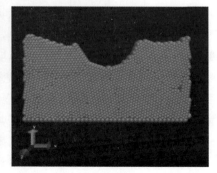

(b) $R=6a_0$　　　　　　　　　　(c) $R=8a_0$

图 6.12　3 种不同尺寸的压头在循环加载深度为 1.59 nm 时的三维模型图

5. 加载速率对薄膜力学性能的影响

在循环加载过程中加载速率是一个重要的影响因素,对薄膜材料的力学性能会产生很大的影响。为了对比压头的加载速度对动态加载下 Cu 薄膜的变形情况的影响,本次模拟选择区域尺寸为 $20a_0 \times 10a_0 \times 0.5a_0$,压头半径为 $5a_0$ 的模型,赋予了压头 3 个不同的加载速度来观察 Cu 薄膜基体的变化,加载速度分别为 6 m/s、12 m/s 和 24 m/s。

不同加载速率下单次加载后,提取的 Cu 薄膜载荷—位移曲线,如图 6.13 所示。由图可以看出,3 种条件下薄膜在加载与卸载过程中的变形规律相同。Cu 薄膜在经历了弹性变形之后,达到屈服阶段开始发生塑性变形。随着加载速度的增大,Cu 薄膜受到相应的屈服载荷会增大,并且塑性变形的弹性极限压深也会增大。

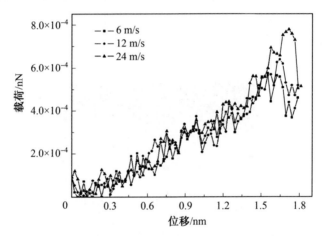

图 6.13 不同加载速率下单次加载后,提取 Cu 薄膜载荷—位移曲线

不同加载速率下 Cu 薄膜基体表面原子平均势能与位移的变化关系如图 6.14 所示。在不断加载的过程中,薄膜材料受到压头的挤压,发生弹性变形,材料内部的原子平均势能逐渐增加。继续加载,达到弹性极限后,材料发生塑性变形,材料内分子的势能保持相对平衡。压入深度达到极限后,压坑内的材料向周围挤出,势能逐渐减小。在卸载阶段,势能的绝对值继续变小。加载速率的增大,原子平均势能对应的最高点逐渐增大,且相对应的压头压深也变大,其结果与载荷—位移曲线相吻合。

为验证模拟结果的准确性,利用动态载荷测试了不同加载速率条件下 Cu 薄膜的疲劳性能与变形情况。选择磁控溅射 100 nm 厚的 Cu 薄膜,测试条件为:准静态载荷 $1 \sim 10$ μN,动态载荷幅值 5 μN,加载速率分别为

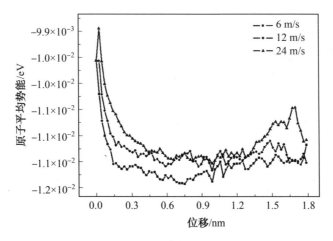

图 6.14 不同加载速率下 Cu 薄膜基体表面原子平均势能与位移的变化关系

6 m/s、12 m/s 和 24 m/s,频率为 45 Hz,测试时间为 420 s,总的循环周次为 1.89×10^4 次。不同加载速率下 Cu 薄膜的刚度－时间曲线如图 6.15 所示。

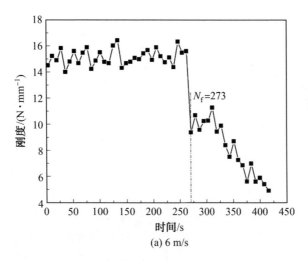

(a) 6 m/s

图 6.15 不同加载速率下 Cu 薄膜的刚度－时间曲线

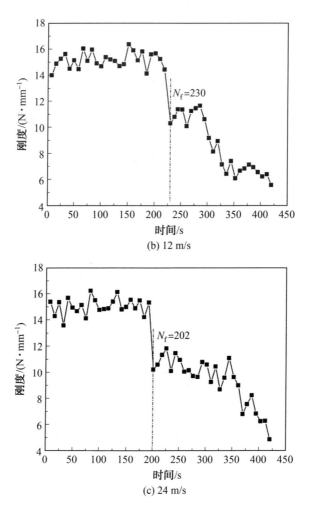

(b) 12 m/s

(c) 24 m/s

续图 6.15

对于加载速率为 6 m/s 的测试,动态初始阶段 Cu 薄膜的存储刚度值基本不变,保持在 15 N/mm 左右,在一个较小的范围内浮动;当测试进行到第 273 s 时,共循环加载 1.229×10^4 次,刚度值突然降到 9.3 N/mm,此时薄膜发生疲劳破坏;随着加载次数的继续增加,刚度值持续加速下降。随着加载速率的增加,薄膜发生疲劳破坏的时间减少,疲劳寿命减少。在动态加载过程中,压头的加载速率越大,压头所携带的惯性力越大,对薄膜材料表面的冲击作用越大,薄膜越容易破坏。12 m/s 和 24 m/s 加载速率下的薄膜的循环周次分别为 1.035×10^4 次和 0.909×10^4 次。

利用 SEM 拍摄的不同加载速率下 Cu 薄膜的疲劳压痕形貌如图 6.16

所示。由图可以看出,加载速率较小时,薄膜的疲劳压坑周围变形和分层现象很明显,挤压形成环形裂纹,并伴随一些细小的放射型裂纹。当加载速率增加时,分层的情况加剧,在玻氏压头(三棱锥)的每个侧面形成单独的凸起,相互以裂纹的形式分开,细小的放射性裂纹也增长。因此,加载速率的增加会加速薄膜的疲劳破坏。

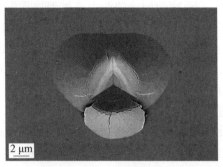

(a) 6 m/s

(b) 12 m/s

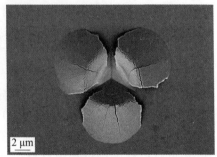

(c) 24 m/s

图 6.16 利用 SEM 拍摄的不同加载速率下 Cu 薄膜的疲劳压痕形貌

6.2.2 硬膜/软基 TiN/Si 薄膜的疲劳性能分析

在单面抛光的单晶 Si⟨100⟩基底上,采用直流磁控溅射方法制备不同厚度的 TiN 薄膜。制备前 Si 基底经高纯度丙酮清洗,并采用 Ar 离子清洗10 min。溅射过程中腔体的本底真空为 5×10^{-3} Pa,直流偏压为 150 V,溅射功率为 50 W,氩气压力为 0.8 Pa、流量为 70 sccm,N_2 流量为 230 sccm。溅射靶材为纯度 99.99% 的 Ti 靶,溅射温度为 400 ℃。制备的样品厚度分别为 100 nm、200 nm、400 nm 和 1 000 nm。

TiN/Si 薄膜的动态载荷测试可以用有限元模拟进行验证。在研究纳米级动态载荷作用下的 TiN 薄膜疲劳失效行为中,试验材料的塑性变形能力至关重要,但卸载过程的弹性恢复情况也不可忽略。通过有限元模拟不仅可以得到载荷-位移曲线、应力-应变曲线,还可以得到加卸载后的应力分布情况,有利于动态载荷作用下 TiN 硬质薄膜的性能演变规律及疲劳失效行为的研究,有助于了解其疲劳累积效应及损伤演变规律,对于纳米压痕试验来说这是暂时无法达到的。因此,为了更加深入地了解在纳米级动态载荷的作用下,疲劳裂纹的萌生及扩展过程中的瞬态效应与微观损伤的非线性累积机制,可以结合有限元模拟的方法,模拟不同载荷条件下纳米压痕测量的加卸载过程,选取变形局部区域,根据得出的应力-应变、载荷-位移、应力和应变随时间的变化关系,从而对动态载荷作用下薄膜的失效规律进行分析和讨论。本节结合有限元模拟研究 TiN 陶瓷薄膜的纳米压痕试验过程。

基于 Von Mises 屈服准则,采用表示综合应力强度的等效应力和应变来描述薄膜内部的应力与应变状态。在加卸载过程中整个模型内的应力和应变分布是不均匀的,其中压痕表面与压头棱边接触区域应力集中最明显。在接触区的应力集中越明显,材料越容易发生塑性变形,因此凸起高度会随着应力集中而增大。压痕外边缘会有明显的凸起现象,而在远离压入位置的区域,材料的力学特性没有发生变化。

纳米压痕测量过程是一个准静态过程,压头缓慢压入被测材料。有限元模拟将试验的加载和卸载过程都分为若干分析步。以 200 nm 厚的 TiN 薄膜为例,图 6.17 中的(a)、(b)、(c)分别为模拟过程中开始加载、加载完成和卸载完成时薄膜的变形情况。有限元模拟不仅能得出载荷-位移曲线,还可以得到压痕过程中材料内部的应力分布情况及各阶段的变形情况。

1. 不同厚度 TiN/Si 薄膜的疲劳性能分析

接触刚度是零件结合面在外力作用下,抵抗接触变形的能力,对损伤变形非常敏感。不同厚度 TiN 薄膜的刚度-时间曲线如图 6.18 所示。利用纳米压痕仪的纳米尺度力学分析模块测试,测试中循环载荷大小为 $1 \sim 10\ \mu N$,动态载荷幅值为 $5\ \mu N$,加载速率为 12 m/s,频率为 45 Hz,测试时间为 420 s,总循环周次为 1.89×10^4 次。

对于 100 nm 厚的 TiN 薄膜,初始阶段薄膜的存储刚度值在 20 N/mm 附近小范围波动;当测试进行到第 259 s 时,共循环周次为 1.166×10^4 次,刚度值突然降到 15.8 N/mm,此时薄膜发生疲劳破坏,薄膜的失效循环周次 N_f 为薄膜的疲劳寿命。随着加载次数的继续增加,刚度值持续加速下降。随着 TiN 薄膜厚度的增加,薄膜抗疲劳破坏的能力增强,疲劳寿命增加。200 nm、400 nm 和 1 000 nm 厚的薄膜的循环周次分别为 1.823×10^4 次、1.440×10^4 次和 1.544×10^4 次。

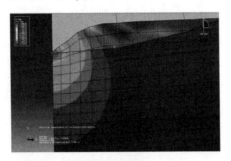

(a) 开始加载

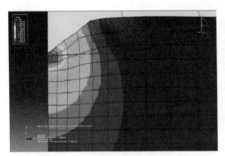

(b) 加载完成

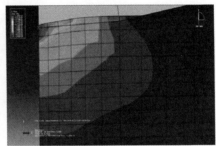

(c) 卸载完成

图 6.17　加载—卸载过程中薄膜变形的模拟示意图

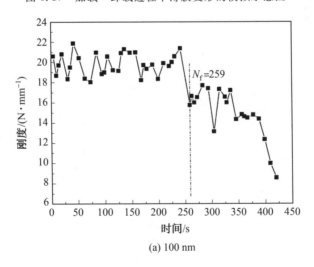

(a) 100 nm

图 6.18　不同厚度 TiN 薄膜的刚度—时间曲线

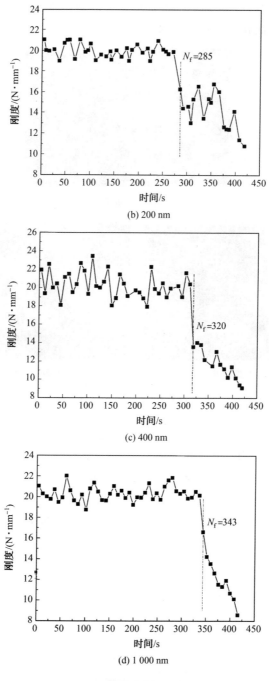

(b) 200 nm

(c) 400 nm

(d) 1 000 nm

续图 6.18

动态加载测试后不同厚度 TiN 薄膜的疲劳压痕形貌如图 6.19 所示，由图可知，4 种薄膜均出现了分层。对于 100 nm 厚的 TiN 薄膜，在玻氏压头(三棱锥)的每个侧面形成单独的凸起状分层，伴有放射型长裂纹，并出现剥落。其他 3 种薄膜并未出现剥落现象，随着薄膜厚度的增加，薄膜由小的局部分层，变成相连的整体分层，放射型裂纹也变得细小。通过划痕试验测得薄膜越厚其结合强度越大，所以薄膜的抗冲击疲劳的能力增强，其疲劳寿命也相应地增加。

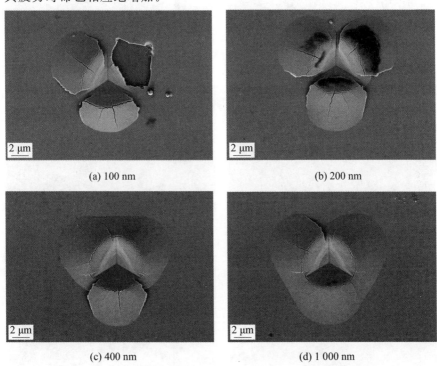

(a) 100 nm

(b) 200 nm

(c) 400 nm

(d) 1 000 nm

图 6.19　动态加载测试后不同厚度 TiN 薄膜的疲劳压痕形貌

选取 200 nm 和 400 nm 的厚薄膜进行有限元模拟。图 6.20 所示为 200 nm 和 400 nm 厚的 TiN 薄膜卸载后的残余变形[图 6.20(a)和(b)]、等效应力[图 6.20(c)和(d)]与等效应变图[图 6.20(e)和(f)]。循环载荷的载荷频率为 35 Hz，平均载荷为 10 μN，载荷幅值为 5 μN。由于平均载荷较小，因此薄膜的应变也较小，为了区分两种厚度的薄膜在相同载荷下的变形情况，图 6.20 是将其放大 100 倍得到的。卸载后，薄膜的不同区域会有不同程度的残余变形，主要集中于压头的正下方。表面处的变形最大，由中心向外，从上到下，变形逐渐减小。在同一周期性载荷作用下，随着薄膜厚度的增大,薄膜材料的残余应力和应变明显逐渐减小,这与图 6. 18 和图 6.19 的试验结果是相符的。

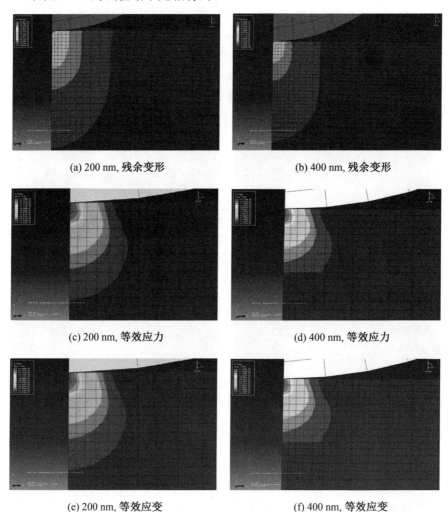

(a) 200 nm,残余变形

(b) 400 nm,残余变形

(c) 200 nm,等效应力

(d) 400 nm,等效应力

(e) 200 nm,等效应变

(f) 400 nm,等效应变

图 6.20　200 nm 和 400 nm 厚的 TiN 薄膜卸载后的残余变形、等效应力与等效应变图

　　薄膜厚度为 200 nm 和 400 nm 的 TiN 薄膜在周期性载荷作用下,加载和卸载过程中的应力－应变曲线与载荷－位移曲线如图 6.21 所示。随着加载过程的进行,薄膜内应力和应变都相应增加,卸载的过程中应力和应变同步减小。在卸载完成后,应力消失,而薄膜中有残余应变存在,薄膜越薄,残余应变越大。当其他条件都相同时,达到相同压深时所需加载的载荷随薄膜厚度的增加而增大,如图 6.21(b)所示的载荷－位移曲线。材

料的弹性恢复随薄膜厚度的增加越来越少,而塑性变形增加。卸载后,薄膜厚度为 200 nm 试样的残余变形约为薄膜厚度是 400 nm 薄膜的 2 倍。

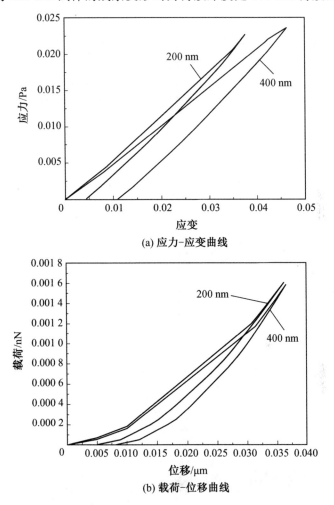

(a) 应力-应变曲线

(b) 载荷-位移曲线

图 6.21 薄膜厚度为 200 nm 和 400 nm 的 TiN 薄膜在周期性载荷作用下,加载和卸载过程中的应力-应变曲线与载荷-位移曲线

2. 不同加载频率时 TiN/Si 薄膜的疲劳性能分析

在保持其他条件相同的情况下,通过改变循环载荷的加载频率(35 Hz、45 Hz和 55 Hz),来讨论加载频率对 TiN 薄膜疲劳性能的影响。不同加载频率下的加载条件见表 6.1。选取薄膜厚度为 100 nm 的薄膜试样,每组试验重复 3 次。

表 6.1　不同加载频率下的加载条件

序号	1	3	5
载荷频率/Hz	35	45	55
平均载荷/μN	10	10	10
载荷幅值/μN	5	5	5

利用动态载荷测试得到的 100 nm 厚的 TiN 薄膜的存储刚度－时间曲线如图 6.22 所示。TiN 薄膜在初始阶段的存储刚度值仍是 20 N/mm。不同的加载频率导致其疲劳破坏的速度有所不同,频率的增大加速了薄膜的疲劳破坏。频率为 35 Hz 时,当测试进行到第 270 s 时,共循环加载 0.945×10^4 次,刚度突然降到 16.1 N/mm,此时薄膜开始发生疲劳破坏。

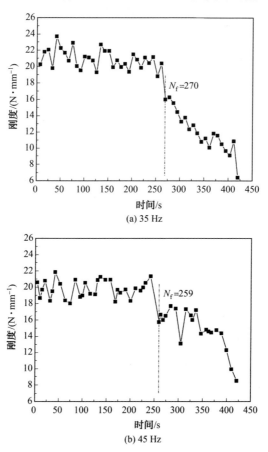

图 6.22　利用动态载荷测试得到的 100 nm 厚的 TiN 薄膜的存储刚度－时间曲线

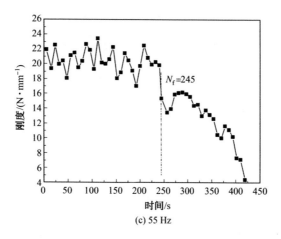

(c) 55 Hz

续图 6.22

对于加载频率为 45 Hz 和 55 Hz 的 TiN 薄膜的循环周次为 1.166×10^4 次和 1.348×10^4 次。由图可以看出,加载频率增大,薄膜发生疲劳破坏的时间缩短,但是载荷的循环周次增加。因为提高加载频率就相当于提高加载速率,当加载的速率高于薄膜中裂纹的扩展速率时,会抑制疲劳裂纹的扩展,进而提高薄膜的疲劳强度与寿命。

不同加载频率下动态载荷测试 100 nm 厚的 TiN 薄膜的疲劳压痕形貌如图 6.23 所示。在玻氏压头的每个侧面皆形成了单独的凸起状分层,伴有放射型长裂纹。3 种频率下薄膜的变形情况并没很大的区别,均未出现剥落现象。裂纹的长度随加载频率的增加略有增大。

100 nm 厚的薄膜在不同加载频率下模拟的卸载后的 TiN 薄膜的变形图和等效应变图分别如图 6.24、图 6.25 所示。加载的平均载荷为 10 μN,载荷幅值为 5 μN,加载频率分别为 35 Hz、45 Hz 和 55 Hz。为避免有限元计算的时间过长,加载的时间为 50 s。在加载过程中,薄膜没有出现明显的疲劳破坏。但随着加载频率的增加,薄膜在循环载荷的作用下,塑性区尺寸增大,残余变形增加。压头正下方薄膜的应力集中更加明显,卸载后的残余应变也会相应地增大。这与前面试验的结果相符。

3. 不同载荷幅值时 TiN/Si 薄膜的疲劳性能分析

在保持其他条件相同的情况下,通过改变周期性载荷的幅值($3 \mu N$、$4 \mu N$、$5 \mu N$ 和 $6 \mu N$)来分析载荷幅值对动态加载过程中薄膜疲劳性能的影响。试验选取 100 nm 厚的 TiN 薄膜,不同加载幅值时载荷数值见表 6.2。

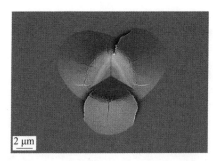

(a) 35 Hz

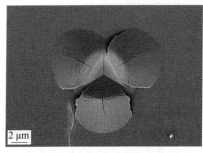

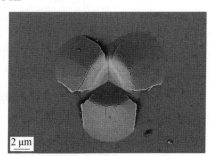

(b) 45 Hz　　　　　　　　　　　　　　(c) 55 Hz

图 6.23　不同加载频率下动态载荷测试 100 nm 厚的 TiN 薄膜的疲劳压痕形貌

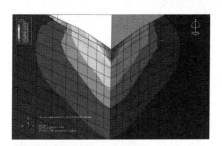

(a) 35 Hz

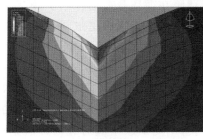

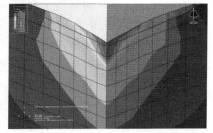

(b) 45 Hz　　　　　　　　　　　　　　(c) 55 Hz

图 6.24　100 nm 厚的薄膜在不同加载频率下模拟的卸载后的 TiN 薄膜的变形图

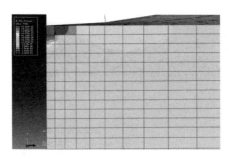

(a) 35 Hz

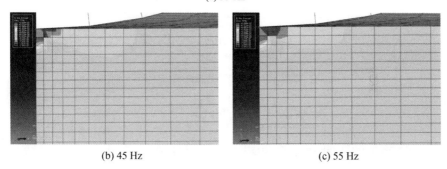

(b) 45 Hz   (c) 55 Hz

图 6.25 100 nm 厚的薄膜在不同加载频率下模拟的卸载后的 TiN 薄膜的等效应变图

表 6.2 不同加载幅值时载荷数值

序号	1	2	3	4
载荷频率/Hz	45	45	45	45
平均载荷/μN	10	10	10	10
载荷幅值/μN	3	4	5	6

利用动态载荷测试得到的 4 种测试条件下 TiN 薄膜的刚度—时间曲线如图 6.26 所示。载荷幅值为 3 μN 时，100 nm 厚的 TiN 薄膜的初始阶段薄膜的存储刚度在 20 N/mm 附近小范围波动，因为刚度是薄膜的本征属性，所以对于同一材料其初始刚度没有发生变化。

当测试进行到 318 s 时，共循环加载 1.431×10^4 次，刚度值突然降到 15.8 N/mm，此时薄膜开始发生疲劳破坏。随着加载载荷幅值的增加，薄膜的循环周次逐渐降低。在载荷幅值为 4 μN、5 μN 和 6 μN 时，薄膜的循环周次分别为 1.305×10^4 次、1.166×10^4 次和 1.053×10^4 次。

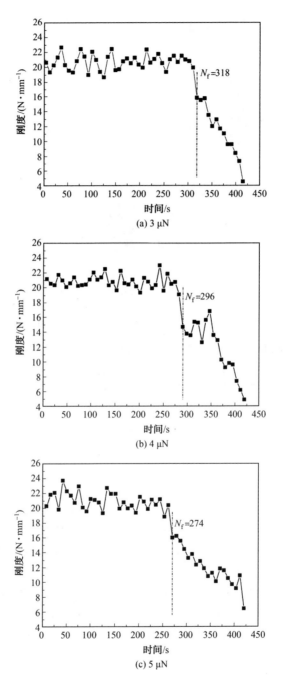

图 6.26　利用动态载荷测试得到的 4 种测试条件下 TiN 薄膜的刚度—时间曲线

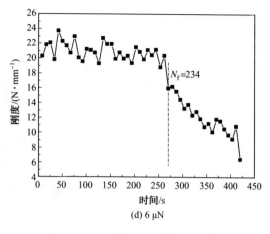

(d) 6 μN

续图 6.26

不同加载幅值下动态载荷测试 100 nm 厚的 TiN 薄膜的疲劳压痕形貌如图 6.27 所示。随着加载幅值的增加,压坑的变形与分层情况更加严重,对于载荷幅值为 5 μN 和 6 μN 的测试,压坑出现了剥落现象。

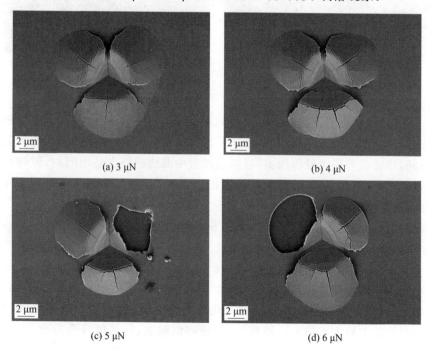

(a) 3 μN

(b) 4 μN

(c) 5 μN

(d) 6 μN

图 6.27 不同加载幅值下动态载荷测试 100 nm 厚的 TiN 薄膜的疲劳压痕形貌

　　100 nm 厚的 TiN 薄膜在不同载荷幅值下的模拟材料变形图如图6.28
所示。压头下方的材料变形严重,随着载荷幅值的增加,薄膜变形明显。
材料的塑性变形区尺寸增大,残余变形增加。

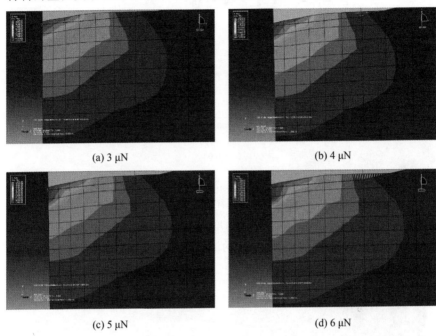

(a) 3 μN　　　　　　　　　　　　　　　(b) 4 μN

(c) 5 μN　　　　　　　　　　　　　　　(d) 6 μN

图 6.28　100 nm 厚的 TiN 薄膜在不同载荷幅值下的模拟材料变形图

　　不同加载幅值下提取的单次加载的载荷—位移曲线和应力—应变曲
线,如图 6.29 所示。加载过程中 4 组试验所得曲线的趋势相同,载荷幅值
不同,导致载荷最大时压深不同;卸载过程中曲线趋势也是相同的,但卸载
后压痕深度略有差异,随着载荷的增加压深逐渐增大,载荷最大时压痕深
度也逐渐增大。材料的残余应变和应力应变值也有相同的趋势。虽然单
次加载材料的变化不大,多次加载的积累,就导致了高幅值条件下薄膜的
加速疲劳。

　　不同幅值载荷的应力、应变随时间变化的曲线如图 6.30 所示。在加
载过程中,应力应变随时间的变化趋势相同,随幅值的增加会略有增加。
在卸载过程中,应力、应变随时间变化的差异逐渐增大,随加载幅值的增
加,应变的差异大于应力。卸载后,加载幅值越大,材料的残余应变越大。
进一步说明,循环载荷的载荷幅值增加会加速薄膜的疲劳破坏。

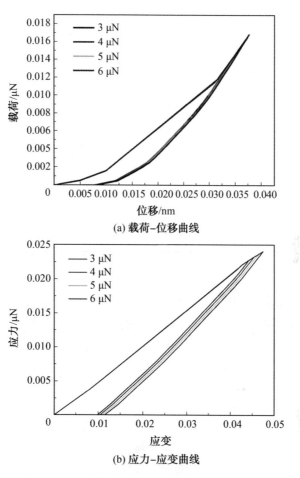

(a) 载荷–位移曲线

(b) 应力–应变曲线

图 6.29 不同加载幅值下提取的单次加载的载荷－位移曲线和应力－应变曲线

4. 平均载荷和载荷幅值不同时 TiN/Si 薄膜的疲劳性能分析

选取 100 nm 厚的 TiN 薄膜,通过改变加载循环载荷的大小(5 μN、7.5 μN 和 10 μN)进行疲劳试验,以分析载荷大小对动态加载过程中薄膜疲劳性能的影响。不同加载载荷时的载荷数值见表 6.3。

表 6.3 不同加载载荷时的载荷数值

序号	1	2	3
载荷频率/Hz	45	45	45
平均载荷/ μN	5	7.5	10
载荷幅值/ μN	2.5	3.25	5

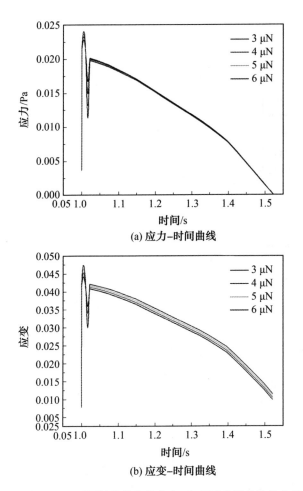

(a) 应力–时间曲线

(b) 应变–时间曲线

图 6.30　不同幅值载荷的应力、应变随时间变化的曲线

　　不同平均载荷测试时薄膜的刚度－时间曲线如图 6.31 所示。当平均载荷大小为 3 μN 时,薄膜的刚度值在测试进行到 347 s,也就是循环周次为 1.562×10^4 次时,薄膜发生疲劳破坏。随着加载的平均载荷增加,薄膜的疲劳寿命逐渐降低。平均载荷为 7.5 μN 和 10 μN 时薄膜的循环周次分别为 1.382×10^4 次和 1.166×10^4 次。

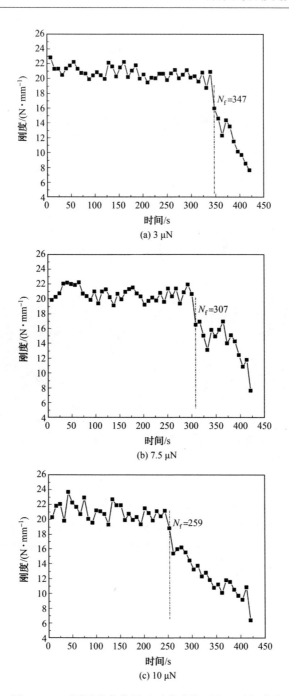

图 6.31 不同平均载荷测试时薄膜的刚度—时间曲线

不同加载载荷时 100 nm 厚的 TiN 薄膜的疲劳压痕形貌如图 6.32 所示。当加载的载荷较小时,压坑周围出现细小裂纹,薄膜发生分层,随着加载载荷增加,压坑的变形与分层情况更加严重,当加载载荷大小为 10 μN 时,薄膜出现了剥落现象。

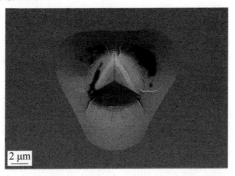

(a) 5 μN

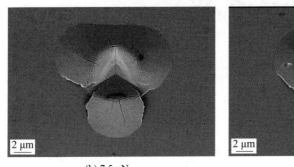

(b) 7.5 μN

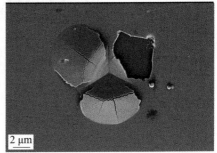

(c) 10 μN

图 6.32　不同加载载荷时 100 nm 厚的 TiN 薄膜的疲劳压痕形貌

图 6.33 所示为 100 nm 厚的 TiN 薄膜在不同加载载荷条件下的材料模拟变形图。随着载荷的增大,薄膜材料在循环载荷作用下的塑性变形区面积增大,无论是变形较大的区域(图中区域 1)还是变形较小的区域(图中区域 2)。

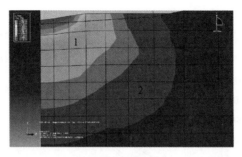

(a) 5 μN

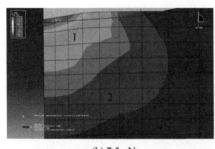

(b) 7.5 μN

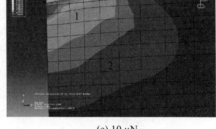

(c) 10 μN

图 6.33 100 nm 厚的 TiN 薄膜在不同加载载荷条件下的材料模拟变形图

不同加载载荷条件下提取的单次加载的载荷－位移曲线和应力－应变曲线,如图 6.34 所示。对于不同的加载载荷,载荷－位移曲线有很好的相移重合度,加载与卸载过程的变化趋势相同,只是载荷越大,压入深度越大,材料的变形越明显。对于应力－应变曲线,加载过程中 3 组试验所得曲线的走势相同但没重合,载荷最大值的不同,导致载荷最大时的应力应变值不同,应力应变最大值随载荷增大有明显差异,因平均载荷和载荷幅值共同变化,载荷数值增大。卸载过程中的曲线走势相同,但 3 条曲线明显分开,卸载后残余应变有差异,随着载荷的增大残余应变逐渐增大。平均载荷和载荷幅值的改变使载荷增大,对试样的变形有很大的影响。所以加载载荷越大,薄膜材料发生疲劳破坏越容易。

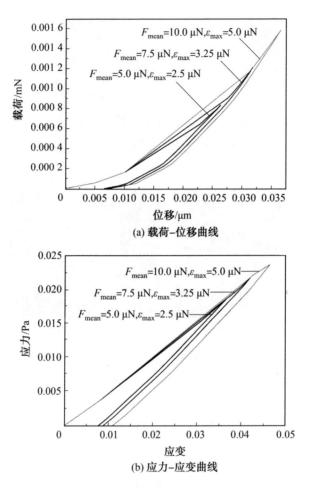

图 6.34　不同加载载荷条件下提取的单次加载的载荷－位移曲线和应力－应变曲线

　　不同平均载荷加载条件下薄膜的应力应变随时间变化曲线如图 6.35 所示。3 组试验的应力应变随时间的变化有很大的差异。在加载过程中，应力应变随时间的变化趋势相同，都随平均载荷的增加而增大；在卸载过程中，曲线趋势相同，应力应变随平均载荷的增加而明显增大；卸载后，都存在残余应变，且随载荷的增加而增大。所以较大的循环载荷有较大的残余应变，会加快薄膜的疲劳破坏。

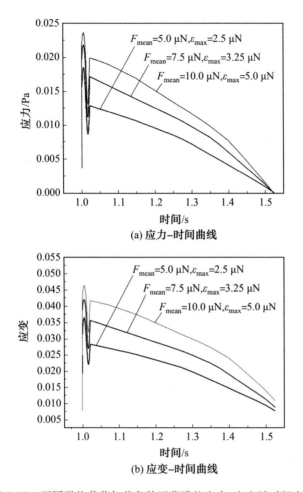

图 6.35 不同平均载荷加载条件下薄膜的应力、应变随时间变化曲线

通过以上几组试验和模拟对比,发现薄膜厚度、动态载荷测试加载的循环载荷参数(加载速率、加载频率、加载载荷和载荷幅值)在不同程度上影响着薄膜材料的疲劳寿命。以上几个因素对疲劳寿命的影响,结合统计分析进行讨论。

在薄膜材料的设计和服役过程中,弹性模量决定着器件的结构响应特性,残余应力影响器件的成品率和服役性能,疲劳强度决定器件长期服役的可靠性。下面将探究疲劳性能与薄膜的组织结构、硬度及残余应力之间的关系。

磁控溅射过程的原理是 Ar 离子的轰击作用,此时薄膜与基体都倾向于形成本征压应力,所以本试验中的各薄膜均表现为压应力。薄膜制备过程常伴随热应力的形成,当薄膜的热膨胀系数大于基体时,薄膜中会存在热张应力;反之,则为热压应力。TiN薄膜的热膨胀系数($9.4 \times 10^{-6}\,℃^{-1}$)大于单晶硅($2.5 \times 10^{-6}\,℃^{-1}$),热应力与本征压应力中和之后,TiN薄膜中存在残余压应力。随着薄膜厚度的增加,由热膨胀系数差异引起的薄膜与基底之间的界面应力,对薄膜内应力的影响会逐渐减弱。所以薄膜内应力的绝对值随薄膜厚度的增加逐渐减小。

随着薄膜厚度的增加,薄膜内纳米晶数量增加,(111)密排面择优生长更加明显,很好地抑制位错滑移和塑性变形,这样会适当地提高材料的硬度。本试验中的TiN薄膜的厚度较薄,连续刚度法测得的薄膜硬度值为薄膜—基体这个组合在当前的测试条件下得到的硬度值。其实在整个压痕阶段,硬度值都会受到基体的影响,薄膜越薄,受到基体的影响越严重,测量结果的误差也会越大。例如,200 nm厚的TiN薄膜硬度(19.2 GPa)小于TiN薄膜的本征硬度(22~24 GPa),而400 nm厚的TiN薄膜的硬度值就很接近它的本征硬度。残余压应力的存在,会使硬度的测试结果比实际值偏大,200 nm厚的TiN薄膜内部的残余压应力值比400 nm厚的TiN薄膜的大,则残余应力对200 nm厚的TiN薄膜的影响更大。所以薄膜越厚,基体对薄膜力学性能的影响越小。

动态疲劳测试结果很好地验证了刚度值的变化可以反映薄膜的疲劳现象的发生,而且纳米尺度力学分析仪所提供的动态载荷可以进行薄膜疲劳寿命的预测。对同一厚度的TiN薄膜,在其他加载条件相同时,薄膜的疲劳寿命随加载频率的增加逐渐减小。外加应力主要用来驱动裂纹的形成,外力对材料做功越多,裂纹形核的时间越短,裂纹越容易萌生。随着加载频率的增加,载荷循环周期变短,最大应力应变作用的时间变短,在相同时间内加载的次数增加,薄膜材料受到的冲击作用也增强。这与前面的有限元模拟结果是吻合的。而且,材料内部的冲击作用增加,致使材料局部温度升高,疲劳裂纹的形核速度加剧,裂纹扩展的速度也会增加,疲劳寿命相应的缩短。

薄膜厚度增加,薄膜内的纳米晶尺寸增加,结构更加致密均匀。利用连续刚度法进行测试,结果表明,薄膜越厚,硬度值越高,其抗冲击能力增强,在动态载荷的作用下有较长的疲劳寿命。在加载过程中,压头下方的薄膜材料在冲击性循环载荷的作用下,弹性恢复逐渐减小,塑性变形增加,局部出现应力集中。而且薄膜越薄,其内部的残余应力越大,内部的应力越容易在冲击力的作用下释放,并导致裂纹的萌生与扩展。所以薄膜越薄,越容易发生疲劳破坏。前面的有限元模拟结果与这个结论有着相同的趋势。

针对硬膜/软基的 TiN/Si 薄膜,进行了表面形貌和组织结构的表征。TiN/Si 薄膜中的晶粒呈 FCC(111)密排结构,使其具有较高的硬度值,可达到 26.5 GPa。对于厚度分别为 100 nm、200 nm、400 nm 和 1 000 nm 的 TiN/Si 薄膜内部皆为残余压应力,应力值分别为 -0.560 GPa、-0.333 GPa、-0.186 GPa 和 -0.112 GPa。残余压应力的存在有助于提高薄膜的结合强度,4 种薄膜的结合强度值分别为 7.85 GPa、8.30 GPa、9.96 GPa 和 19.05 GPa。

纳米级动态载荷测试硬膜/软基的 TiN/Si 薄膜的初始刚度值为 20 N/mm,在循环载荷作用下,刚度值在发生疲劳破坏时突然下降,这与软膜/硬基材料失效时类似。不过硬膜材料的失效行为表现为分层、剥落和长裂纹,这与软膜材料有所不同。

本节结合有限元模拟,研究了不同厚度、不同加载条件对 TiN/Si 薄膜疲劳寿命的影响。薄膜厚度的增加,使得薄膜的疲劳寿命延长。测试中循环载荷频率的增大会加速薄膜的破坏,但会抑制疲劳裂纹的增长,使疲劳寿命略有增加。在每一次加载过程中,加载的平均载荷和载荷幅值增大,会导致材料的塑性变形增大易产生应力集中,应变增大,进而会降低薄膜的疲劳寿命。

6.3 再制造薄膜疲劳寿命评估模型

动态循环载荷参数会在不同程度上影响材料的疲劳寿命。已经通过动态载荷试验测得 TiN 薄膜、Cu 薄膜的疲劳性能。通过观察每条刚度—时间曲线可以发现,在疲劳点 N_f 之前,刚度值在一个小范围内波动;在 N_f 点处,刚度值突然下降;N_f 点之后,刚度值逐渐减小。针对这一现象,作者团队自主编写了程序,对试验数据进行筛选,得到了测试薄膜材料的疲劳寿命。然而疲劳寿命与薄膜厚度、薄膜材料、基体材料、加载参数之间的关系,则需要统计,对比分析。结合回归分析,建立薄膜的寿命模型。现以 TiN 薄膜为例进行分析。

6.3.1 单因素对疲劳寿命的影响

1. TiN 薄膜的厚度

利用磁控溅射技术,在单晶硅基体上制备了 100 nm、500 nm、1 000 nm 和 2 000 nm 厚的 TiN 薄膜。动态载荷的试验参数:频率 $f=$

45 Hz,平均载荷 $p_m = 10\ \mu N$,载荷幅值 $p_0 = 5\ \mu N$,加载速率 $v = 12\ m/s$,每组试验重复 3 次,测得刚度—时间曲线。在 Si 基体上溅射的 TiN 薄膜,随着薄膜厚度的增加,薄膜在动态载荷作用下的疲劳寿命逐渐增加。将数据拟合后发现,薄膜的接触刚度与时间呈二次函数关系[式(6.1)]。不同厚度的 TiN 薄膜回归模型拟合曲线如图 6.36 所示。由图中可见,数值点均匀地分布在拟合曲线的附近。

$$S = 19.072 + 0.028\,8t - 0.000\,1t^2 \tag{6.1}$$

式中　t——时间;

　　　S——疲劳试验测得的刚度值。

对厚度和薄膜寿命回归分析可得二者的关系模型为

$$N_f = 88.396 + 37.426\ln T \tag{6.2}$$

式中　T——薄膜厚度;

　　　N_f——疲劳寿命。

经检验得到,对于给定的显著性水平 0.05,因显著性质为 0.009,且 0.009<0.05(检验的方法相同,检验的表格不全列出),说明模型是显著的,可对不同厚度的薄膜进行寿命预测。

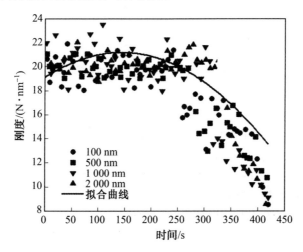

图 6.36　不同厚度的 TiN 薄膜回归模型拟合曲线

对拟合的曲线进行显著性检验,给定检验的显著性水平为 0.05。不同厚度的 TiN 薄膜回归模型的显著性检验结果见表 6.4。表中 F 表示检验统计量,结果证明检验统计量服从 F 分布。显著性值为 0.000 1,说明建立的模型可靠。显著性值为结果可信程度的一个递减指标,显著性值越大,就越不能认为样本中变量的关联是总体中各变量关联的可靠指标;一般显著性值小于 0.05，即认为模型是可靠的。R^2 为 0.775 说明拟合方程的拟合度较好，可以很好地反映各数据点的横、纵坐标的关系（R^2 为相关性系数，表示拟合优良性以及因变量随自变量变化的相关性，R^2 的值越接近于 1，说明拟合度越好）。不同厚度的 TiN 薄膜回归系数估计及其显著性检验结果见表 6.5。结果表明，表达式的各项系数服从分布，显著性值小于 0.05，所以各向系数都具有很好的显著性。

综上可见，建立的回归模型能解释不同厚度的 TiN 薄膜在动态载荷疲劳性能测试时刚度值和时间的变化，拟合曲线与所建立的方程具有显著性。

表 6.4 不同厚度的 TiN 薄膜回归模型的显著性检验结果

方差来源	平方和	自由度	样本方差	F 分布	显著性值	相关性系数
模型	1 813.845	2	906.922	343.133	0.000 1	0.775
误差	525.970	199	2.643			
总计	2 339.814	201				

表 6.5 不同厚度的 TiN 薄膜回归系数估计及其显著性检验结果

	回归系数	t 分布	显著性值
系数	19.072	57.167	0.000 1
时间	0.028 8	7.811	0.000 1
时间的平方	$-0.000\ 1$	-13.865	0.000 1

2. 加载频率的变化

在动态载荷测试薄膜材料的疲劳性能试验中，施加载荷为循环载荷。载荷参数包括频率 f、平均载荷 p_m、载荷幅值 p_0 及加载速率 v。针对磁控溅射的 100 nm 厚的 TiN 薄膜，根据薄膜材料的实际服役工况设计加载频率的大小分别为 35 Hz、45 Hz、55 Hz 和 65 Hz，进行疲劳试验，平均载荷 $p_m=10\ \mu N$，载荷幅值 $p_0=5\ \mu N$，加载速率 $v=12$ m/s，每组试验重复 3 次，测得刚度-时间曲线。频率的增加，使薄膜材料的疲劳寿命有一定的减少。将测得的刚度数据拟合，薄膜的接触刚度与时间呈二次函数关系[式(6.3)]。不同加载频率时 TiN 薄膜回归模型拟合曲线如图 6.37 所示。

$$S = 20.156 + 0.018t - 0.000\ 1t^2 \tag{6.3}$$

进一步,对加载频率和薄膜寿命回归分析可得二者的关系模型为

$$N_{\mathrm{f}} = 308 - 1.100f \qquad (6.4)$$

式中　f——加载频率;

　　　　N_{f}——循环周次。

经检验,对于给定的显著性水平 0.05,因显著性值为 0.007,且 0.007<0.05,表明模型是显著的,可用来对不同加载频率下的薄膜寿命进行预测。

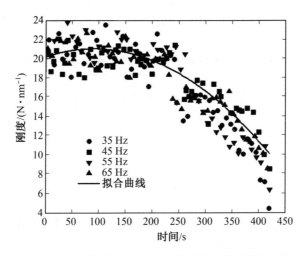

图 6.37　不同加载频率时 TiN 薄膜回归模型拟合曲线

对拟合的多项式,进行显著性检验。不同加载频率时 TiN 薄膜回归模型的显著性检验、回归系数估计及其显著性检验结果见表 6.6 和表 6.7。由表可知,在 Si 基体上的 TiN 薄膜,当频率变化时,刚度和时间的回归模型具有显著性。又因 $R^2 = 0.847$,说明回归模型能解释频率变化时刚度和时间的关系。

表 6.6　不同加载频率时 TiN 薄膜回归模型的显著性检验结果

方差来源	平方和	自由度	样本方差	F 分布	显著性值	相关性系数
模型	2 772.353	2	1 386.176	557.011	0.000 1	0.847
误差	500.208	201	2.489			
总计	3 272.561	203				

表 6.7　不同加载频率时 TiN 薄膜回归系数估计及其显著性检验结果

	回归系数	t 分布	显著性值
系数	20.156	60.888	0.000 1
时间	0.018	4.966	0.000 1
时间的平方	−0.000 1	−13.057	0.000 1

3. 加载速率的变化

针对磁控溅射的 100 nm 厚的 TiN 薄膜,在其他加载参数不变的情况下(频率 $f=45$ Hz,平均载荷 $p_m=1$ mN,载荷幅值 $p_0=0.5$ mN),改变加载速率的大小(6 m/s、12 m/s 和 24 m/s),每组条件试验 3 次。将测得的刚度数据拟合,薄膜的接触刚度与时间仍然呈二次函数关系[式(6.5)]。不同加载速率时 TiN 薄膜回归模型拟合曲线如图 6.38 所示。

$$S = 19.870\,4 + 0.018\,7t - 0.000\,1t^2 \tag{6.5}$$

对加载速率和薄膜寿命回归分析,可建立二者的关系模型为

$$N_f = 390.059 - 51.785\ln v \tag{6.6}$$

检验可知,对于给定的显著性水平 0.05,因显著性值为 0.031,且 0.031<0.05,模型(6.6)是显著的,可用来对不同加载速率下的薄膜寿命进行预测。

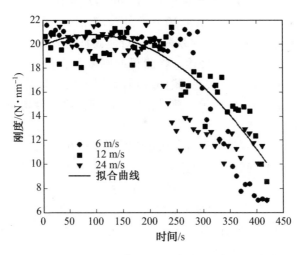

图 6.38　不同加载速率时 TiN 薄膜回归模型拟合曲线

对拟合的多项式进行显著性检验。不同加载速率时 TiN 薄膜回归模型的显著性检验和回归系数估计及其显著性检验结果见表 6.8 和表 6.9。

由表可知,在 Si 基体上的 TiN 薄膜,当加载速率发生变化时,建立的刚度和时间的回归模型具有显著性。又因为 $R^2 = 0.786$,说明回归模型能解释加载速率改变时刚度和时间的变化。

表 6.8　不同加载速率时 TiN 薄膜回归模型的显著性检验结果

方差来源	平方和	自由度	样本方差	F 分布	显著性值	相关性系数
模型	2 155.538	2	1 077.769	278.034	0.000 1	0.786
误差	585.335	151	3.876			
总计	2 740.873	153				

表 6.9　不同加载速率时 TiN 薄膜回归系数估计及其显著性检验结果

	回归系数	t 分布	显著性值
系数	19.870 4	41.679	0.000 1
时间	0.018 7	3.600	0.000 1
时间的平方	−0.000 1	−9.301	0.000 1

4. 平均载荷

利用磁控溅射制备的 100 nm 厚的 TiN 薄膜,在其他加载参数不变的情况下(频率 $f = 45$ Hz,加载速率 $v = 12$ m/s,载荷幅值 $p_0 = 5$ μN),改变加载载荷的大小(5 μN、7.5 μN、10 μN 和 12.5 μN),每组条件试验 3 次,得到了刚度—时间曲线。平均载荷大小对薄膜疲劳寿命的影响已经在第5 章进行了分析,此处不再赘述。将测得的刚度数据拟合,薄膜的接触刚度与时间仍然呈二次函数关系[式(6.7)],不同平均载荷时 TiN 薄膜回归模型拟合曲线如图 6.39 所示。薄膜在任一时间的刚度值均匀地分布在拟合曲线的附近。

$$S = 20.365\ 4 + 0.021\ 1t − 0.000\ 1t^2 \tag{6.7}$$

对平均载荷和薄膜寿命回归分析,得到二者的关系模型:

$$N_f = 431 − 168p_m \tag{6.8}$$

经检验可知,对于给定的显著性水平 0.05,因显著性值为 0.001,且 0.001 < 0.05,模型是显著的,可用来对不同平均载荷下的薄膜寿命进行预测。

下面对拟合的多项式进行显著性检验。不同平均载荷时 TiN 薄膜回归模型的显著性检验和回归系数估计及其显著性检验结果见表 6.10 和表 6.11。由表可知,在 Si 基体上的 TiN 薄膜,当加载的平均载荷大小发生变

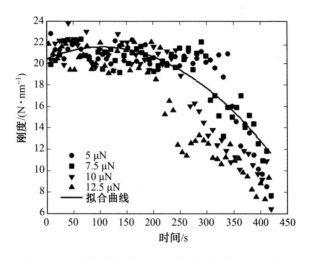

图 6.39　不同平均载荷时 TiN 薄膜回归模型拟合曲线

化时,建立的刚度和时间的回归模型具有显著性。又因为 $R^2 = 0.753$,说明回归模型能解释载荷大小改变时,刚度和时间的变化。

表 6.10　不同平均载荷时 TiN 薄膜回归模型的显著性检验结果

方差来源	平方和	自由度	样本方差	F 分布	显著性值	相关性系数
模型	2 940.240	2	1 470.120	309.391	0.000 1	0.753
误差	964.586	203	4.752			
总计	3 904.826	205				

表 6.11　不同平均载荷时 TiN 薄膜回归系数估计及其显著性检验结果

	回归系数	t 分布	显著性值
系数	20.365 4	43.548	0.000 1
时间	0.0211	4.172	0.000 1
时间的平方	−0.0001	−10.096	0.000 1

6.3.2　再制造薄膜多元疲劳寿命模型的建立

1. TiN 薄膜的疲劳寿命模型

6.3.1 节已经对 TiN 薄膜的厚度、加载条件(包括加载频率 f、加载速率 v、加载幅值 p_0 和加载载荷 p_m)等单一条件下薄膜疲劳性能模型进行了建立与验证。为了解各个参数对寿命影响的程度,方便在没有进行试验的条件下就能预测 TiN 薄膜的疲劳性能,综合上述试验得到 N_f 的结果,建立 TiN 薄膜的寿命模型,如式(6.9)所示,发现薄膜的疲劳寿命与各因素呈线性关系,薄膜厚度的增加,寿命逐渐增大;加载频率、平均载荷、载荷幅值和加载速率的增大会造成疲劳寿命的降低。

$$N_f = 664.550 + 0.046T - 1.253f - 27.6375p_0 - 16.7883p_m - 3.636v$$

$$(6.9)$$

针对上式进行显著性分析,TiN 薄膜回归模型的显著性检验结果见表 6.12。显著性值小于 0.05,说明模型显著性较好。而且,R^2 为 0.974,说明回归模型能够很好地解释各项因子对结果的影响。针对各项系数进行显著性分析,TiN 薄膜回归系数估计及其显著性检验结果见表 6.13,结果服从 t 分布,且各项的显著性均小于 0.05,说明拟合度很好。

表 6.12 TiN 薄膜回归模型的显著性检验结果

方差来源	平方和	自由度	样本方差	F 分布	显著性值	相关性系数
模型	25 230.523	5	5 046.105	96.589	0.000 1	0.974
误差	679.162	13	52.243			
总计	25 909.684	18				

表 6.13 TiN 薄膜回归系数估计及其显著性检验结果

	回归系数	t 分布	显著性值
系数	664.550	27.708	0.000 1
T/nm	0.046	12.750	0.000 1
f/Hz	-1.253	-4.152	0.001 0
$p_0/\mu N$	$-27.637\ 5$	-9.159	0.000 1
$p_m/\mu N$	$-16.788\ 3$	-13.909	0.000 1
$v/(m \cdot s^{-1})$	-3.636	-6.704	0.000 1

对拟合的结果进行残差分析,TiN 薄膜的残差分析图如图 6.40 所示。图 6.40(a)为残差图,图 6.40(b)为残差的正态图。由图可知,残差点随机地分布在一条带形区域内,且残差服从正态分布,可以认为模型(6.9)是有效的。

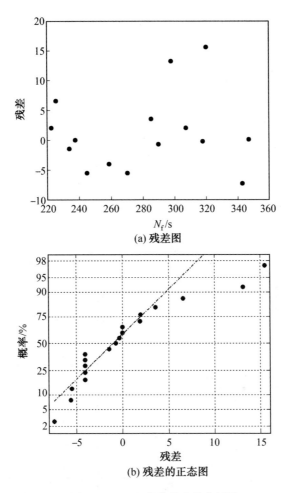

(a) 残差图

(b) 残差的正态图

图 6.40　TiN 薄膜的残差分析图

2. Cu 薄膜的疲劳寿命模型

为探究薄膜材料本征属性对其疲劳性能的影响,对不同厚度 Cu 薄膜（100 nm、500 nm、1 000 nm 和 2 000 nm)的纳米级动态载荷测试结果进行统计分析。每组的测试条件与 TiN 加载条件相同,包括加载频率 f、加载速率 v、加载幅值 p_0 和加载载荷 p_m 等。利用作者团队自主编写的程序,对各组条件下 Cu 薄膜的疲劳破坏时间进行提取,Cu 薄膜不同测试条件下动态载荷测试结果见表 6.14。对得到的寿命 N_f 试验结果进行统计,得到了能够预测 Cu 薄膜疲劳性能的寿命模型,如式(6.10)所示,发现薄膜的疲劳寿命与各因素呈线性关系,薄膜厚度的增加,寿命逐渐增大;加载频率、平均载荷、载荷幅值和加载速率的增大都会造成疲劳寿命的降低。

$$N_f = 644.520 + 0.039T - 1.656f - 28.269p_0 - 15.774p_m - 3.423v$$

$$(6.10)$$

表 6.14　Cu 薄膜不同测试条件下动态载荷测试结果

膜厚 T/nm	频率 f/Hz	加载速率 $v/(\text{m} \cdot \text{s}^{-1})$	平均载荷 $p_m/\mu\text{N}$	载荷幅值 $p_0/\mu\text{N}$	N_f 对应时间 /s
100	45	12	5	10	230
500	45	12	5	10	258
1 000	45	12	5	10	276
2 000	45	12	5	10	302
100	45	6	5	10	273
100	45	12	5	10	230
100	45	24	5	10	202
100	35	12	5	10	243
100	45	12	5	10	230
100	55	12	5	10	215
100	65	12	5	10	198
100	45	12	3	10	291
100	45	12	4	10	258
100	45	12	5	10	230
100	45	12	6	10	203
100	45	12	2.5	5	313
100	45	12	3.75	7.5	271
100	45	12	5	10	230
100	45	12	6.25	12.5	193

　　针对式(6.10)进行显著性分析,Cu 薄膜回归模型的显著性检验结果见表 6.15。由于显著性值小于 0.05,说明模型显著性较好。因为 $R^2 = 0.967$,建立的回归模型能够解释各项因子对结果的影响。下面对模型中各项系数进行显著性分析,Cu 薄膜回归系数估计及其显著性检验结果见表 6.16,模拟结果服从 t 分布,且各项的显著性值均小于 0.05,说明模型是可靠的。

表 6.15　Cu 薄膜回归模型的显著性检验结果

方差来源	平方和	自由度	样本方差	F 分布	显著性值	相关性系数
模型	22 536.716	5	4 507.382	86.030	0.000 1	0.967
误差	761.826	13	58.602			
总计	23 298.74	18				

表 6.16　Cu 薄膜回归系数估计及其显著性检验结果

	回归系数	t 分布	显著性值
系数	644.520	25.373	0.000 1
T/nm	0.039	10.092	0.000 1
f/Hz	-1.656	-5.183	0.000 1
$v/(\text{m} \cdot \text{s}^{-1})$	-3.423	-5.959	0.000 1
$p_0/\mu\text{N}$	-28.269	-8.845	0.000 1
$p_\text{m}/\mu\text{N}$	-15.774	-12.339	0.000 1

　　对拟合的结果进行残差分析,Cu 薄膜的残差分析图如图 6.41 所示,其中图(a)为残差图,图(b)为残差的正态图。残差点随机分布在一条带形区域内,且残差服从正态分布,即可以认为模型有效,能够反映各参数与试验结果的关系。

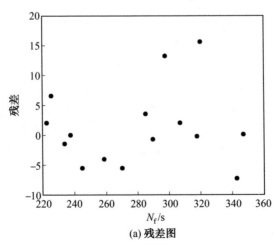

(a) 残差图

图 6.41　Cu 薄膜的残差分析图

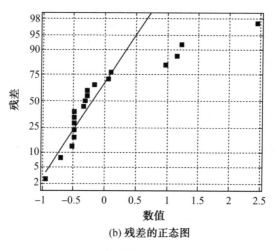

(b) 残差的正态图

续图 6.41

3. 薄膜的疲劳寿命模型

利用统计分析,建立了针对磁控溅射 TiN 薄膜和 Cu 薄膜的纳米级动态载荷测试时的疲劳寿命预测模型[见式(6.9)和式(6.10)]。疲劳寿命 N_f 点的判断是基于测试过程中薄膜接触刚度的变化。接触刚度是材料抵抗接触变形的能力,是疲劳失效的敏感量,也是材料的本征属性,所以尝试建立起与刚度值相关的薄膜疲劳寿命模型,以期得到适用于各种薄膜材料的寿命预测模型。前面利用动态载荷测试法得到 100 nm 厚的 Cu 薄膜和 TiN 薄膜的接触刚度值分别约为 15.2 N/mm 和 20.1 N/mm。根据测试结果,建立了带有接触刚度参量的薄膜疲劳寿命预测模型。

$$N_f = 569.730 + 0.037T - 1.376f - 28.830p_0 -$$
$$16.632p_m - 0.539v + 5.067S \tag{6.11}$$

对模型(6.11)进行显著性分析,回归模型的显著性检验结果见表 6.17。显著性值小于 0.05,$R^2 = 0.967$,说明建立的回归模型显著性较好,能够解释各项参数对计算结果的影响。对模型中各项系数进行显著性分析,回归系数估计及其显著性检验结果见表 6.18,各项的显著性值均小于 0.05,模拟结果服从 t 分布。

表 6.17 回归模型的显著性检验结果

方差来源	平方和	自由度	样本方差	F 分布	显著性值	相关性系数
模型	59 925.142	6	9 987.524	64.856	0.000 1	0.911
误差	5 851.836	38	153.996			
总计	59 925.142	6	9 987.524	64.856		

表 6.18 回归系数估计及其显著性检验结果

	回归系数	t 分布	显著性值
系数	569.730	17.908	0.000 1
T/nm	0.037	10.125	0.000 1
f/Hz	-1.367	-3.742	0.001 0
$p_0/\mu\mathrm{N}$	-28.830	-7.891	0.000 1
$p_\mathrm{m}/\mu\mathrm{N}$	-16.632	-11.381	0.000 1
$v/(\mathrm{m}\cdot\mathrm{s}^{-1})$	0.539	-6.867	0.000 1

对建立的模型进行残差分析,寿命预测模型的残差分析图如图 6.42 所示。在残差图中,残差点随机分布在一条带形区域内,且残差值服从正态分布。所以根据显著性分析和残差分析的结果,说明建立的模型是可靠的。

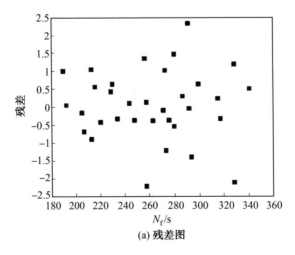

(a) 残差图

图 6.42 寿命预测模型的残差分析图

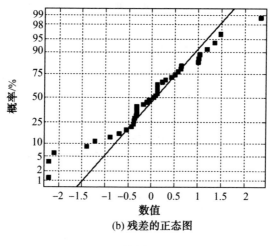

(b) 残差的正态图

续图 6.42

6.3.3　再制造薄膜疲劳寿命预测模型的验证

为验证模型的适用性,选择高熵合金薄膜进行测试与计算。在相关的分析中,发现非等摩尔比的 $(Fe-Co-Ni)_{15}(Ti-Zr-Al)_{85}$ 高熵合金薄膜具有较高的纳米硬度和结合强度,其疲劳寿命也是最长的。所以选择该元素配比,通过改变磁控溅射时间,制备了 100 nm、500 nm、1 000 nm 和 2 000 nm 等不同厚度的合金薄膜。针对这 4 种厚度的薄膜进行纳米级动态载荷测试,测试条件为:循环载荷大小为 $1\sim10\ \mu N$、动态载荷幅值为 $5\ \mu N$、加载速率为 12 m/s、频率为 45 Hz、测试时间为 420 s,总的循环周次为 1.89×10^4 次。

4 种厚度高熵合金薄膜的刚度－时间曲线,如图 6.43 所示。对于 100 nm、500 nm、1 000 nm 和 2 000 nm 厚 $(Fe-Co-Ni)_{15}(Ti-Zr-Al)_{85}$ 合金薄膜的接触刚度值分别为 16.609 N/mm、16.715 N/mm、16.924 N/mm 和 17.011 N/mm。刚度值突变点,也就是薄膜发生疲劳破坏的时间分别为 272 s、293 s、314 s 和 344 s。此时薄膜的循环周次分别为 1.224×10^4 次、1.319×10^4 次、1.413×10^4 次和 1.548×10^4 次。随着合金薄膜厚度的增加,薄膜抗疲劳破坏的能力增强,疲劳寿命增加。

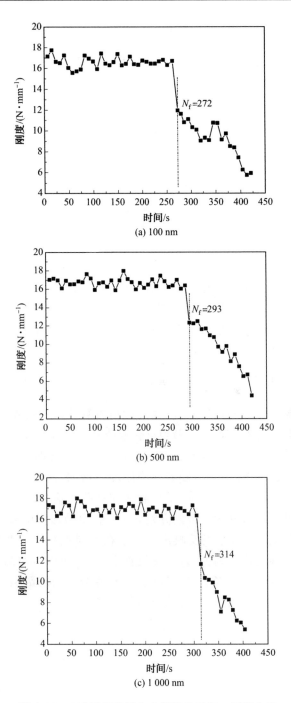

(a) 100 nm

(b) 500 nm

(c) 1 000 nm

图 6.43　4 种厚度高熵合金薄膜的刚度—时间曲线

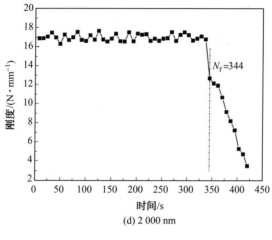

(d) 2 000 nm

续图 6.43

将测得的各薄膜的刚度值和试验条件中各个参数代入式(6.11)中,可以得到薄膜的预测寿命,分别为 278 s、313 s、294 s 和 351 s。这与实测值相差很小,最大误差为 3.4%,说明建立的模型能够适用于其他磁控溅射类薄膜。

6.3.4　再制造薄膜疲劳寿命评估的主因素分析

薄膜的疲劳寿命与薄膜厚度、循环载荷参数关系的模型已经被建立。为探究各动态循环载荷参数对薄膜材料疲劳寿命影响程度,建立了试验提取的 TiN 薄膜的 N_f 值与各组试验中变量的关系。不同试验条件下薄膜的疲劳寿命如图 6.44 所示。随着薄膜厚度的增加,薄膜的疲劳寿命逐渐增大,随着加载频率、加载速率、平均载荷和载荷幅值的增加,薄膜的疲劳寿命逐渐降低。本节利用单因素方差分析了各组动态测试数据,主次因素的分析结果见表 6.19,可以反映出各因素在不同水平下对薄膜疲劳寿命的影响。显著性值作为判据,显著性值越小,说明该因素对结果的影响越大。在所考虑的影响因素中,载荷幅值 p_0 对疲劳寿命的影响最大,其次是薄膜厚度、平均载荷、加载速率和加载幅值。

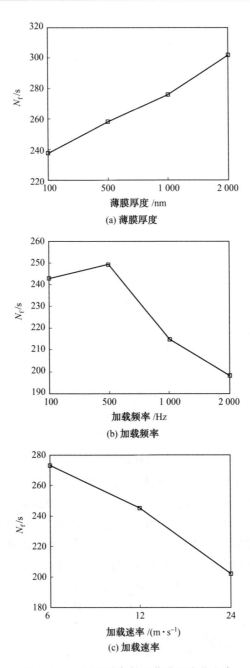

(a) 薄膜厚度

(b) 加载频率

(c) 加载速率

图 6.44 不同试验条件下薄膜的疲劳寿命

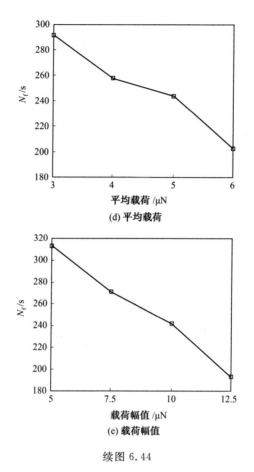

(d) 平均载荷

(e) 载荷幅值

续图 6.44

　　对于薄膜厚度对疲劳寿命的影响在之前已经进行了详细的说明,所以可先不考虑薄膜厚度的影响。平均载荷和载荷幅值越大,单次加载时压头下方薄膜材料的挤压变形越大,内部残余应变越大,在循环加载的过程中,薄膜的损伤积累越严重,疲劳寿命越小。提高加载的速率和频率时,载荷循环周期变短,最大应力应变作用的时间变短,在相同时间内加载的次数增加,薄膜材料受到的冲击作用越强,促进了材料中裂纹的形核,外力对材料做功越多,裂纹形核的时间越短,裂纹越容易萌生。而且,材料内部的冲击作用增加,致使材料局部温度升高,疲劳裂纹的形核速率加快,裂纹扩展的速度也会加快,疲劳寿命相应地缩短。

表 6.19　主次因素的分析结果

	方差来源	自由度	样本方差	F 分布	显著性值
薄膜厚度	5 130.987	3	1 710.329	1.412	0.278
	18 167.750	15	1 211.183		
	23 298.737	18			
加载速率	2 630.854	2	1 315.427	1.018	0.383
	20 667.882	16	1 291.743		
	23 298.737	18			
平均载荷	4 086.987	3	1 362.329	1.064	0.294
	19 211.750	15	1 280.783		
	23 298.737	18			
载荷幅值	8 162.299	3	2 720.766	2.696	0.083
	15 136.437	15	1 009.096		
	23 298.737	18			
加载频率	3 414.987	3	1 138.329	0.859	0.484
	19 883.750	15	1 325.583		
	23 298.737	18			

本章参考文献

[1] LI X D, BHUSHAN B. Development of a nanoscale fatigue measurement technique and its application to ultrathin amorphous carbon coatings[J]. Scripta Materialia, 2002, 47: 473-479.

[2] SELLAMI A, KCHAOU M, ELLEUCH R. Study of the interaction between microstructure, mechanical and tribo-performance of a commercial brake lining material[J]. Materials and Design, 2014, 59: 84-93.

[3] GUPTA N. Material selection for thin-film solar cells using multiple attribute decision making approach[J]. Materials and Design, 2011, 32: 1667-1671.

[4] PHARRG M, OLIVERW C, BROTZENF R. On the generality of

the relationship among contact stiffness, contact area, and elastic modulus during indentation[J]. Journal of Materials Research, 1992, 7(3): 613-617.

[5] LAWN B R, HOCKEY B J, WIEDERHORN S M. Atomically sharp cracks in brittle solids: an electron microscopy study[J]. Journal of Materials Science, 1980, 15(5): 1207-1223.

[6] 顾培夫,郑臻荣,赵永江,等. TiO$_2$和 SiO$_2$薄膜应力的产生机理及实验探索[J]. 物理学报, 2006, 55(12):6459-6463.

[7] 李晓敏. FeCuNbSiB/SiR 复合薄膜在压应力下的力敏特性研究[D]. 南昌:南昌大学,2013.

[8] 吴日高,鄢书林,姚超开,等.建立相似林分样木因子回归模型推算采伐木蓄积[J].湖南林业科技,2014,41(1):66-72.

[9] 李慧芬. 经济计量模型的残差分析[J]. 数量经济技术经济研究,1986(3):55-57.

[10] MINAGAR S, BERNDT C C, WANG J, et al. A review of the application of anodization for the fabrication of nanotubes on metal implant surfaces[J]. Acta Biomaterialia, 2012, 8(8):2875.

[11] RYOU H, PASHLEY D H, TAY F R, et al. A characterization of the mechanical behavior of resin-infiltrated dentin using nanoscopic dynamic mechanical analysis[J]. Dental Materials, 2013, 29(7): 719-728.

[12] 王璐. 复杂应力状态下高温低周疲劳短裂纹行为研究[D]. 大连:大连理工大学,2012.

第7章 再制造零件与产品寿命演变的无损检测技术

7.1 声发射技术研究

7.1.1 基于声发射信号的涂层接触疲劳失效预警研究

1. 声发射信号反馈典型模式

典型的声发射幅值和能量反馈如图 7.1 所示,两种信号特征参量呈现出相同的变化趋势。开始阶段有部分信号波动,中间阶段信号平稳,结束阶段信号发生突变。试验开始时,涂层与对摩轴承球处于磨合期,由润滑油膜建立不充分造成的粗糙接触必将引起涂层表面细微的断裂,从而导致信号发生轻微的波动,同时涂层在外加载荷作用下的塑性变形也在一定程度上导致声发射信号的波动;随着试验进行,涂层与对摩轴承球的接触进入稳定期,此时表面细微断裂基本消失,涂层表面在多次应力循环的作用下达到塑性变形稳定阶段,形成较为固定的磨痕,此时信号平稳,主要信号来源应该是对摩轴承球在高速运转时与涂层的摩擦及涂层内部一系列微观的材料晶格运动(滑移、层错等);随着应力循环的不断增多,涂层内部的缺陷在应力作用下发展成疲劳裂纹,当产生宏观可见裂纹时(微观细小裂纹所引发的声发射信号微弱可能湮没在摩擦、塑性变形的干扰信号中),释放出强有力的弹性波并扩散,最终被声发射探头采集并反馈,从而在试验结尾段出现声发射信号特征参量的阶跃变化。

2. 涂层损伤程度微观分析

通常声发射信号特征参量突变后,涂层表面并没有材料去除,因此对涂层的微观分析存在较大的盲目性和随机性。本节采用渗透探伤的方式,对接触疲劳试验后的涂层表面进行染色分析。其主要步骤是:清洗试验后的涂层,涂抹染色剂,沉淀染色剂,清洗染色剂,涂抹显像剂,显像。由于涂层材料成形的特殊性,自身存在较多的"天然"孔隙,需要先对未经过试验的涂层表面进行渗透分析,以确保涂层中的孔隙不会影响对疲劳裂纹的检测。未经过试验的涂层表面渗透探伤分析结果如图 7.2 所示,其中图(a)

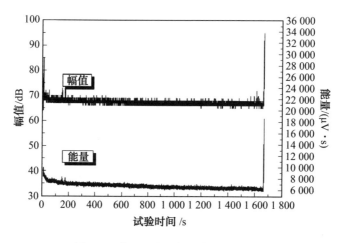

图 7.1 典型的声发射幅值和能量反馈

为涂层表面磨削加工后的原始态,图(b)为涂抹显像剂后涂层的表面状态,可见没有明显深灰色部分出现在磨削后的涂层表面,由于涂层表面的微孔隙尺寸较小,染色溶液无法进入孔隙内部,因此涂层的孔隙不会对疲劳裂纹检测造成干扰,渗透探伤可行。

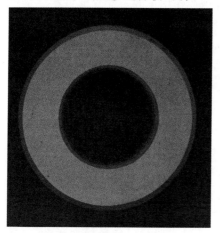 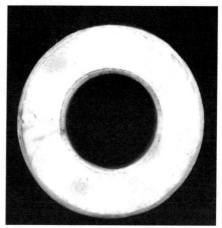

(a) 涂层表面磨削加工后的原始态   (b) 涂抹显像剂后涂层的表面状态

图 7.2 未经过试验的涂层表面渗透探伤分析结果

采用同上步骤对声发射信号发生阶跃后涂层表面进行渗透探伤,分析疲劳裂纹出现的位置,经显像步骤后,涂层表面出现的深灰色区域即为疲劳裂纹密集的地方,对其展开针对性的微观分析,可以判定声发射信号对涂层疲劳断裂表征的可靠度和准确性。接触疲劳试验后涂层表面渗透探伤分析结果如图 7.3 所示。由图可知,经过接触载荷后,当声发射信号特征参量突变后,涂层表面并没有明显的损伤,通过渗透探伤过程,涂层表面裂纹较为密集的区域呈现出明显的深灰色,因此渗透探伤的方法可以减少对涂层微观裂纹分析的盲目性,是辅助声发射信号判断失效的良好复检技术。

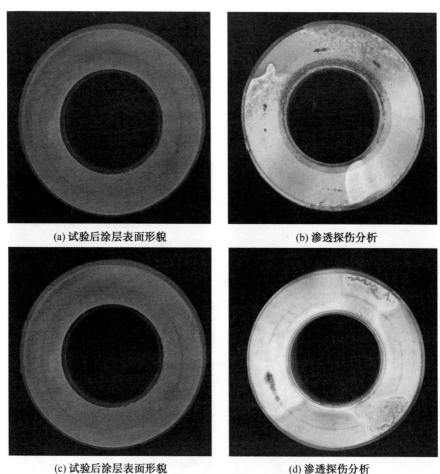

(a) 试验后涂层表面形貌　　　　　　　　(b) 渗透探伤分析

(c) 试验后涂层表面形貌　　　　　　　　(d) 渗透探伤分析

图 7.3　接触疲劳试验后涂层表面渗透探伤分析结果

对渗透探伤后涂层表面深灰色区域进行微观分析,涂层表面的疲劳裂纹状态如图 7.4 所示,涂层表面仅存在一些疲劳裂纹,并没有明显的涂层去除。对磨痕中出现的裂纹,如图 7.5(a)所示,进行聚焦离子束扫描电镜(Focus Ion Beam Scanning Electron Microscope,FIB-SEM)分析,原位切片分析如图 7.5(b)所示。结果表明,涂层上裂纹起源于近表面的氧化物缺陷,如图 7.5(c)、(d)中箭头所示,在涂层近表面存在的氧化缺陷同样也是涂层近表层失效(表面磨损和剥落失效)的主要原因之一,可见,使用声发射在线监测技术同样可以为涂层失效机理深入的分析提供良好的补充。

　　对图 7.3 中不同涂层深灰色裂纹区域进行截面分析,可以发现声发射信号特征参量突变后涂层截面的裂纹状态主要存在 3 种形式,即涂层内部出现明显的疲劳裂纹、涂层界面上出现明显的疲劳裂纹及涂层截面层状结构开裂裂纹密集度增大。

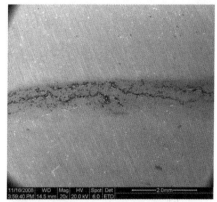

图 7.4　涂层表面的疲劳裂纹状态

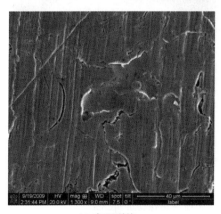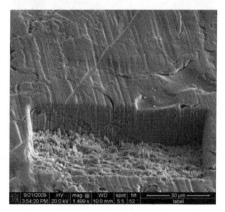

(a) 表面裂纹　　　　　　　　　(b) 裂纹切片截面形貌1

图 7.5　涂层表面裂纹的 FIB－SEM 分析

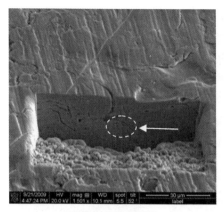
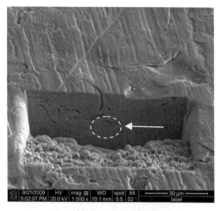

(c) 裂纹切片界面形貌2   (d) 裂纹切片界面形貌3

续图7.5

涂层界面上的疲劳裂纹如图 7.6 所示,其中图(a)所示的裂纹沿着与涂层表面垂直方向扩展,该裂纹应该是涂层表面材料去除的伴随裂纹,如表面未熔颗粒的剥离等;而图(b)所示裂纹沿着与涂层表面成 45°角方向扩展,该裂纹应该是由接触应力所引起的剪切应力主导,在涂层内部缺陷处萌生并逐步达到快速扩展阶段,从而发出强烈的声发射信号。这些裂纹在不断扩展后将成为裂纹网络并最终导致涂层发生分层失效。

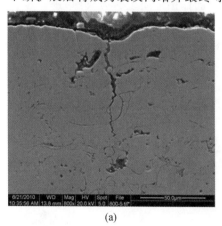
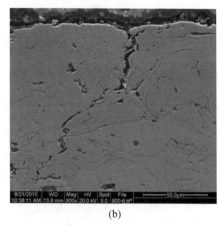

(a)   (b)

图 7.6 涂层界面上的疲劳裂纹

涂层界面上的疲劳裂纹如图 7.7 所示,其中(b)为(a)的局部放大图,可见涂层表面在接触载荷作用下形成了明显的塑性变形,而在塑性变形下方存在十分明显的界面裂纹,未发生塑性变形区域下方界面相对致密,可见这种界面上的裂纹应该为交变载荷作用下的疲劳裂纹。界面裂纹的产

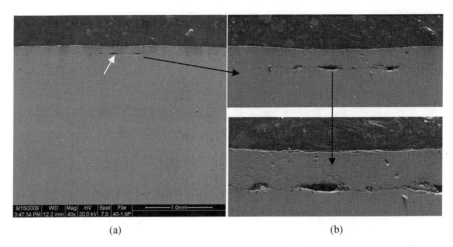

图 7.7　涂层界面上的疲劳裂纹

生机制在前面章节中已经做了较为细致的分析,这里不再赘述。界面裂纹主要是由界面上存在的较大剪切应力造成的,这些界面裂纹在进一步的应力循环下将成为涂层整层分层失效的源头。

　　涂层截面层状结构开裂裂纹如图 7.8 所示,其中图(a)为涂层截面层状开裂形貌。图(b)为灰度分析后截面形貌,可见涂层内部的未熔颗粒(箭头所示)明显脱离周边介质,在接触应力的作用下萌生为裂纹源,进一步扩展之后将形成涂层的层内分层失效。图 7.8(c)和(d)分别为涂层在接触疲劳试验之前和之后的截面状态灰度分析,可见未经过接触疲劳试验的涂层

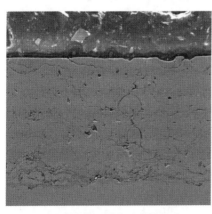

(a) 涂层截面层状开裂形貌

(b) 灰度分析后截面形貌

图 7.8　涂层截面层状结构开裂裂纹

(c) 涂层接触疲劳试验之前的截面状态灰度分析　(d) 涂层接触疲劳试验之后的截面状态灰度分析

续图 7.8

截面结构相对致密,存在孔隙,层状结构不明显;而声发射信号突变提示后,涂层截面上出现明显层间裂纹,截面的纹理增多,致密度下降。这些在交变应力作用下出现的层状裂纹应为声发射信号源。

通过对声发射信号特征参量突变提示后,涂层的截面微观分析表明,声发射信号特征参量确实可以很准确地捕捉到涂层内部的疲劳开裂,并给出可靠的提示信号,即声发射信号对涂层的接触疲劳开裂十分敏感。同时,基于声发射信号提示的涂层损伤状态分析,还可以为更科学地阐明涂层失效机理提供可靠的证据。

3. 基于声发射信号的失效预警研究

以上研究表明,声发射信号确实可以十分敏感而准确地探测到涂层中接触疲劳裂纹网络的形成,甚至可以精确到疲劳主裂纹的扩展。这些主裂纹或具有一定规模的裂纹群在承受交变载荷的作用下将继续急剧扩展和连接,形成连片的裂纹网络,甚至形成局部的断裂面,最终导致涂层发生明显的表面材料去除而失效。因此,可以说声发射信号特征参量突变提示时,涂层已经达到了一种临界失效的状态,即内部疲劳裂纹已达到一定的规模或长度,涂层即将脱落。而传统的疲劳监测设备(振动传感器、扭矩传感器、摩擦力传感器等)无法捕捉这种临界状态,它们只能基于涂层材料显著去除,给出"未失效—失效"的双向选择模式;而声发射信号以其对涂层材料表面和内部开裂的敏感性,基于对涂层疲劳裂纹规模的监测,可以给出"完整—未失效—临界失效—失效"的多项选择模式。可见,基于声发射信号特征参量的突变,完全可以指定涂层的临界失效状态,为即将到来的涂层全面失效给出预警信息。

本节基于声发射信号特征参量的突变为试验结束的判据,进行 10 组平行试验,试验中最大接触应力恒定在 $P_0 = 2.112\ 3$ GPa,转速恒定在 $v = 1\ 500$ r/min,以声发射信号幅值和能量同时发生突变为试验结束点。

将基于声发射信号特征参量突变提示得到的应力循环周次定义为预警寿命。基于声发射信号的涂层接触疲劳试验结果见表 7.1,可见涂层的接触疲劳预警寿命也存在一定的分散性,利用两参数 Weibull 分布对涂层的预警寿命进行处理,计算 Weibull 参数,绘制概率曲线图。

表 7.1　基于声发射信号的涂层接触疲劳试验结果

$P_0 = 2.112\ 3$ GPa, $v = 1\ 500$ r/min			
预警寿命 /($\times 10^6$ 次)	表面裂纹 状态	失效寿命 /($\times 10^6$ 次)	失效模式
0.6	无	0.61	整层分层
0.69	无	0.71	层内分层
0.78	无	0.83	层内分层
0.82	有	0.89	剥落
0.89	无	0.95	剥落
0.94	有	0.96	剥落
0.99	有	1.03	表面磨损
1.02	有	1.18	剥落
1.05	有	1.19	剥落
1.26	有	1.45	表面磨损

涂层预警寿命与同试验条件下的失效寿命如图 7.9 所示,可见在低循环周次区域(图 7.9 中虚线所示),两条 Weibull 曲线几乎重合,在高循环周次区域分离得较为明显。低预警寿命区域信号提示后涂层表面往往无明显裂纹(表 7.1),此时声发射信号源应为涂层内部较为宏观的疲劳裂纹或涂层/基体界面疲劳裂纹,这些宏观裂纹的失稳扩展诱发强烈弹性波,造成明显声发射信号波动,而此时涂层中的疲劳裂纹将在较短的时间内彼此连接并扩展到表面形成涂层的深层失效,即层内分层和整层分层,所以在 Weibull 分布曲线上预警寿命和失效寿命相距很近。可见,涂层的深层失

效不但造成材料大量去除破坏性大,同时在失效前表面无明显裂纹隐蔽性强,因此对此类失效给出预警信息十分必要。在高循环周次区域,声发射信号提示后表面可观察到裂纹,这些裂纹主要为表面或近表面诱发裂纹,主要机理为对摩擦副粗糙接触和涂层近表层缺陷被萌发,因此失效过程相对缓和,表面裂纹出现后还可以服役一段时间才形成显著的表面微裂纹网络或局部材料去除。体现在 Weibull 分布上的特征是,预警寿命与失效寿命的曲线还相距一段距离,由此可见涂层的近表层失效(表面磨损和剥落失效)历时较长,是一种渐变的失效,声发射信号亦能给出较为准确的预警提示。

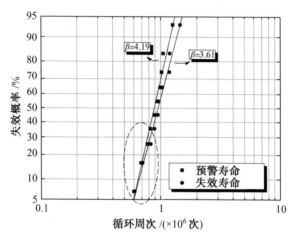

图 7.9　涂层预警寿命与同试验条件下的失效寿命

本节在 4 种常用的失效概率下,基于声发射信号提示给出了涂层的失效预警寿命,并与实际失效寿命进行了对比,不同失效概率下的预警寿命见表 7.2。在较低的失效概率下(即涂层经过较少的循环周次),预警寿命达到了失效寿命的 96%,二者几乎相同,其原因是在较短时间内失效的涂层主要以分层失效为主,而此时的预警信号为疲劳主裂纹失稳快速扩展所激发的强烈声发射信号,因此预警后不久涂层即发生失效;随着循环周次的增加,预警提前量有所增大(百分比减小),但无论预警量如何变化,均可在失效之前给出预警信息。当然,本节中所选失效概率仅为常见失效概率,预警应用中,可根据需要进行调整,相应的预警寿命百分比也将变化,所列 4 种失效概率密度仅为体现基于声发射信号的失效预警具有普适性。

表 7.2 不同失效概率下的预警寿命

类型	β	N_{10}	N_{50}	N_{90}
预警寿命	4.191 2	0.572 5	0.897 4	1.195 0
失效寿命	3.613 4	0.595 0	1.001 7	1.396 0
百分比	—	96%	90%	87%

7.1.2 声发射监测涂层接触疲劳/磨损竞争性失效过程研究

由于涂层接触疲劳/磨损竞争性失效过程释放的声发射信号属于非平稳信号,而且声发射源也较为复杂,包含疲劳损伤特征的有用信号往往被噪声信号所干扰,这些噪声包括环境噪声、偶然因素引起的脉冲干扰噪声、检测系统引起的电子噪声、机械振动噪声等,这些复杂噪声对声发射信号的影响非常严重,信噪比恶化问题更为突出。因此,声发射信号特征提取是声发射信号处理的重要内容。

经验模态分解(Empirical Mode Decomposition,EMD)是一种典型的时频局部分析方法,它的特点是能够对非线性、非平稳信号进行线性化和平稳化处理,并在分解的过程中保留数据本身的特性。经验模态分解方法最大的优点是基于信号本身的时间尺度特征,无须选择基函数就可把复杂信号由精细尺度到粗大尺度分解为若干固有模态分量(Intrinsic Mode Function,IMF)和一个余项,固有模态分量按频率高低依次排列,能够很好地应用于非平稳信号消噪和特征提取方面。

采用 EMD 方法对涂层典型接触疲劳失效模式的不同阶段的声发射信号进行分解和重构,提取包含疲劳损伤信息的波形和频谱特征,以期达到对涂层接触疲劳损伤过程进行诊断和分析的目的。EMD 是指在时间尺度的基础上将信号分解为若干 IMF 之和,分解出的各模态分量突出了信号的局部特征,且必须满足以下两个条件:极值个数与零点个数相等或至多相差 1;极大值包络线与极小值包络线关于时间轴对称。

EMD 算法的基本步骤如下:

①对数字滤波信号 $y(n)$ 的所有极值点进行定位,并用 3 次样条函数拟合所有的极大值点与极小值点,获得 $y(n)$ 的上、下包络线。

②计算上、下包络线的均值序列 $m_1(n)$,则有

$$h_1(n) = y(n) - m_1(n) \tag{7.1}$$

③将 $h_1(n)$ 看作是新的信号序列,重复上述步骤 j 次,直至 $h_{1j}(n)$ 满足

固有模态函数的条件,且有

$$h_{1j}(n) = h_{1\ (j-1)}(n) - m_{1\ (j-1)}(n) \tag{7.2}$$

则认为 $h_{1j}(n)$ 为第一阶固有模态函数,记作 $c_1(n)$,它包含 $y(n)$ 的最高频率成分。

④从 $y(n)$ 中减去高频分量 $c_1(n)$,得到较低频率的残差 $r_1(n)$,即

$$r_1(n) = y(n) - c_1(n) \tag{7.3}$$

⑤将 $r_1(n)$ 看作新的信号序列,重复上述步骤,依次得到所有的 $c_i(n)$ 和 $r_i(n)$,且有

$$r_i(n) = y_{i-1}(n) - c_i(n), \quad i = 1,2,3,\cdots,k \tag{7.4}$$

当 $c_k(n)$、$r_k(n)$ 小于预定误差或 $r_k(n)$ 单调时,整个分离过程结束,此时无法再从残差 $r_k(n)$ 中提取固有模态函数。

由此,可将 $y(n)$ 表示成 k 阶固有模态函数和第 k 阶残差之和,即

$$y(n) = \sum_{i=1}^{k} c_i(n) + r_k(n) \tag{7.5}$$

第 k 阶残差 $r_k(n)$ 或为常量或为单调性函数,可看作是 $y(n)$ 的趋势项。

1. 不同竞争性失效模式对应的声发射信号反馈

分层和表面磨损是 AT40 涂层在滚动/滑动共存状态下最为典型的两种竞争性失效模式。当滑差率较高时,涂层的表面磨损失效和分层失效受滑动摩擦影响较大,为了更深入地分析涂层的竞争性失效机制,选择滑差率 $R_4 = 75\%$ 时的声发射信号作为滚动/滑动共存状态下分层和表面磨损失效时的典型信号进行分析。滚动/滑动条件下 AT40 涂层表面磨损失效与分层失效过程的典型声发射信号如图 7.10 所示。由图 7.10(a) 可见,表面磨损失效前声发射计数突变阶跃伴随整个试验过程,阶跃额度可达300,阶跃频度也明显比纯滚动条件下的高,这主要是由摩擦磨损和涂层材料的脆性微观断裂释放强度较高的声发射信号引起的,摩擦磨损是较为连续的损伤,而脆性微观断裂和裂纹萌生扩展过程常为渐进的过程。表面磨损失效时声发射计数突变至 2 200 左右,这可能是由于失效时发生了以磨粒磨损、黏着磨损和三体磨损机制为主导的严重表层材料去除,同时还伴随着大量的浅表层材料的微观脆性断裂。分层失效过程中的声发射计数变化规律,如图 7.10(b) 所示,在发生失效之前声发射计数表现出与表面磨损失效前期类似的规律,而当涂层发生分层失效时,声发射计数高达1 300左右,这可能是疲劳裂纹扩展连接成片后导致材料的突然失稳断裂引起的。

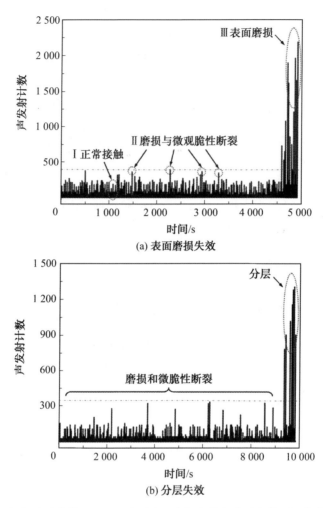

图 7.10　滚动/滑动条件下 AT40 涂层表面磨损失效与分层失效过程的典型声发射信号

2. 典型竞争性失效过程的声发射信号频谱分析

试验分析表明,滑差率为 75% 时,涂层发生分层失效过程中声发射波形和频率分布特点与纯滚动接触疲劳失效过程释放的声发射信号基本一致。下面重点对高滑差率下发生的表面磨损失效的声发射信号进行分析。由图 7.10(a) 可知,滚动/滑动状态下涂层的磨损失效过程中的声发射信号主要包括正常接触、磨损与微观脆性断裂及最终表面磨损失效 3 种类型。

（1）正常接触的声发射信号频谱分析。

AT40 涂层表面磨损失效过程中正常接触时典型声发射信号的波形及频谱分析如图 7.11 所示。由图可见，波形主要呈周期性突变信号，突变特征不是非常明显，被摩擦磨损释放的声发射信号所掩埋，波形幅值通常不超过 100 mV，频率主要分布在 50～300 kHz，峰值频率为 50 kHz。

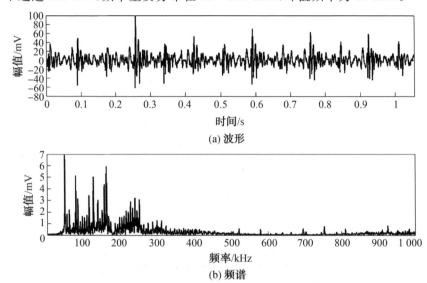

(a) 波形

(b) 频谱

图 7.11　AT40 涂层表面磨损失效过程中正常接触时典型声发射信号的波形及频谱分析

EMD 法分解的正常接触声发射信号固有模态分量 IMF1～IMF4 的波形和频谱，如图 7.12 所示。可见，IMF4 的幅值低于 20 mV，频率主要集中在 50 kHz 左右，推测其可能为磨损过程释放的幅值稳定的连续型声发射信号。IMF1～IMF3 则呈现突变特征的周期性信号，波形幅值约为 40 mV，叠加频率分布在 50～400 kHz，峰值频率分别为 238 kHz、164 kHz 和 80 kHz，推测其主要为粗糙接触和滑动摩擦产生的声发射信号。

（2）磨损与微观脆性断裂的声发射信号频谱分析。

AT40 涂层表面磨损失效过程中磨损与微观脆性断裂时的典型声发射信号的波形及频谱分析，如图 7.13 所示。可见波形呈急剧突变且高衰减特征，突变幅值不超过 400 mV，频率分布主要包含 50～300 kHz 和 700 kHz～1 MHz 两个区间。

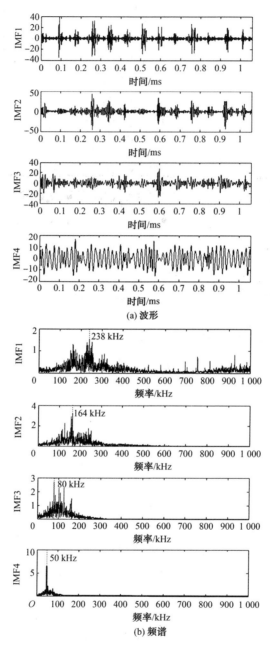

(a) 波形

(b) 频谱

图 7.12　EMD 法分解的正常接触声发射信号固有模态分量 IMF1～
　　　　IMF4 的波形和频谱

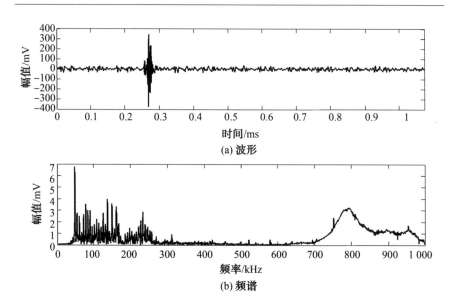

图 7.13　AT40 涂层表面磨损失效过程中磨损与微观脆性断裂时典型声发射信号
　　　　的波形及频谱分析

EMD 法分解的磨损与微观脆性断裂声发射信号固有模态分量
IMF1～IMF4 的波形和频谱,如图 7.14 所示。可见 IMF3 和 IMF4 的幅值
均约为 20 mV,频率主要集中在 50～100 kHz,其中 IMF4 的波形呈现出
稳定的连续型信号特征,有可能为磨损过程释放的连续型声发射信号。
IMF1 和 IMF2 包含急剧突变且高衰减特征,波形幅值较高,为 70～
220 mV,分析认为主要为疲劳裂纹萌生及释放的声发射信号,其中 IMF1
的频率成分最为复杂,主要分布在 700 kHz～1 MHz,峰值频率为
800 kHz,IMF2 的频率主要分布在 100～300 kHz,峰值频率约为
165 kHz。

(3)表面磨损失效的声发射信号频谱分析。

AT40 涂层发生最终表面磨损失效时的典型声发射信号的波形和频
谱分析如图 7.15 所示。可见其波形呈典型的高幅度突变特征,信号幅值
高达约 8 000 mV,频率分布范围为 50 kHz～1 MHz,峰值频率为
175 kHz。

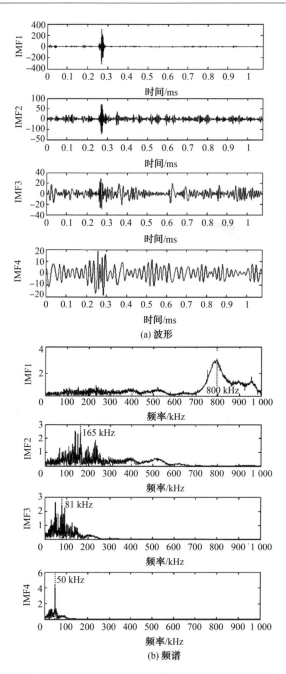

(a) 波形

(b) 频谱

图 7.14　EMD 法分解的磨损与微观脆性断裂声发射信号固有模态分量
　　　　IMF1～IMF4 的波形和频谱

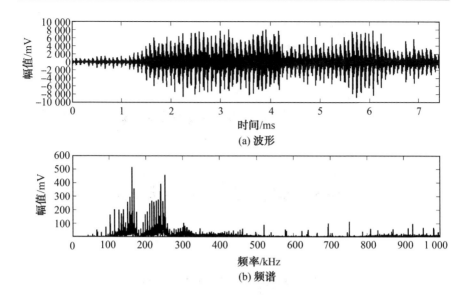

图 7.15　AT40 涂层发生最终表面磨损失效时的典型声发射信号的波形及频谱分析

EMD 法分解的最终表面磨损失效时的声发射信号固有模态分量 IMF1～IMF4 的波形和频谱,如图 7.16 所示。由图可见 IMF1～IMF4 的波形均呈现出典型的突变特征,波形幅值高达 2 000～5 000 mV,频率分布范围较宽。分析认为,当涂层发生剧烈的表面磨损失效时,表层和浅表层材料发生大量的微观脆性断裂,并产生大量的磨屑进入接触区域,加剧粗糙接触和磨粒磨损、黏着磨损及三体磨损机制诱发的磨损失效,同时磨屑还可能挤入表面裂纹间隙加速其扩展断裂,此时的声发射源极为复杂,释放的声发射信号幅值极高,频率分布范围为 50～300 kHz。

　　滚动/滑动共存状态下 AT40 涂层表面磨损失效过程中不同类型声发射信号的特征参量与频谱分析见表 7.3。由表可知:①正常接触时声发射信号计数和波形幅值较低,经 EMD 分解得到其信号幅值小于 40 mV,频率分布范围为 50～300 kHz;②磨损与微观脆性断裂对应的声发射信号幅值小于 400 mV,频率分布在 50～800 kHz 的较宽区间,包含高频信号;③表面磨损失效对应的声发射信号计数高达约 2 200,波形幅值高达约 8 000 mV,频率分布范围为 50～300 kHz。

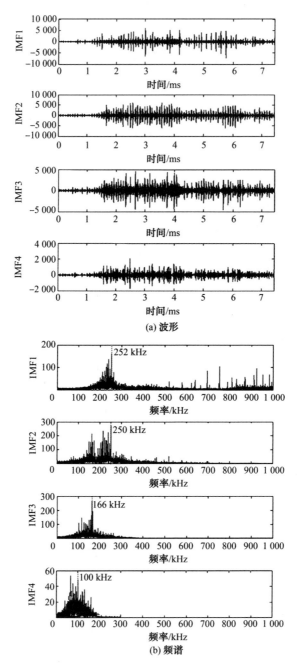

(a) 波形

(b) 频谱

图 7.16 EMD 法分解的最终表面磨损失效时的声发射信号固有模态分量
IMF1～IMF4 的波形和频谱

表 7.3 滚动/滑动共存状态下 **AT40** 涂层表面磨损失效过程中不同类型声发射信号的特征参量与频谱分析

声发射信号类型		正常接触	磨损与微观脆性断裂	表面磨损失效
计数		约 10	约 300	约 2 000
信号波形幅值		约 100 mV	约 400 mV	约 8 000 mV
IMF1	信号波形幅值	约 40 mV	约 220 mV	约 5 000 mV
	峰值频率	238 kHz	800 kHz	252 kHz
IMF2	信号波形幅值	约 40 mV	约 70 mV	约 5 000 mV
	峰值频率	164 kHz	165 kHz	250 kHz
IMF3	信号波形幅值	约 40 mV	约 20 mV	约 5 000 mV
	峰值频率	80 kHz	81 kHz	166 kHz
IMF4	信号波形幅值	约 20 mV	约 20 mV	约 2 000 mV
	峰值频率	50 kHz	50 kHz	100 kHz

7.2 红外检测技术研究

7.2.1 原理分析

基于红外热成像技术的疲劳寿命预测是以能量耗散理论为基础的,该理论认为,单位体积的某种特定材料发生疲劳失效所吸收的能量 E_c 是一定的,与材料的加载历程无关。当试样所承受的应力在材料的疲劳极限以上时,便会出现较为明显的温升,此时试样表面温度变化会呈现 3 个阶段:初始温升阶段、温度稳定阶段和温度突升阶段。设温升值达到稳定阶段所需的循环周次为 N_s,疲劳寿命为 N_f,温度稳定阶段的温升值为 ΔT,则有如下关系:

$$E_c \propto \Phi \approx \Delta T \cdot N_s/2 + \Delta T(N_f - N_s) \tag{7.6}$$

式(7.6)中,Φ 是恒定值,可通过将若干个应力水平下的 ΔT、N_f、N_s 代入式(7.6)中获得。在通过试验测得 ΔT 和 N_s 的情况下,无须将试样循环至疲劳失效,即可快速预测疲劳寿命。由于试样的温度绝大部分时间都处于稳定温升阶段,式(7.6)可简化为

$$\Phi \approx \Delta T \cdot N_f \tag{7.7}$$

7.2.2 红外热像法快速确定疲劳极限

在弯曲疲劳试验开展前,通常需要采用相同的试样进行弯曲试验,获得该试样的弯曲曲线,进而确定疲劳试验时加载的应力。调质 45 钢应力与时间相关图如图 7.17 所示,图中未见明显的屈服阶段。当载荷为 9.3 kN时,即最大拉应力为 976.5 MPa 时,材料从弹性变形阶段进入塑性变形阶段,即屈服强度为 976.5 MPa,调质 45 钢的弯曲疲劳极限必然在其弹性变形范围内。当载荷达到约 20.3 kN 时,载荷开始下降,该载荷对应的最大应力为 2 131.5 MPa,可知抗弯强度 σ_b 为 2 131.5 MPa。

在弯曲疲劳过程中,试样所受的应力相对拉压疲劳更为复杂。试样的中性层不受力,上半部分受压力作用,越靠近表面,所受压力越大,试样上表面的中心位置为最大压力处。试样的下半部分受到拉力作用,与上表面相似,越接近下表面,所受拉力越大,并且最大拉力位于下表面中心位置,所以疲劳断裂通常出现在试样下表面中心位置。试样下表面应力分布情况如图 7.18 所示,其中 F 为试验中所施加的载荷;L_s 为两个支承辊之间的跨距,b 为试样的宽度,h 为试样的高度。试样下表面中心位置应力最大,两端应力为零,应力从中间到两端依照线性关系递减。

疲劳试验的应力比为 0.1,波形采用正弦波,载荷取 200 MPa 到 600 MPa 之间的 10 个应力,分别为 200 MPa、245 MPa、290 MPa、335 MPa、380 MPa、425 MPa、470 MPa、515 MPa、560 MPa、600 MPa。疲劳试验加载示意图如图 7.19 所示,从 200 MPa 开始,循环 20 000 次后,待试样冷却,增加应力,进行下一阶段的循环,直至试验结束。

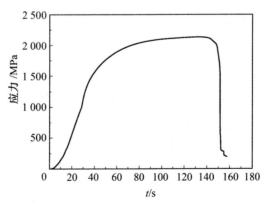

图 7.17 调质 45 钢应力与时间相关图

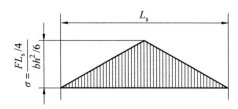

图 7.18 试样下表面应力分布情况

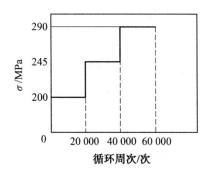

图 7.19 疲劳试验加载示意图

在试验过程中,通过红外设备的配套软件对温升区域进行分析,得到试验过程中不同循环应力下的温度值,经公式 $\Delta T = T - T_r$ 得到温升值,其中 ΔT 为温升值,T 为试件表面选定区域温度,T_r 为室温。图 7.20 为部分具有代表性的温升值与循环周次相关图,疲劳循环开始后,试件温度迅速上升,此时疲劳热耗散用于提高试件的温度。经过约 20 000 次循环之后,温度便达到一个稳定的水平,此时热耗散和试件散发到环境中的热大体相等,所以试件温升值呈现相对稳定的状态。

从图 7.20 中可以看出,当应力低于 380 MPa 时,温升值很小,并且维持在某一个稳定的阶段;当应力高于 425 MPa 时,温升值快速增大,将稳定时的温升值和对应的应力提取出来,绘制成温升值与应力相关图,如图 7.21 所示。

Risitano 法认为温升值快速增大的点近似呈现线性关系,选取温升值明显增大的后 5 个点,采用最小二乘法对试验数据进行拟合,得到如图 7.22 所示的直线,其中线 1、线 2、线 3 的方程分别为:$\Delta T = -8.024\ 85 + 0.021\ 47\sigma$,$\Delta T = -7.648\ 05 + 0.020\ 89\sigma$,$\Delta T = -5.339\ 41 + 0.016\ 35\sigma$,延长 3 条直线,分别交 X 轴于一点,通过方程可知对应的交点坐标为 (373.77, 0)、(366.11, 0)、(326.57, 0),则点对应的应力值分别为 373.77 MPa、366.11 MPa、326.57 MPa,即为 Risitano 法所确定的调质 45

钢的疲劳极限。

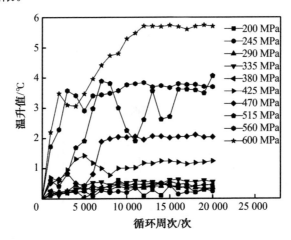

图 7.20　部分具有代表性的温升值与循环周次相关图

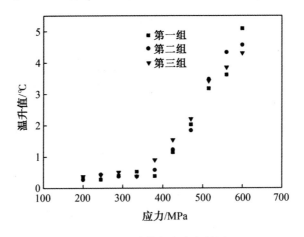

图 7.21　温升值与应力相关图

Luong 法指出,温升值的突然增大,是由于固有耗散率的改变造成的,温升值很小的区域的热耗散主要来源于非塑性效应,温升值突变区域的热耗散则是由于非塑性效应和塑性效应共同作用导致的,从根本上说,即两者的热耗散机制不同。采用 Luong 法对试验数据进行处理,将每组数据分为两段,温升值较小的前 5 个数据点为第一段,温升值快速增大的后 5 个点为第二段,分别对两段数据进行线性拟合,得到两条直线,如图 7.23 所示。

图 7.23 中后 5 个点拟合所得直线方程已知,前 5 个点拟合直线方程

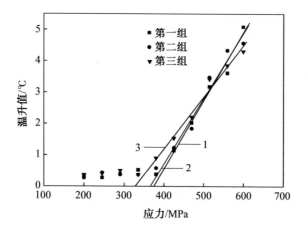

图 7.22 Risitano 法处理结果

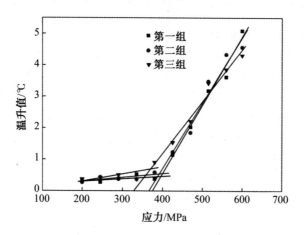

图 7.23 Luong 法处理结果

分别为：$\Delta T = 0.15 + 0.000\ 792\sigma$，$\Delta T = 0.037\ 17 + 0.001\ 27\sigma$，$\Delta T = -0.150\ 71 + 0.002\ 29\sigma$。每组的两条直线交于一点，经计算交点坐标分别为（395.34，0.46）、（391.7，0.535）、（369，0.694），对应的应力值为 395.34 MPa、391.7 MPa、369 MPa，即为 Luong 法确定的疲劳极限值。

对比分析以上两种方法，二者得到的疲劳极限值分别为 373.77 MPa、366.11 MPa、326.57 MPa 和 395.34 MPa、391.7 MPa、369 MPa。相同条件下的疲劳试验，当应力为 425 MPa 时，试样循环至 10^7 次，未发生疲劳失效；而应力为 450 MPa 时，循环周次未达到 10^7 次，发生疲劳失效，所以疲劳极限必然位于 425 MPa 和 450 MPa 之间。通过公式 $\delta = \left| \dfrac{\sigma - \sigma_{-1}}{\sigma_{-1}} \right| \times$

100％计算所预测的疲劳极限与 425 MPa 之间的误差,其中 σ 为 Risitano 法和 Luong 法所得疲劳极限值。Risitano 法和 Luong 法所得疲劳极限值的误差分别为 12.05％、13.86％、23.16％和 6.98％、7.8％、13.18％,不难看出,Luong 法具有更高的准确率,和实际结果更为接近,更适合应用于再制造喷涂试样疲劳极限的快速测定。

　　分析可知,两条拟合直线分界点的选择,直接影响着预测结果,根据试验结果选择合适的分界点至关重要。对于温升值急剧升高的情况,Risitano 法的拟合直线斜率较大,拟合效果更好;当温升值升高幅度较小时,由于拟合直线斜率较小,会在很大程度上影响 Risitano 法的预测结果,所以更适合采用 Luong 法进行寿命预测。因此,需要根据不同的试验情况和采集的试验数据,合理地选择寿命预测方法。

7.2.3　基于能量理论的红外热像法预测 $S-N$ 曲线

　　通过红外热像法预测疲劳寿命的关键在于准确地得到 Φ 值,试验选定 σ_{max} 为 500 MPa、600 MPa、700 MPa、800 MPa 时的 8 组数据进行 Φ 值的计算,不同应力下的 Φ 值见表 7.4。当 $\sigma_{max} \geqslant 600$ MPa 时,Φ 值稳定性较好,基本稳定在 160×10^4 左右;当 $\sigma_{max} = 500$ MPa 时,Φ 值相对其他应力水平较大。分析可知,由于应力较小,$\sigma_{max} = 500$ MPa 时,疲劳寿命 N_f 相对试样 3～8 增加相当明显,较小的温度变化,即可导致 Φ 值发生较大的变化,所以试样 1、2 所得 Φ 值相对较大。

表 7.4　不同应力下的 Φ 值

试样	σ_{max}/MPa	Φ	Φ_{mean}
1	500	203.6×10^4	
2	500	203.0×10^4	171.9×10^4
3	600	164.2×10^4	
4	600	163.2×10^4	
5	700	155.9×10^4	
6	700	165.0×10^4	
7	800	159.1×10^4	
8	800	161.5×10^4	

　　计算可得有效值 Φ_{mean} 为 171.9×10^4,则式(7.6)可写为

$$\Phi \approx \Delta T \cdot N_s/2 + \Delta T(N_f - N_s) = 171.9 \times 10^4 \tag{7.8}$$

将不同应力下的 ΔT 和 N_s 代入式(7.8)中,即可得到相应应力下的疲劳寿命 N_f。红外热像法预测寿命试验结果见表 7.5。

表 7.5　红外热像法预测寿命试验结果

σ_{max}/MPa	$\Delta T_1/℃$	$N_{f1}/(\times 10^5$ 次)	$\Delta T_2/℃$	$N_{f2}/(\times 10^5$ 次)	$\Delta T_3/℃$	$N_{f3}/(\times 10^5$ 次)
325	0.107	160.00	0.277	62.20	0.156	110.00
350	0.098	175.50	0.421	40.89	0.302	56.95
375	0.178	96.62	0.309	55.65	0.504	34.16
400	0.150	114.60	0.458	37.60	0.528	32.63
425	0.208	82.69	0.752	22.90	0.464	37.09
450	0.319	53.89	1.163	14.83	0.852	20.22
475	0.380	45.24	0.983	17.54	1.420	12.16
500	0.575	2.99	1.366	12.60	0.893	19.30
600	2.290	7.50	3.166	5.48	2.717	6.38
700	4.730	3.63	4.509	3.86	3.746	4.64
800	6.050	2.84	4.923	3.54	4.687	3.70

图 7.24 中仅绘出了疲劳极限以上部分的曲线,圆点为通过红外热像法预测的循环周次。相对试验所得曲线,当应力较大时,红外热像法预测的寿命值偏大,即图中位置偏右;当应力较小时,预测值则相对偏小。分析

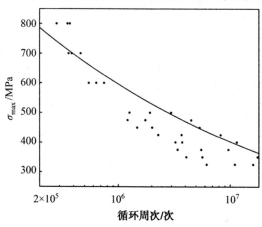

图 7.24　红外热像法预测寿命曲线与试验试点的对比

可知,由于应力较小时 Φ 值偏大,导致计算时采用的 Φ_{mean} 偏大,因此计算得出的大应力下寿命偏大,小应力下寿命偏小。虽然存在一定偏差,但图 7.24 中圆点与曲线的重合度较好,预测值之间的重复性也较好,与实测曲线的趋势差别较小。

7.3 微电阻检测技术研究

7.3.1 动态微电阻测量系统的搭建

1. 微电阻测量设备的选型

在测量微电阻时接触电阻和接线电阻是测量结果中影响最大的两个因素,因此必须消除或减小。微电阻测量方法一般有电桥测量法、直流指示测量法和补偿测量法等。其中电桥测量法使用较为普遍,较典型的是直流双臂电桥法,其特点是利用四端电阻结构将部分接线电阻及接触电阻排除于测量结果之外。

目前关于微电阻法研究的文献中,普遍采用的微电阻测试仪为 QJ57 型直流双电桥微电阻测试仪,近几年高性能微电阻测量产品不断出现,经调研 TH2512 型智能直流微电阻测试仪能满足微电阻测量要求,该测量仪可测量 $1\ \mu\Omega \sim 2\ M\Omega$ 的电阻,精度较高。与同精度国外 Agilent 微电阻测量仪相比,TH2512 有明显的价格优势,因此最终课题组选定 TH2512 作为微电阻测量设备。它可利用双臂电桥的四端电阻结构将接触电阻和部分引线电阻排除于测量结果之外,与 QJ57 相比 TH2512 智能直流微电阻测试仪能更快、更直观地显示所测电阻值,且该型微电阻测量设备具有动态微电阻数据监测功能。

2. 动态微电阻测量夹头及夹头固定装置的设计

TH2512 智能直流微电阻测试仪配套的开尔文测量夹头数据线只有 1 m,长度太短不能将夹头夹持到疲劳试验机试样上,因此从厂家定制了一个长为 1.7 m 的开尔文夹。改进前后的电阻测量夹头如图 7.25 所示。经厂家测试此长度为不至于影响微电阻测量精度的最长长度,该长度能方便将夹头夹持到疲劳试验机的试样上,满足动态微电阻测量的要求。考虑到试件在疲劳试样过程中松动及每次夹持应保证夹持位置尽量一致,设计了简易夹头固定装置。夹头固定装置如图 7.26 所示。

中心标尺用于定位,每次夹持时中心标尺对准焊缝位置这样就能保证

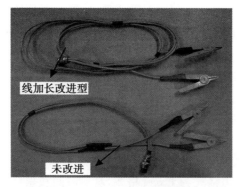

图 7.25 改进前后的电阻测量夹头

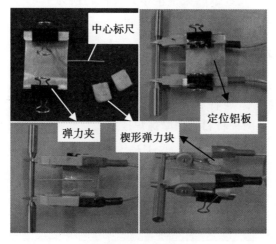

图 7.26 夹头固定装置

每次夹持位置的固定,铝板和弹力夹将两夹头间的距离定位,保证每次夹持试样的微电阻所测区间长度一致,且弹力夹的设计能够防止试样在断裂时试验机活塞迅速下移将夹头拉坏。夹持好试样后,用楔形弹力块(如橡皮)塞于夹头的两个手柄间,这样可以保证夹头紧密夹持试样不至于在疲劳试验的过程中松动。

3. 动态微电阻测量软件升级

所购微电阻测量仪的配套电阻数据采集软件程序由作者团队自主编写,每次电阻记录 1 MB 数据就会溢出,而且数据一旦溢出电阻软件自动关闭,必须重新启动,给微电阻信号的动态监测带来了诸多不便,而且对于高频正弦波高周疲劳试验来说,配套软件最多每秒记录 10 个电阻信号,通常 15 Hz 试验频率下,每个波形上还平均记录不到一个点,只能通过所记录电阻点的整体变化趋势研究试样疲劳过程中的微电阻变化规律,但是数据溢出后重启软件造成电阻数据的重新记录,正弦波上的记录起始点发生了变化,造成数据溢出前后的数据衔接不上,因此有必要根据测量仪的通信协议,用 C++语言编写满足试验要求的软件。

试验中每个文件最多能记录 10 MB,且当每个文件记录满以后自动转入下一个新文件衔接记录,中间没有延迟。另外,此软件采集数据的频率为 1 000 次/s,尽管由于硬件限制,微电阻设备输出信号的频率较低,但调整采样频率后,实际采样频率有了一定提升,由最快 10 次/s 提升为 15 次/s,且数据输出格式为 Excel 格式,真实时间和累计时间都有记录,方便数据处理;避免大数据的记事本格式文件转换为 Excel 格式时,普通计算机处理数据速度慢造成的死机等问题。

7.3.2　双材料摩擦焊特制标准杆件的制备

图 7.27 为由欧Ⅱ斯太尔发动机排气门经进口超硬刀具车制而成的特制双材料摩擦焊标准杆件示意图,试样焊缝左边是 5Cr9Si3,右边是 5Cr21Mn9Ni4N,两种材料采用摩擦焊连接。

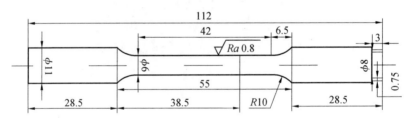

图 7.27　特制双材料摩擦焊标准杆件示意图

7.3.3　动态微电阻信号分析

1.试样静载拉伸过程中的微电阻变化规律

金属构件的微电阻对其微观组织的变化具有敏感性和精确性,构件拉伸过程产生的位错、滑移、微空洞、微裂纹等缺陷在宏观上会有相应的微电阻反应。韧性损伤过程所测得的微电阻是上述损伤因素与温度变化、轴向伸长及截面收缩等非损伤因素综合作用的结果。

金属电阻通常随温度升高而增大,大部分金属的电阻温度系数(Temperature Coefficient of Resistance,TCR)在 0.004 左右(其中 Cr 为 0.003、Fe 为 0.006 5),且电阻温度系数随变形程度的增加会有所下降,这里取 TCR=0.005。

$$\text{TCR(平均)} = \frac{R_2 - R_1}{R_1(T_2 - T_1)} \tag{7.9}$$

原电阻为 0.5 mΩ 的试件温度升高 10 ℃ 时，其电阻增大约 0.025 mΩ，红外热像仪监测试件焊缝处的局部温度场变化，发现试件拉断前最大温升幅度在 10 ℃ 以内，因此拉伸过程中温度对电阻的影响在 0.025 mΩ 范围内浮动，然而试件在断裂前阻值可达到 10 mΩ 以上（图 7.28 中未标出），证明试件拉伸损伤过程温升对其阻值的影响很小。

试件拉伸过程中微电阻信号的变化规律曲线如图 7.28 所示，将该曲线与位移－时间曲线进行对比发现，1♯、2♯试件在 325 s、450 s 前的弹性应变阶段，电阻不但没有呈现增大的趋势，反而出现迅速下降后趋于稳定的变化规律。

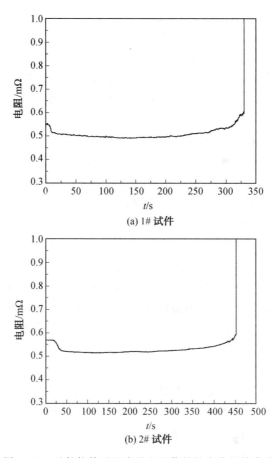

(a) 1# 试件

(b) 2# 试件

图 7.28 试件拉伸过程中微电阻信号的变化规律曲线

托马斯(Thomas)最早发现,含有过渡族元素的合金如 Ni－Cr、Fe－Cr－Al、Fe－Ni－Mo 等,冷加工时电阻率出现明显下降的现象,处于 K 状态的组织称为不均匀固溶体,它对电子的散射作用较强,冷加工过程在很大程度上破坏固溶体的不均匀组织,使得合金电阻率明显降低。试验所用标准杆件是 5Cr21Mn9Ni4N 和 5Cr9Si3 双材料摩擦焊接而成,焊缝区域有大量的过渡族元素,拉伸初始阶段试件伸长量、截面收缩很小忽略不计,载荷未能达到位错源开动的临界值,由声发射信号可看出该阶段没有位错生成,因此该阶段由于固溶体组织的破坏导致合金电阻的迅速下降。随着应力的不断提高,有利于取向的滑移系开动,位错产生并增加,另外,试件伸长量和截面收缩对阻值的影响增大,3 种因素的综合作用使得弹性形变阶段后期试样电阻趋于稳定;当拉伸载荷超过弹性极限 σ_e 后,应变速率显著加快,电阻也对应迅速增大,位错在应力作用下大量增加,位错塞积在晶界和碳化物夹杂等处产生应力集中,当载荷增大到一定程度时,解理微裂纹产生并瞬间长大聚集最终导致试样断裂。这一阶段微电阻的变化规律曲线与位移－时间曲线有良好的对应关系,试件伸长量和截面收缩等非损伤因素对电阻的影响较大,电阻变化是损伤因素和非损伤因素综合作用的结果。

2. 试样疲劳损伤过程微电阻信号变化规律

根据试样静载拉伸过程中的电阻信号变化规律,表面动态微电阻法可以监测试样的内部损伤过程。下面将研究金属构件疲劳断裂过程中微电阻信号的变化规律,进一步论证动态微电阻法监测试样内部动态损伤的可行性和可靠性。

设定 2♯、3♯试样分别在 15 Hz、18 Hz 的频率下进行疲劳试验,从 11.5 kN 开始,每循环相同预定循环周次停机,载荷递增 0.2 kN 后,再开始下一个循环,两试样均在载荷为 15.7 kN 时发生断裂,断口瞬断区微观组织为韧窝形貌,属于正常的韧性材料疲劳断裂,2♯试样和 3♯试样在不同载荷循环周期中疲劳损伤过程微电阻变化规律分别如图 7.29 和图 7.30 所示。

图 7.29(a)、图 7.30(a)为 2♯、3♯试样在 15.5 kN 载荷下的微电阻变化特征,与 1♯异常断裂试样类似,动态电阻值在疲劳循环初期有微量上升,由 1♯试样中所论述的电阻随温度变化经验式可知,这一阶段微电阻的变化主要由温升较大引起,随着疲劳时间的延长,温升放缓然后趋于稳定,电阻值也趋于恒定。

图 7.29(b)、图 7.30(b)为 2♯、3♯试样在 15.7 kN 载荷下的微电阻

变化规律,由图可知试样断裂前有明显电阻突变,最大变化量达 0.05 mΩ,红外热信号表明 2♯、3♯试样分别在 80 s 和 140 s 后的最大温升在 2 ℃以内,因此电阻断裂前的突变,温升对其贡献很小,分析认为主要由微缺陷的萌生和发展引起。动态微电阻信号在断裂前的 15 s 左右都会有明显的上升,因此应用试件疲劳损伤过程实时监测的动态微电阻信号可实现试件损伤的早期预警。

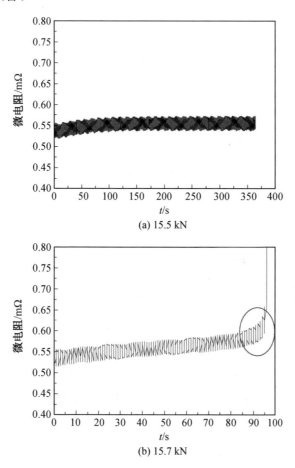

(a) 15.5 kN

(b) 15.7 kN

图 7.29　2♯试样在不同载荷循环周期中疲劳损伤过程微电阻变化规律

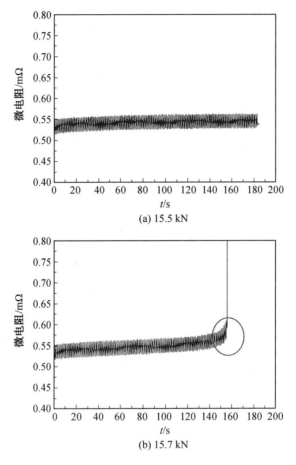

(a) 15.5 kN

(b) 15.7 kN

图 7.30　3♯试样在不同载荷循环周期中疲劳损伤过程微电阻变化规律

7.4　磁记忆检测技术研究

　　金属磁记忆检测技术是一种利用金属磁记忆效应来检测部件应力集中部位的无损检测方法,其本质是采用特制的磁敏传感器采集铁磁材料表面由磁记忆效应产生的漏磁场信号。在工程应用中,采集到的磁记忆信号往往因受各种因素的影响而包含各种频率成分的噪声信号。噪声信号波形复杂,并且通常不满足高斯分布,故为典型的非平稳信号。如何有效地滤除噪声,将表征裂纹扩展的磁记忆特征信号提取出来,是应用金属磁记忆技术进行寿命预测的关键所在。

7.4.1 小波熵的相关理论

小波熵(Wavelet Entropy)是将小波变换理论和信息熵理论相结合的一种新型信号分析技术,它同时具有小波变换多分辨率分析的特点和信息熵擅于表征系统混乱程度的特点,可以对数据数量多、特征复杂的信号提供各种非线性映射,在达到信息融合目的的同时又能更为有效地分析突变信号,可以更好地适应信号的特征提取,适用于曲轴磁记忆这类非平稳特性信号的特征分析。使用适当的小波熵,可以有效地进行信号的特征提取。基于小波包分解类型的不同,可以定义出不同种类的小波熵。其中小波能量相对熵又称概率分布散度,用来度量两组信号波形的差异。小波能量相对熵越小,说明两组波形差异越小;小波能量相对熵越大,说明两组波形差异越大。运用小波能量相对熵,能够发现磁记忆信号中微小而短促的差别。

将一组信号 H_z 离散为信号序列 $H_z(n)$,将离散信号 $H_z(n)$ 进行小波变换后,对各分解尺度下的小波分解系数进行单支重构,原始信号序列 $H_z(n)$ 可表示为小波重构系数分量之和:

$$H_z(n) = \sum_{j=1}^{m+1} C_j(n) \tag{7.10}$$

式中　m——小波变换尺度;

　　　$C_j(n)$——小波变换后分解尺度 j 的小波重构系数(信号分量权重)。

当小波基函数是一组正交基函数时,根据能量守恒的性质,定义信号 H_{zi} 在尺度 j 下的小波能量 E_{ij} 为该尺度下小波系数的平方和,即

$$E_{ij} = \sum_{n=1}^{N} |C_{ij}(n)|^2, \quad j = 1,2,\cdots,S \tag{7.11}$$

式中　S——信号组数;

　　　N——小波重构系数的个数;

　　　$C_{ij}(n)$——信号 H_{zi} 在尺度 j 下重构系数。

故总能量 E_{tot} 的表达式如下:

$$E_{tot} = \sum_j \sum_k |C_j(n)|^2 = \sum_j E_j \tag{7.12}$$

根据式(7.11)和式(7.12),定义尺度 j 下信号的能量和在总能量中所占比为相对小波能量 p_{ij} 为

$$p_{ij} = E_{ij}/E_{tot} \tag{7.13}$$

根据相对熵理论,定义信号 H_{zi} 相对于信号 H_{zk} 的小波能量相对熵 W_{ik} 为

$$W_{ik} = -\sum_{k=1}^{N}\sum_{i=1}^{m} p_{ij} \lg \frac{p_{ij}}{p_{kj}} \qquad (7.14)$$

曲轴的磁记忆信号由裂纹萌生扩展产生的异变磁信号和自身固有噪声信号叠加组成。随着损伤时间增加,裂纹分布区间内的异变磁信号幅值开始产生动态变化,而曲轴自身固有噪声信号不发生改变,保持初始磁有序的状态。当疲劳循环至周次 N_i 时,曲轴的磁记忆信号 H_{zi} 可表达为

$$H_{zi} = H_{z0} + \Delta H_{zi} \qquad (7.15)$$

式中　　H_{z0} ——曲轴自身固有的噪声信号,通常为定值;

　　　　ΔH_{zi} ——裂纹扩展产生的异变磁信号。

根据小波能量熵的构造方法,定义尺度 j 下裂纹扩展产生的异变磁信号能量相对于曲轴自身固有的噪声信号能量比值为曲轴磁记忆信号的相对小波能量,即

$$p_{ij} = \Delta H_{zi}/H_{z0} \qquad (7.16)$$

式中　　p_{ij} ——尺度 j 下曲轴磁记忆信号的相对小波能量。

将式(7.15)代入式(7.16),可得

$$H_{zi} = H_{z0} + H_{z0} \cdot p_{ij} \qquad (7.17)$$

当疲劳加载由 N_i 周次循环至 N_k 周次时,磁记忆信号 H_{zi} 相对于信号 H_{zk} 的小波能量相对熵的表达式为

$$W_{ik} = -\sum_{k=1}^{N}\sum_{i=1}^{m} \left[(\Delta H_{zi} - \Delta H_{zk})/H_{z0} \right] \left[\lg\Delta H_{zi} - \lg\Delta H_{zk} \right] \quad (7.18)$$

7.4.2　小波熵处理磁记忆信号的算法流程

采用上文所述的小波能量相对熵的计算方法,确定曲轴磁记忆信号的小波能量相对熵的算法流程,如图 7.31 所示。

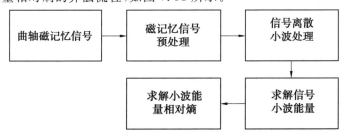

图 7.31　曲轴磁记忆信号的小波能量相对熵的算法流程图

小波能量相对熵算法的具体实施步骤如下:

(1)数据预处理。

将不同疲劳循环周次下所采集到的磁记忆信号数据与曲轴自身噪声信号进行求差运算,并做消噪的预处理,由此得到信号区间内的异变信号能量值。

(2)离散小波分解。

Daubechies 仅支承正交小波所具有的正交、紧支的特点,使得对非平稳信号较为敏感,因此本节采用 Daubechies4 小波对原始的金属磁记忆信号进行 m 层离散小波分解与重构(为了避免对信号进行小波滤波时产生特征信号畸变情况,应根据试验数据选择最佳的小波分解层次,此处假定最佳小波分解层次为 m),从而得到各个尺度的小波系数和尺度系数,这些系数包含金属磁记忆信号从高频到低频不同频带的信息,体现出不同尺度下信号局部能量的直观估计。

(3)求解小波能量相对熵。

在得到信噪比较高的小波尺度系数基础上,分别求得各个尺度的小波相关特征尺度熵,进而以各个尺度的小波相关特征尺度熵求解出对应的相对小波能量,最后求解对应的小波能量相对熵值。

7.4.3 裂纹扩展磁记忆信号的小波熵特征分析

磁敏传感器采集到的 1♯裂纹和 2♯裂纹处的两组磁记忆信号分布特征,如图 7.32 所示,图中矩形区域标示出了 1♯裂纹和 2♯裂纹的分布区间。

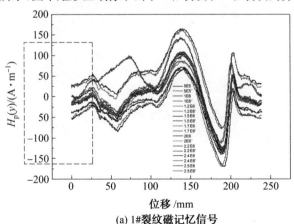

(a) 1#裂纹磁记忆信号

图 7.32 曲轴裂纹扩展磁记忆信号

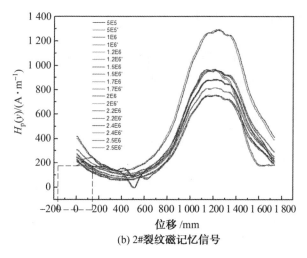

(b) 2#裂纹磁记忆信号

续图 7.32

　　按照图 7.31 所示的算法流程计算图 7.32 中两组信号的小波能量相对熵,得到不同循环周次下磁记忆信号的小波能量相对熵 WE 。图 7.33(a)和 7.33(b)中分别给出了 1♯裂纹和 2♯裂纹的分布区间(矩形区域),其中采用渗透探伤法来显示 2♯裂纹的扩展轨迹;两组裂纹分布区间内的圆形虚线框是机器视觉技术监测到的裂纹萌生位置。图 7.33(c)和 7.33(d)分别给出了在 1♯裂纹和 2♯裂纹的分布区间内,不同循环周次下磁记忆信号的小波能量相对熵的变化特征。

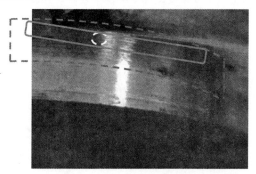

(a) 1# 裂纹分布区间

图 7.33　小波能量相对熵算法分析曲轴裂纹信号

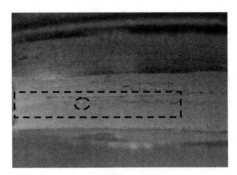

(b) 2# 裂纹分布区间

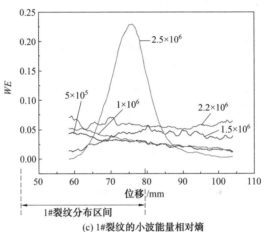

(c) 1#裂纹的小波能量相对熵

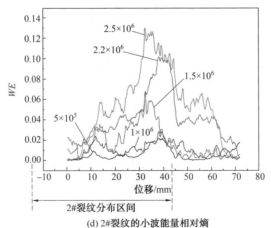

(d) 2#裂纹的小波能量相对熵

续图 7.33

　　由图 7.33(c)和 7.33(d)可知,两组裂纹的分布区间内小波能量相对熵值远大于非裂纹区,因此采用小波能量相对熵算法能够有效地区分曲轴磁记忆信号中的裂纹信号和无缺陷信号的分布区间,实现裂纹的定位。

　　随循环周次的不断进行,1♯裂纹和 2♯裂纹分布区间内的小波能量相对熵值均呈现增加的趋势。在疲劳加载的早期阶段,1♯裂纹分布区间内信号熵值呈现一定程度的波动,熵值增加幅度不太明显,幅值基本位于同一量级内。循环周次至 1.5×10^6 次,熵值曲线出现微小的波峰,位置接近于 1♯裂纹的萌生源区[图 7.33(a)中圆形虚线区域]。加载至疲劳寿命的末期时,1♯裂纹扩展区间内的熵值增加较为明显,1♯裂纹萌生源区成为信号熵值的极值点。在 2♯裂纹分布区间内,随着循环周次的不断进行,2♯裂纹分布区间内信号熵值呈现递增的趋势,信号熵值始终在裂纹源[图 7.33(b)中圆形虚线区域]处出现极值点。

　　磁记忆信号的小波能量相对熵值反映了裂纹深度的变化信息。在裂纹萌生的早期阶段,裂纹沿表面扩展较快,沿深度扩展较慢,所以在疲劳裂纹扩展的早期阶段,信号熵值一般不出现明显的改变。由于裂纹沿表面的扩展速率相对较快,因此裂纹形貌逐渐向平直裂纹开始转变,裂纹形貌这种变化导致裂尖前沿的应力强度因子分布状态也发生改变,裂纹沿深度方向的扩展速率开始高于沿表面的扩展速率,从而使得裂纹的扩展深度开始快速增加,信号熵值也随之呈现增加的趋势,并且裂纹深度增加明显的位置出现极值点,如图 7.33(c)和 7.33(d)中的 1♯裂纹和 2♯裂纹的分布区间。当疲劳加载至曲轴发生临界断裂的阶段时,裂纹沿表面和深度方向的尺寸均已扩展到临界尺寸,因此 1♯裂纹和 2♯裂纹均出现熵值大幅度增加的趋势,并且熵值的极值点均位于两组裂纹的萌生源区。

　　采用线切割技术在包含有 1♯裂纹和 2♯裂纹的曲轴圆角部位进行取样,两组试块厚度均为 15 mm。通过敲击使包含 1♯裂纹的试块断裂暴露出裂纹面进行断口观察(图 7.34)。

　　观察包含 1♯裂纹试块的断口形貌,可见 1♯裂纹为典型的疲劳断裂,在裂纹扩展区域(图 7.34 中弧形区域)可见到放射状的撕裂岭由裂纹源向外扩展,1♯裂纹扩展深度已超过试块厚度 15 mm,其中裂纹源(图 7.34 中矩形区域)为扩展深度的极值点。

　　在 1♯裂纹扩展区间内测量 $L_1 \sim L_4$ 4 组深度数值,4 组裂纹深度与所对应位置的信号熵值的关系曲线,如图 7.35 所示,结果表明小波能量相对熵值与 1♯裂纹扩展深度呈现较好的线性相关性。

　　渗透探伤后并未在包含 2♯裂纹的试块背面发现裂纹痕迹,表明 2♯

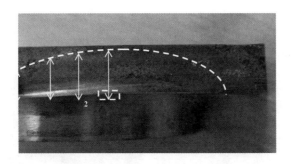

图 7.34　曲轴 1♯裂纹断口形貌

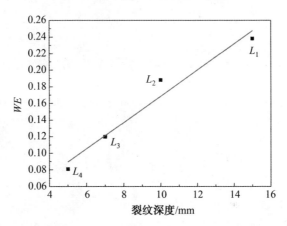

图 7.35　1♯裂纹扩展区间 4 组裂纹深度与所对应位置的信号熵值的关系曲线

裂纹尚未穿透试块,最大扩展深度不足 15 mm。采用线切割技术在包含 2♯裂纹的试块截取 $A—A$、$B—B$、$C—C$ 和 $D—D$ 4 组截面,采用 NovaNano 扫描电镜观察 4 组截面的裂纹特征,其中 $A—A$ 截面为 2♯裂纹萌生源(图 7.36)。

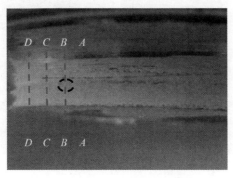

图 7.36　曲轴 2♯裂纹取样部位

$A—A$、$B—B$、$C—C$ 和 $D—D$ 4 组截面处的裂纹扩展形貌，如图 7.37 所示。由于疲劳裂纹扩展长度均超出了扫描电镜的视野范围，因此 4 组截面裂纹均采用两部分 SEM 图片组合进行完整描述。

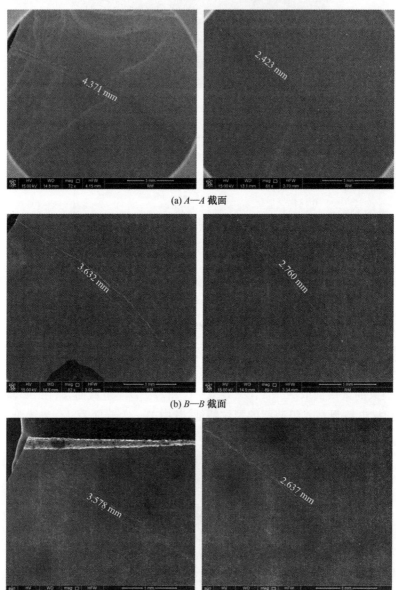

(a) $A—A$ 截面

(b) $B—B$ 截面

(c) $C—C$ 截面

图 7.37 曲轴 2♯ 裂纹的分段扩展深度

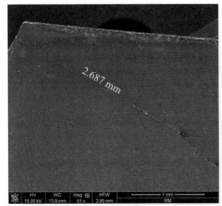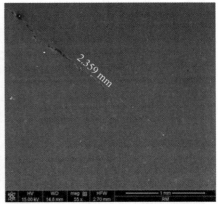

(d) D—D 截面

续图 7.37

采用 NovaNano 扫描电镜自带的测量工具获取 A—A、B—B、C—C 和 D—D 4 组截面处的裂纹扩展深度数值,图 7.38 所示为 2♯裂纹深度与所对应的信号熵值的关系曲线,结果表明信号小波能量相对熵值与 2♯裂纹扩展深度呈现良好的线性相关性。

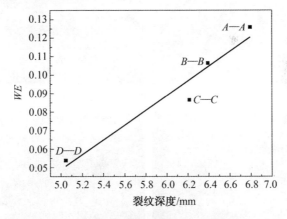

图 7.38 2♯裂纹深度与所对应的信号熵值的关系曲线

根据图 7.35 和图 7.38 所示的裂纹深度与信号熵值的关系曲线可知,1♯裂纹和 2♯裂纹的扩展深度均与所对应的小波能量相对熵值呈现良好的线性相关性。其中最大裂纹深度所对应的部位(1♯裂纹和 2♯裂纹的裂纹源),信号熵值均出现极值点;随着裂纹深度逐渐减小,相应的小波能量相对熵值也开始递减。

采用 NovaNano 扫描电镜自带的测量工具获取 A—A、B—B、C—C 和

D—D 4 组截面处的表面裂纹和心部裂纹的开口宽度(图 7.39)。

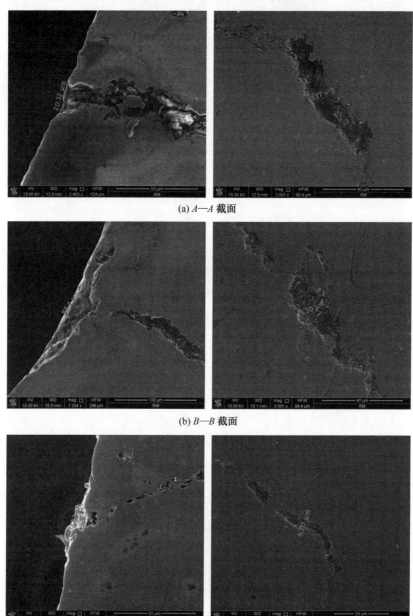

(a) A—A 截面

(b) B—B 截面

(c) C—C 截面

图 7.39　4 组截面处的表面裂纹和心部裂纹开口宽度

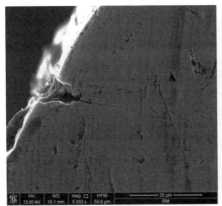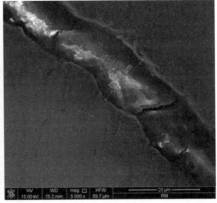

(d) D—D 截面

续图 7.39

4 组截面处的表面裂纹和心部裂纹开口宽度的测量值见表 7.6。

表 7.6 4 组截面处的表面裂纹和心部裂纹开口宽度的测量值

	A—A 截面	B—B 截面	C—C 截面	D—D 截面
表面开口宽度/μm	20.32	118.4	13.82	8.368
心部开口宽度/μm	10.77	15.30	6.717	15.04

从表 7.6 中的数值可以看出,4 组截面处的表面裂纹和心部裂纹的开口宽度均为微米量级,并且裂纹的表面开口宽度与心部开口宽度的数值差别不大,裂纹形貌为紧密闭合裂纹。裂纹开口宽度对于磁记忆信号的影响可以忽略不计,因此金属磁记忆信号的小波能量相对熵值仅与裂纹扩展深度具有一一对应的关系,通过综合磁记忆信号的小波熵特征和机器视觉光参量能够实现对曲轴裂纹扩展过程的完整描述。

本章参考文献

[1] KALETA J, BLOTNY R, HARIG H. Energy stored in a specimen under fatigue limit loading conditions[J]. Journal of Testing and E-valuation, 1991, 19(4):326-333.

[2] FARGIONE G, GERACI A, ROSA G L, et al. Rapid determination of the fatigue curve by the thermographic method[J]. International Journal of Fatigue, 2002, 24:11-19.

[3] CHUNG D D L. Structural health monitoring by electrical resistance measurement [J]. Smart Materials and Structures, 2001, 10(4) : 624-636.

[4] SEOK C S, K(X) A M. Evaluation of material degradation of 1CrlMo0.25V steel by ball indentation and resistivity[J]. Journal of Materials Science, 2006, 41 (1):1081-1087.

[5] 冷建成，徐敏强，王坤，等. 基于磁记忆技术的疲劳损伤监测[J]. 材料工程，2011(5):26-29.

[6] DUBOV A A. Principle features of metal magnetic memory method and inspection tools as compared to known magnetic NDT methods [J]. CINDE Journal, 2006, 27 (3):16-20.

[7] XU M, CHEN Z, XU M. Micro-mechanism of metal magnetic memory signal variation during fatigue[J]. International Journal of Minerals, Metallurgy, and Materials, 2014, 21(3):259-265.

[8] TANABE H, KIDA K, TAKAMATSU T, et al. Observation of magnetic flux density distribution around fatigue crack and application to non-destructive evaluation of stress intensity factor[J]. Procedia Engineering, 2011, 10(4): 881-886.

[9] OOMS D, LEBEAU F, RUTER R, et al. Measurements of the horizontal sprayer boom movements by sensor data fusion[J]. Computers and Electronics in Agriculture, 2002, 33(2):139-162.

[10] HAZEYAMA S, ROZAWADOWSKA J, KIDA K, et al. Observation of crack initiation direction around inclusions in SUJ2 under single-ball rolling contact fatigue[J]. Applied Mechanics and Materials, 2013, 307:342-346.

名词索引